城市轨道交通岗位技能培训教材

机电设备检修工
电梯检修

JIDIAN SHEBEI JIANXIUGONG DIANTI JIANXIU

人力资源和社会保障部教材办公室
广州市地下铁道总公司 组织编写

中国劳动社会保障出版社

图书在版编目(CIP)数据

机电设备检修工．电梯检修/广州市地下铁道总公司，人力资源和社会保障部教材办公室组织编写．—北京：中国劳动社会保障出版社，2010
城市轨道交通岗位技能培训教材
ISBN 978-7-5045-8680-3

Ⅰ.①机… Ⅱ.①广…②人… Ⅲ.①机电设备-检修-技术培训-教材②电梯-检修-技术培训-教材 Ⅳ.①TM07②TU857

中国版本图书馆 CIP 数据核字(2010)第 214395 号

中国劳动社会保障出版社出版发行
（北京市惠新东街1号 邮政编码：100029）
出版人：张梦欣

*

北京市艺辉印刷有限公司印刷装订 新华书店经销
787毫米×1092毫米 16开本 17印张 391千字
2010年11月第1版 2020年5月第6次印刷

定价：32.00元

读者服务部电话：（010）64929211/84209101/64921644
营销中心电话：（010）64962347
出版社网址：http://www.class.com.cn

城市轨道交通岗位技能培训教材
编 委 会

城市轨道交通岗位技能培训教材
——机电检修工系列教材
编 审 人 员

主　编　俞军燕

副主编　王晓夏　谭　林

主　审　胡铁军

参　审　袁　健　桓素娟

机电设备检修工
——电梯检修
编 审 人 员

主　编　何志豪

编　者　张瑜亮　熊　军

主　审　谭　林

序

我国城市轨道交通自 1965 年北京地铁一期工程建设开始，经过 40 余年的建设和发展，取得了显著成就，截至 2007 年底全国已有 11 个城市开通了城市轨道交通，总运营里程达 761 km。当前城市轨道交通正处于大规模高速发展时期，其中以北京、上海、广州为代表的特大城市已进入网络化建设阶段，尚有沈阳、哈尔滨、杭州、西安、成都等 33 个城市正在建设或规划中。实践证明，发展城市轨道交通是解决人城市交通问题的必由之路，对拉动城市经济的持续发展也起到了重要的作用。

城市轨道交通作用的发挥，依靠系统的安全和高效运营。然而，城市轨道交通系统设备先进、结构复杂，高新技术应用越来越普及，要保障这样庞大系统的安全和高效，必须依靠与之相协调的高素质的人员。轨道交通行业职工队伍中一半以上是技术工人，他们是企业的主体，他们的素质高低直接关系到企业的生存和发展。因此，企业必须拥有一支高素质的技术工人队伍，培养一批技术过硬、技艺精湛的能工巧匠，才能确保安全生产，提高工作效率，提升非正常情况下的应急应变能力。

岗位技能培训是人才培养的重要途径，是提高企业核心竞争力的重要手段，而岗位技能培训的过程和结果需要适合的培训教材作为技术支撑，广州市地下铁道总公司在多年的实践中对这方面有深切的感受。教材的缺乏使我们下定决心依靠自己的力量编写教材，于是从 1997 年至 2007 年我们陆续编印了 51 种岗位技能培训内部教材，对广州市地下铁道总公司的职工技术培训、职业技能鉴定提供了强有力的技术支持。

2006 年底原国家劳动和社会保障部张小建副部长在看到我们的自编教材后积极肯定，并鼓励我们充分发挥企业的优势把教材推向全国以飨国内同行，为我国城市轨道交通事业的发展做出贡献。为了落实部领导的指示，我们与人力资源和社会保障部教材办公室合作，在对国内城市轨道交通行业进行广泛调研的基础上，按照相关国家职业标准的要求，调整、规范了岗位名称，推出了系列“城市轨道交通岗位技能培训教材”，涉及站务员、列车司机、车辆检修工、机电设备检修工、变电设备检修工、接触网检修工、通信检修工、信号检修工、自动售检票系统检修工等岗位，同时配备《城市轨道交通概论》、《城市轨道交通运营安全》等通用教材。

“城市轨道交通岗位技能培训教材”由广州市地下铁道总公司组织从事城市轨道交通建设和运营管理的专家编写。在教材内容方面，力求技术和操作的全面、完整，在注重操作的基础上，尽可能将理论问题讲解清楚，并在表达上能够深入浅出。该系列教材既可以作为各技能鉴定单位开展城市轨道交通行业工种鉴定的依据，又可作为城市轨道交通管理部门运营和设备检修人员的岗位技能培训教材，还可作为大、中专院校相应专业师生用书。

在全国普遍缺乏轨道交通行业岗位技能培训教材的情况下，广州市地下铁道总公司带着时代赋予的使命感和高度的责任感，填补了这一空白，祝愿每位立志于轨道交通事业的同仁都能学有所获、握有所长，在自己的岗位上创出优异的业绩。

城市轨道交通岗位技能培训教材　编委会

前言

城市轨道交通系统设备先进、结构复杂、高新技术应用日益广泛，整个城市轨道交通运营线路的正常运作，依靠各专业系统包括车辆、车站机电设备、变电设备、接触网、通信、信号、自动售检票系统等的正常运作及良好协同。其中，车站机电设备肩负着为乘客提供安全、舒适、便利的车站乘车环境，在灾害发生情况下及时报警并协助救灾等重任，分别由环控系统、给排水系统、低压电气、屏蔽门、电梯、车站设备监控系统、消防自控系统、综合监控系统等部分组成。

由于城市轨道交通车站机电设备种类繁多，各城市轨道交通运营企业的管理思路和要求有所不同，因此在车站机电设备检修组织方面存在单一工种负责车站机电设备中多个系统的检修工作，或部分工种负责车站机电设备中多个系统低等级检修工作、部分工种负责较为专项的中高等级检修工作等多种组合情况。为有效响应各城市轨道交通运营企业在车站机电设备检修管理组织方面的不同需求，我们在总结轨道交通车站机电设备检修管理经验的基础上，将机电设备检修工岗位技能培训教材按各专业系统分册编写，分别为《机电设备检修工（环控系统检修）》、《机电设备检修工（给排水系统检修）》、《机电设备检修工（低压电气检修）》、《机电设备检修工（屏蔽门检修）》、《机电设备检修工（电梯检修）》、《机电设备检修工（消防自控系统检修）》、《机电设备检修工（车站设备监控系统检修）》、《机电设备检修工（综合监控系统检修）》。其中，各分册均包括初级、中级、高级、技师四个级别，分别安排了本级别需要掌握的知识及技能，高一级别检修工须掌握低级别检修工所有的知识及技能。另外，为每一级别准备了理论知识和技能操作模拟试题及参考答案，供使用者自行检查学习效果。

由于编者水平有限，书中存在不足在所难免，敬请广大使用单位和个人不吝赐教，提出宝贵意见和建议。

广州市地下铁道总公司

目录

第1部分　初级检修工

第一章

电工及电力驱动基础知识

第一节　电工基础知识

一、电路的基本概念

1. 电流

电荷的定向移动称为电流，电流用 I 表示。电流分直流和交流两种。电流的大小和方向不随时间变化的称为直流。电流的大小和方向随时间变化的称为交流。电流的计量单位是安培，简称安（A），也常用毫安（mA）或者微安（μA）做单位，其换算关系是：1 A=1 000 mA（1×10^3 mA），1 mA=1 000 μA（1×10^3 μA）。

电流可以用电流表测量。测量的时候，把电流表串联在电路中，要选择适当的量程，这样可以防止电流过大而损坏电流表。

2. 电压

河水之所以能够流动，是因为有水位差；电荷之所以能够流动，是因为有电位差，电位差也就是电压。电压是形成电流的原因。在电路中，电压用 U 表示。电压的单位是伏特，简称伏（V），也常用毫伏（mV）或者微伏（μV）做单位。1 V=1 000 mV（1×10^3 mV），1 mV=1 000 μV（1×10^3 μV）。

电压可以用电压表测量。测量的时候，把电压表并联在电路上，要选择电压表指针接近满偏转的量程。如果电路上的电压大小估计不出来，要先用大的量程，粗略测量后再用合适的量程，这样可以防止由于电压过大而损坏电压表。

3. 电阻

电路中对电流通过有阻碍作用并且造成能量消耗的部分称为电阻。电阻用 R 表示。电阻的单位是欧姆，简称欧（Ω），也常用千欧（kΩ）或者兆欧（MΩ）做单位。1 kΩ＝1 000 Ω（1×10^3 Ω），1 MΩ＝1 000 000 Ω（1×10^6 Ω）。导体的电阻由导体材料的电阻率、横截面积和长度决定。

电阻可以用万用表欧姆挡测量。测量的时候，要选择电表指针接近偏转一半的欧姆挡。如果电阻在电路中，要把电阻的一头断开后再测量。

4. 电源

把其他形式的能量转换成电能的装置称为电源。发电机能把机械能转换成电能，干电池能把化学能转换成电能，发电机、干电池都属于电源。

5. 负载

把电能转换成其他形式的能的装置称为负载。电动机能把电能转换成机械能，电阻能把电能转换成热能，电灯泡能把电能转换成热能和光能，扬声器能把电能转换成声能。电动机、电阻、电灯泡、扬声器等都称为负载。

6. 电路

电流流过的路径称为电路。最简单的电路由电源、负载和导线、开关等元件组成。电路处处连通称为通路。只有通路，电路中才有电流通过。电路某一处断开称为断路或者开路。电路某一部分的两端直接接通，使这部分的电压变成零，称为短路。

7. 电动势

电动势是反映电源把其他形式的能转换成电能的本领的物理量。电动势使电源两端产生电压。在电路中，电动势用 E 表示。电动势的单位和电压的单位相同，也是伏。

电源的电动势可以用电压表测量。测量的时候，电源不要接到电路中去，用电压表测量电源两端的电压，所得的电压值就可以看成电源的电动势。如果电源接在电路中，用电压表测得的电源两端的电压就会小于电源的电动势。这是因为电源有内电阻。在闭合的电路中，电流通过内电阻 r 有内电压降，通过外电阻 R 有外电压降。电源的电动势 E 等于内电压 U_r 和外电压 U_R 之和，即 $E=U_r+U_R$。严格来说，即使电源不接入电路，用电压表测量电源两端电压，电压表成了外电路，测得的电压也小于电动势。但是，由于电压表的内电阻很大，电源的内电阻很小，内电压可以忽略。因此，电压表测得的电源两端的电压是可以看成电源电动势的。

8. 电容

电容是衡量导体储存电荷能力的物理量。在两个相互绝缘的导体上，加上一定的电压，这两个导体就会储存一定的电量。其中一个导体储存着正电荷，另一个导体储存着大小相等的负电荷。加上的电压越大，储存的电量就越多。储存的电量和加上的电压是成正比的，其比值称为电容。如果电压用 U 表示，电量用 Q 表示，电容用 C 表示，那么有：

$$C=Q/U$$

电容的单位是法拉，简称法（F），也常用微法（μF）或者皮法（pF）做单位。1 F＝1×10^6 μF，1 F＝1×10^{12} pF。

电容可以用电容测试仪测量，也可以用万用表欧姆挡粗略估测。欧姆表红、黑两表笔分别碰接电容器的两引脚，欧姆表内的电池就会给电容充电，指针偏转，充电完成，指针回零。交换红、黑两表笔连接位置，电容放电后又会反向充电。电容越大，指针偏转也越大。对比被测电容和已知电容的偏转情况，就可以粗略估计被测电容的量值。在一般的电子电路中，除了调谐回路等需要容量较准确的电容以外，用得最多的是隔直电容器、旁路电容器、滤波电容器等，都不需要容量准确的电容。因此，用欧姆挡粗略估测电容量值是有实际意义的。但是，普通万用表欧姆挡只能估测量值较大的电容，量值较小的电容就要用中值电阻很大的晶体管万用表欧姆挡来估测，特别小的电容就只好用电容测试仪测量了。

9. 电感

电感是衡量线圈产生电磁感应能力的物理量。给一个线圈通入电流，线圈周围就会产生磁场，线圈就有磁通量通过。通入线圈的电流越大，磁场就越强，通过线圈的磁通量就越大。实验证明，通过线圈的磁通量和通入的电流是成正比的，其比值称为自感系数，也称电感。如果通过线圈的磁通量用 Φ 表示，电流用 I 表示，电感用 L 表示，那么：

$$L=\Phi/I$$

电感的单位是亨利，简称亨（H），也常用毫亨（mH）或微亨（μH）做单位。1 H＝1 000 mH（1×10^3 mH），1 H＝1 000 000 μH（1×10^6 μH）。

二、直流电路

1. 直流电路的基本概念

电流流过的路径称为电路。最简单的电路由电源、负载、开关和连接导线组成。用电池、直流发电机等作电源的电路称为直流电路。

电路分为外电路和内电路。从电源一端经过负载回到电源另一端的电路称为外电路。电源内部的通路称为内电路，如电池两极之间的电路就是内电路。电路可以用电路图来表示，通常所说的电路都是指电路原理图，如图 1—1 所示。

2. 欧姆定律

（1）部分电路欧姆定律。即为不含电源的部分电路，如图 1—2 所示。电阻 R 两端加上电压 U 时，电阻中就有电流流过。通过实验可以知道：如果加在电阻 R 两端的电压 U 发生变化，流过电阻的电流也会随之变化，而且这种变化是成比例的，即电压和电流的比值是一个常数，这个常数就是电路中的电阻，写成公式就是：

$$R=\frac{U}{I}$$

（2）全电路欧姆定律。具有电源和负载的无分支闭合电路称为全电路，如图 1—3 所示。闭合电路通常分为电源内部电路（即内电路）和电源外部电路（即外电路）。图中 r 表示电源内电阻，R 表示外电路的电阻（即负载）。在闭合电路中，电流强度跟电源的电动势成正比，与内外电阻之和成反比。这就是全电路欧姆定律，写成公式是：

$$I=\frac{E}{R+r}$$

3. 电阻的串联、并联

（1）电阻的串联电路。在电路中，若两个或两个以上的电阻按顺序一个接一个地连成一串，使电流只有一个通路，这种连接方式称为电阻的串联。

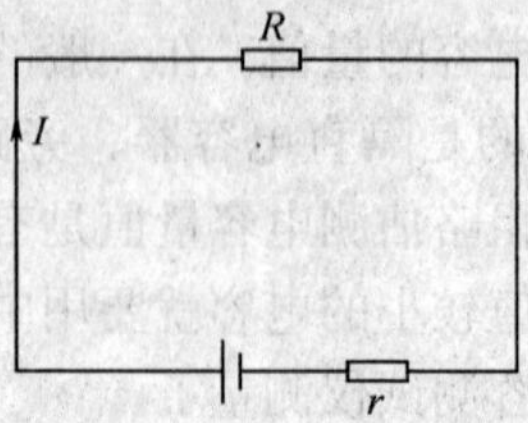

图1—1　电路原理图

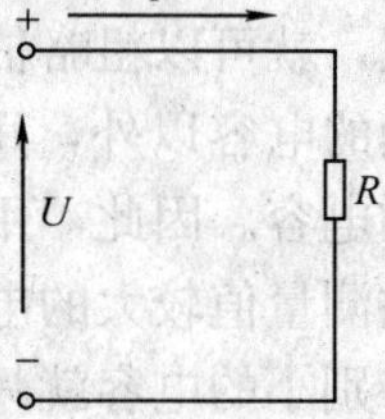

图1—2　不含电源的部分电路

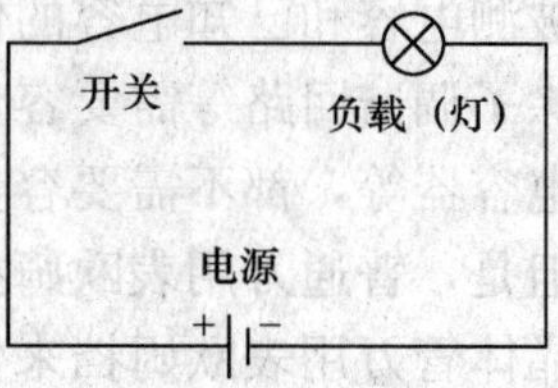

图1—3　全电路

电阻的串联电路的特点如下：

1）串联电路中流过每个电阻的电流都是相等的，即：

$$I=I_1=I_2=I_3=\cdots=I_n$$

2）电路两端的总电压等于各电阻两端的电压之和，即：

$$U=U_1+U_2+U_3+\cdots+U_n$$

3）串联电路的等效电阻（即总电阻）等于各串联电阻之和，即：

$$R=R_1+R_2+R_3+\cdots+R_n$$

在分析电路时，为了方便起见，常用一个电阻来代替几个串联电阻的总电阻，这个电阻称为等效电阻。总电阻应该等于总电压除以电流，即：

$$R=\frac{U}{I}=\frac{IR_1+IR_2+IR_3}{I}=R_1+R_2+R_3$$

4）在串联电路中，各电阻上分配的电压与各电阻阻值成正比，即：

$$U_n=\frac{R_n}{R}U$$

上式中 R_n 越大，它所分配的电压 U_n 也越大。

（2）电阻的并联电路。两个或两个以上的电阻一端连在一起，另一端也连在一起，使每一电阻两端都承受同一电压的作用，这种连接方式称为电阻的并联。

电阻的并联电路的特点如下：

1）并联电路中各电阻两端的电压相等，且等于电路两端的电压，即：

$$U=U_1=U_2=U_3=\cdots=U_n$$

2）并联电路中的总电流等于各电阻中的电流之和，即：

$$I=I_1+I_2+I_3+\cdots+I_n$$

3）并联电路的等效电阻（即总电阻）的倒数，等于各并联电阻的倒数之和，即：

$$\frac{1}{R}=\frac{1}{R_1}+\frac{1}{R_2}+\frac{1}{R_3}+\cdots+\frac{1}{R_n}$$

总电阻等于电压除以总电流，即：

$$R=\frac{U}{I}=\frac{U}{I_1+I_2+I_3}=\frac{U}{\frac{U}{R_1}+\frac{U}{R_2}+\frac{U}{R_3}}=\frac{1}{\frac{1}{R_1}+\frac{1}{R_2}+\frac{1}{R_3}}$$

所以

$$\frac{1}{R}=\frac{1}{R_1}+\frac{1}{R_2}+\frac{1}{R_3}$$

三、交流电路

1. 单相交流电

凡大小和方向都随时间变化的电压和电流均称为交流电压和交流电流。通常的交流电，其大小和方向的变化都有一定的规律，而且每隔一定时间又重复出现。这种交替变化的交流电称为周期性交流电。具有交流电源的电路，称为交流电路。交流电的大小是随时间变化的。交流电在某一时刻的大小称为交流电瞬时值。瞬时值一般用小写字母 e、u、i 来表示。在交流电的波形图上，不同时刻 t 的值，对应于曲线的幅度，按一定比例在纵轴上量取，就是交流电在该时刻的瞬时值。

最大的瞬时值称为最大值。最大值也称为振幅或峰值。由于发电机中磁极的对称性，所以波形的正半周和负半周应该对称，即最大值是一样的。在式 $e=E_m\sin\omega t$ 中，由于 $\sin\omega t$ 的最大值等于 1，所以 $\sin\omega t$ 前面的 E_m 即为电动势的最大值。最大值常用符号 I_m、E_m、U_m 表示。在波形图上，曲线的最高点对应的纵轴值，即表示最大值。

正弦交流电各项物理量瞬时值的大小和方向随时间不断变化，幅值是正弦量瞬间出现的最大值，交流电瞬时值的大小及瞬时功率的大小都无实用的意义，其平均值为零。在正弦交流电路的分析中，不能用瞬时值、幅值和平均值来描述交流电做功能力的大小，描述交流电做功能力大小的物理量是有效值。

有效值是表征正弦交流电的大小及衡量交流电做功能力大小的物理量。有效值是以电流热效应的观点来量度交流电的大小。量度的方法是不论是交流电流还是直流电流，只要它们的热效应相等，它们的安培值就相等。

交流电的有效值是最大值的 $\frac{1}{\sqrt{2}}$。因有效值是瞬时值平方的平均再开方，所以，有效值又称为均方根值。正弦电流、正弦电动势和正弦电压的有效值和最大值的关系为：

$$I=\frac{I_m}{\sqrt{2}},\qquad E=\frac{E_m}{\sqrt{2}},\qquad U=\frac{U_m}{\sqrt{2}}$$

2. 三相交流电

前面所讲的单相交流电路中的电源只有两根输出线，而且电源只有一个交变电动势。如果在交流电路中有几个电动势同时作用，每个电动势的大小相等，频率相同，只有初相角不同，那么就称这种电路为多相制电路。其中每一个电动势构成的电路称为多相制的一相。

目前应用最为广泛的是三相制电路。其电源是由三相发电机产生的。和单相交流电相比，三相交流电具有以下优点：

（1）制造三相发电机、变压器都较制造单相发电机和变压器节省材料，而且构造简单、性能优良。

（2）同样材料制造的三相电动机，其容量比单相电动机大 50%。

（3）输送同样的电能，三相输电线同单相输电线相比，可节省有色金属 25%，且电能损耗较单相输电时少。

由于具有以上优点，所以三相交流电比单相交流电应用得更广泛。

三相电动势一般是由发电厂中的三相交流发电机产生的。三相发电机的示意图如图 1—4

所示，它主要由定子和转子构成。在定子上嵌入了三个绕组，每一个绕组为一相，合称三相绕组。三相绕组的始端分别用U1、V1、W1表示，末端用U2、V2、W2表示。转子是一对磁极的电磁铁，它以匀角速度ω沿逆时针方向旋转。如果三相绕组的形状、尺寸、匝数均相同，则三相绕组中的感应电动势的振幅相等，频率也相同，但三个绕组在空间位置上相互隔开120°，所以感应电动势最大值出现的时间各相差1/3周期，即相位角上互差120°。若磁感应强度沿转子表面按正弦规律分布，则在三相绕组中可以分别感应出振幅相等、频率相同、相位互差120°的三个正弦电动势。

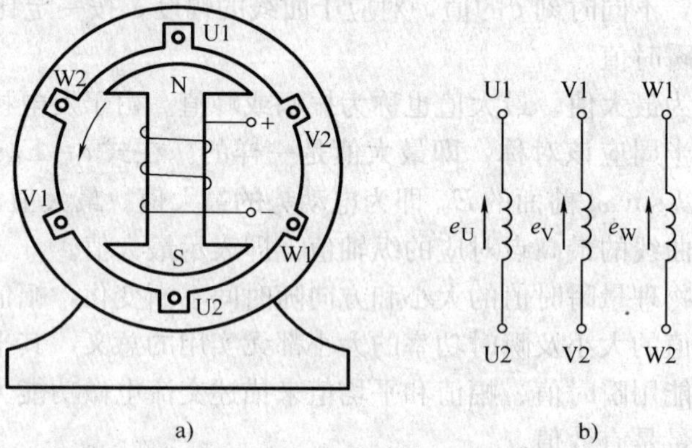

图1—4 三相交流发电机

a）结构示意 b）绕组表示

四、半导体二极管

1. 半导体材料

从导电性能上看，物质材料可分为三大类：导体（电阻率ρ小于10^{-4} Ω·cm）、绝缘体（电阻率ρ大于10^{9} Ω·cm）和半导体（电阻率ρ介于前两者之间）。

目前制造半导体器件的材料用得最多的有硅和锗两种。

2. 本征半导体及本征激发

（1）本征半导体。没有杂质和缺陷的半导体单晶称为本征半导体。

（2）本征激发。当温度升高时，电子吸收能量摆脱共价键而形成一对电子和空穴的过程称为本征激发。

3. 杂质半导体

在本征半导体中掺入微量的杂质，就会使半导体的导电性能发生显著的变化。因掺入杂质不同，杂质半导体可分为空穴（P）型半导体和电子（N）型半导体两大类。

（1）P型半导体。在本征半导体中掺入少量的三价元素杂质就形成P型半导体，P型半导体的多数载流子是空穴，少数载流子是电子。

（2）N型半导体。在本征半导体中掺入少量的五价元素杂质就形成N型半导体。N型半导体的多数载流子是电子，少数载流子是空穴。

4. PN结及其形成过程

在杂质半导体中，正负电荷数是相等的且作用相互抵消，因此保持电中性。

（1）载流子的浓度差产生多子的扩散运动。在P型半导体和N型半导体结合后，其交界处就出现了电子和空穴的浓度差，N型区内的电子很多而空穴很少，P型区内的空穴很多而电子很少，这样电子和空穴都要从浓度高的地方向浓度低的地方扩散，因此，有些电子要从N型区向P型区扩散，也有一些空穴要从P型区向N型区扩散。

（2）电子和空穴的复合形成了空间电荷区。电子和空穴带有相反的电荷，它们在扩散过程中要产生复合（中和），结果使P型区和N型区中原来的电中性被破坏。P型区失去空穴留下带负电的离子，N型区失去电子留下带正电的离子，这些离子因物质结构的关系不能移动，因此称为空间电荷，它们集中在P型区和N型区的交界面附近，形成了一个很薄的空间电荷区，这就是所谓的PN结。

（3）空间电荷区产生的内电场E又阻止多子的扩散运动。在空间电荷区，由于正、负电荷之间的相互作用，在空间电荷区中形成一个电场，其方向从带正电的N型区指向带负电的P型区，由于该电场是由载流子扩散后在半导体内部形成的，故称为内电场。因为内电场的方向与电子的扩散方向相同，与空穴的扩散方向相反，所以它是阻止载流子的扩散运动的。

综上所述，PN结中存在着两种载流子的运动。一种是多子克服电场的阻力的扩散运动；另一种是少子在内电场的作用下产生的漂移运动。因此，只有当扩散运动与漂移运动达到动态平衡时，空间电荷区的宽度和内建电场才能相对稳定。由于这两种运动产生的电流方向相反，因而在无外电场或其他因素激励时，PN结中无宏观电流。

5. 半导体二极管的结构、导电特性及主要参数

（1）在PN结上装两个电极和外壳就成为一个二极管。其中P型半导体的一端为正极（阳极），N型半导体的一端为负极（阴极），其结构如图1—5所示。

（2）半导体二极管的伏安特性曲线

硅二极管的伏安特性如图1—6所示。

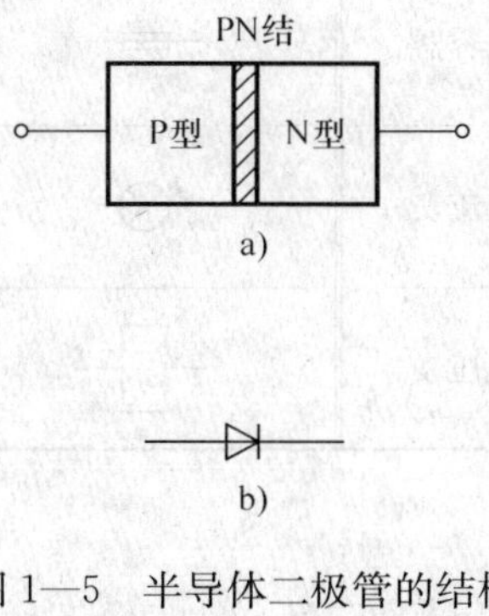

图1—5 半导体二极管的结构

a）PN结 b）半导体二极管的图形符号

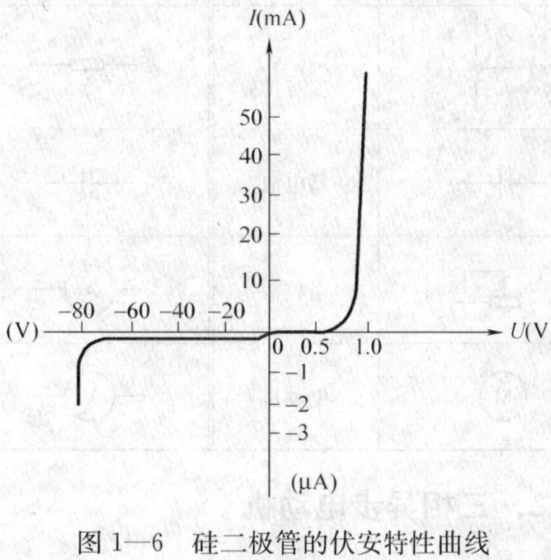

图1—6 硅二极管的伏安特性曲线

1）正向特性。在二极管两端加上正向电压时，电流与电压的关系称为正向特性。当电压较小时，正向电流极小（称为死区）。当二极管两端的电压超过一定的数值（硅管约

0.5 V，锗管约0.2 V）以后，电流随电压增加得很快，但增加后的电流不能超过二极管的允许值，否则二极管会被烧坏。

2）反向特性。在二极管两端加上反向电压时，电流与电压的关系称为反向特性。这时通过二极管的电流极小，该电流称为反向漏电流。并且当反向电压增加时反向漏电流几乎不变，这时二极管处于截止状态。

当反向电压高于某值时，反向电流突然增大，该电压称为反向击穿电压。

应该指出，对于不同半导体材料和不同结构的半导体管，特性是有差异的，但特性曲线的基本形状是相似的。

（3）半导体二极管的主要参数

1）额定整流电流。它是指二极管长期运行时，允许通过的最大正向电流。使用时正向电流超过此值，就会使二极管过热而损坏。

2）最高反向工作电压。它是指长时间加在二极管两端而不致引起损坏的最大反向峰值电压。若反向电压超过此值时，二极管就有被反向击穿的危险。

第二节　电力驱动基础知识

一、常用低压电器的图形符号

表1—1所列为部分常用的电气元件图形符号。

表1—1　　部分电气元件图形符号

图形符号	名称	图形符号	名称	图形符号	名称
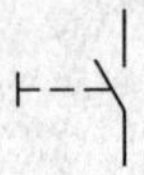	开关	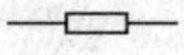	电阻器	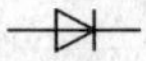	二极管
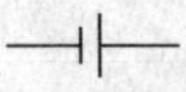	蓄电池	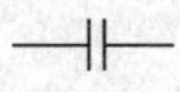	电容器	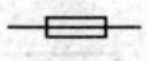	熔断器
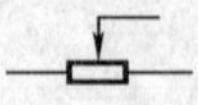	电位器	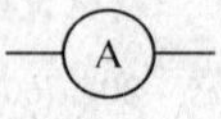	电流表		灯
	电动机	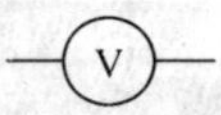	电压表	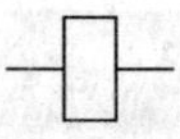	继电器

二、三相异步电动机

1. 三相异步电动机的结构

三相异步电动机的种类很多，但各类三相异步电动机的基本结构是相同的，它们都是由定子和转子这两大基本部分组成，在定子和转子之间具有一定的气隙。此外，还有端盖、轴承、接线盒、吊环等其他附件，其结构示意如图1—7所示。

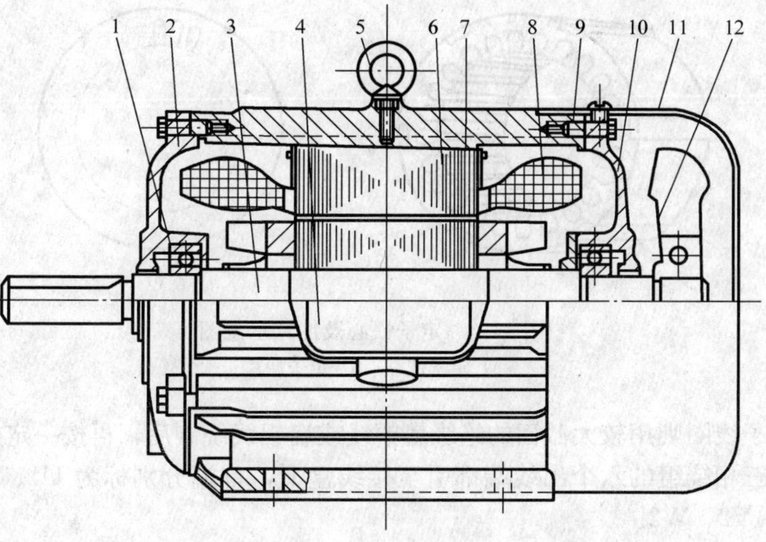

图 1—7　封闭式三相笼型异步电动机结构

1—轴承　2—前端盖　3—转轴　4—接线盒　5—吊环　6—定子铁心
7—转子　8—定子绕组　9—机座　10—后端盖　11—风罩　12—风扇

（1）定子。定子是用来产生旋转磁场的。三相异步电动机的定子一般由外壳、定子铁心、定子绕组等部分组成。

1）外壳。三相异步电动机外壳包括机座、端盖、轴承盖、接线盒及吊环等部件。

①机座。它是由铸铁或铸钢浇铸成型，其作用是保护和固定三相异步电动机的定子绕组。中、小型三相异步电动机的机座还有两个端盖支撑着转子，这是三相异步电动机机械结构的重要组成部分。通常，机座的外表要求散热性能好，所以一般都铸有散热片。

②端盖。它是用铸铁或铸钢浇铸成型，其作用是把转子放在定子内腔中心，并使转子能够在定子中均匀地旋转。

③轴承盖。它是用铸铁或铸钢浇铸成型，其作用是支撑转子，使转子不能轴向移动，另外起存放润滑油和保护轴承的作用。

④接线盒。它一般是用铸铁浇铸成型，其作用是保护和固定绕组的引出线端子。

⑤吊环。它一般是用铸钢制造，安装在机座的上端，用来起吊、搬、抬三相异步电动机。

2）定子铁心。异步电动机定子铁心是电动机磁路的一部分，由 0.35 ～0.5 mm 厚表面涂有绝缘漆的薄硅钢片叠压而成，如图 1—8 所示。由于硅钢片较薄而且片与片之间是绝缘的，所以减少了由于交变磁通通过而引起的铁心涡流损耗。铁心内圆有均匀分布的槽口，用来嵌放定子绕组。

3）定子绕组。定子绕组是三相异步电动机的电路部分，三相异步电动机有三相绕组，通入三相对称电流时就会产生旋转磁场。三相绕组由三个彼此独立的绕组组成，且每个绕组又由若干线圈连接而成。每个绕组即为一相，每个绕组在空间上相差 120°电角度。线圈由绝缘铜导线或绝缘铝导线绕制。中、小型三相异步电动机多采用圆漆包线，大、中型三相异

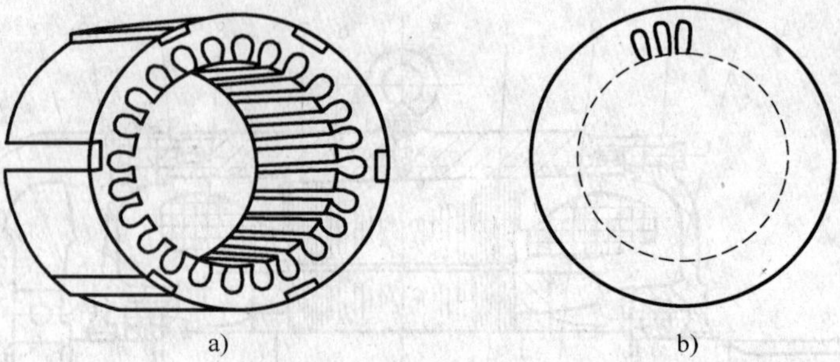

图 1—8　定子铁心及冲片示意图

a）定子铁心　b）定子冲片

步电动机的定子线圈则用较大截面的绝缘扁铜线或扁铝线绕制后，再按一定规律嵌入定子铁心槽内。定子三相绕组的六个出线端都引至接线盒上，首端分别标为 U1、V1、W1，末端分别标为 U2、V2、W2。

（2）转子

1）转子铁心。转子铁心是用 0.5 mm 厚的硅钢片叠压而成，套在转轴上，作用和定子铁心相同，一方面作为电动机磁路的一部分；另一方面用来安放转子绕组。

2）转子绕组。三相异步电动机的转子绕组分为绕线型与笼型两种，由此分为绕线转子异步电动机与笼型异步电动机。

①绕线型绕组。与定子绕组一样也是一个三相绕组，一般为星形联结，三相引出线分别接到转轴上的三个与转轴绝缘的集电环上，通过电刷装置与外电路相连，这就有可能在转子电路中串接电阻或电动势以改善电动机的运行性能。

②笼型绕组。在转子铁心的每一个槽中插入一根铜条，在铜条两端各用一个铜环（称为端环）把导条连接起来，称为铜排转子，如图 1—9a 所示。也可用铸铝的方法，把转子导条和端环风扇叶片用铝液一次浇铸而成，称为铸铝转子，如图 1—9b 所示。100 kW 以下的异步电动机一般采用铸铝转子。

3）其他部分。其他部分包括端盖、风扇等。端盖除了起防护作用外，在端盖上还装有轴承，用以支撑转子轴。风扇则用来通风冷却电动机。

三相异步电动机的定子与转子之间的气隙一般仅为 1.5～2 mm。气隙太大，电动机运行时的功率因数降低；气隙太小，使装配困难，运行不可靠，高次谐波磁场增强，从而使附加损耗增加以及使启动性能变差。

2. 三相异步电动机的转动原理

电动机的工作原理是建立在电磁感应定律、全电流定律、电路定律和电磁力定律等基础上的。图 1—10 所示为三相异步电动机转子转动的原理图，当磁极沿顺时针方向旋转，磁极的磁力线切割转子导条，导条中就感应出电动势。电动势的方向由右手定则来确定。因为运动是相对的，假如磁极不动，转子导条沿逆时针方向旋转，则导条中同样也能感应出电动势来。在电动势的作用下，闭合的导条中就产生电流。该电流与旋转磁极的磁场相互作用，而使转子导条受到电磁力，电磁力的方向可用左手定则确定。由电磁力进而产生电磁转矩，转子就转动起来。

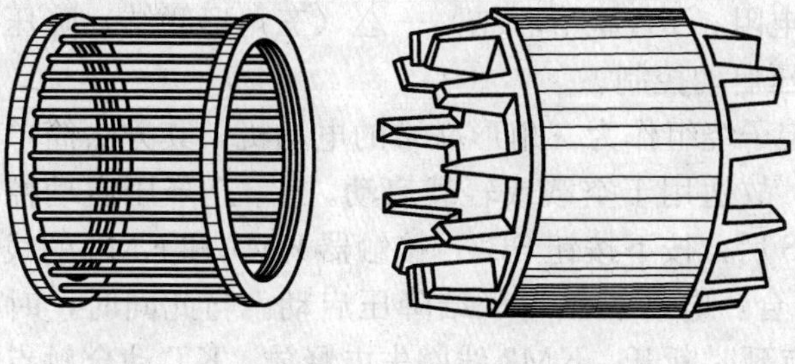

a）　　　　　　　　b）

图 1—9　笼型转子绕组

a）铜排转子　b）铸铝转子

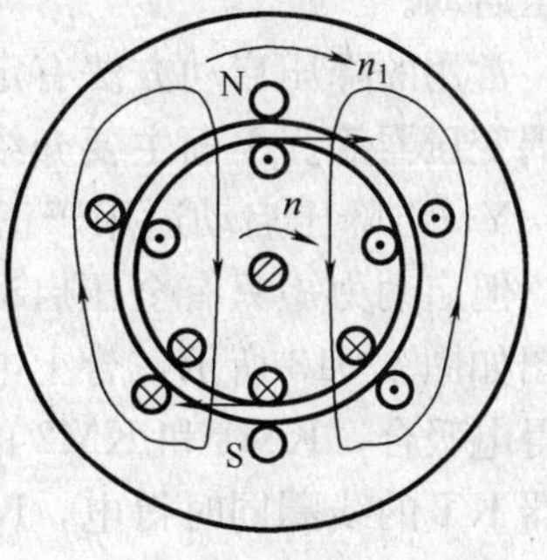

图 1—10　三相异步电动机的转动原理图

3. 转差率

旋转磁场转速 n_1 与转子转速 n 之差与同步转速 n_1 之比称为异步电动机的转差率 s，即：

$$s=\frac{n_1-n}{n_1}$$

转差率是异步电动机的一个基本参数，对分析和计算异步电动机的运行状态及其机械特性有着重要的意义。转子转速越接近磁场转速，则转差率越小。由于三相异步电动机的额定转速与同步转速相近，所以它的转速差很小。通常异步电动机在额定负载时的转差率为 1%～9%。

4. 三相异步电动机的启动

（1）全压启动。对于小容量笼型异步电动机，在变压器允许的情况下可以采用全压直接启动，图 1—11 与图 1—12 所示为两种全压启动控制电路，图 1—11 适合小型设备，图 1—12 适合中小型设备。

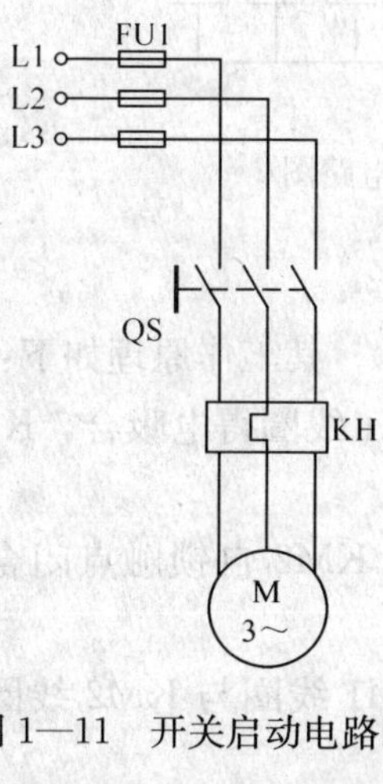

图 1—11　开关启动电路图

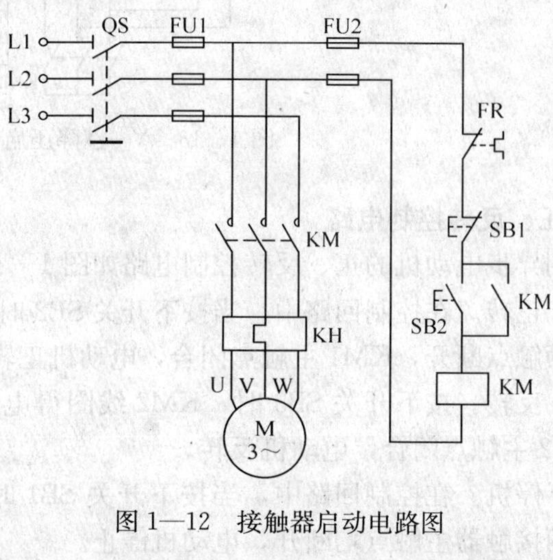

图 1—12　接触器启动电路图

（2）减压启动控制。由于大容量笼型异步电动机的启动电流很大，会引起电网电压降低，使电动机转矩减小，甚至启动困难，而且还会影响同一供电网络中其他设备的正常工作，所以大容量异步电动机的启动电流应限制在一定的范围内，不允许直接启动，而是采用降压启动。

常用的降压启动方法有定子绕组串电阻、Y（星形联结）—△（三角形联结）降压、串自耦变压器等。下面主要介绍Y—△降压启动控制。

Y—△降压启动适用于正常工作时定子绕组作为三角形联结的电动机，其方法简单且经济，但启动力矩只有全压启动时的1/3，故适用于空载或轻载启动。Y—△降压启动控制线路图如图1—13所示，合上电源开关QS后，按下按钮SB2，接触器KM1和KM2的线圈同时得电吸合，KM1和KM2的主触点闭合，电动机星形联结降压启动。与此同时，时间继电器KT的线圈同时得电，KT动断触点延时断开，KM2线圈失电释放，KT动合触点延时闭合，KM3线圈得电吸合，电动机定子绕组由星形联结自动换接成三角形联结，时间继电器KT触点延时动作时间由电动机的容量以及启动时间的快慢来决定。

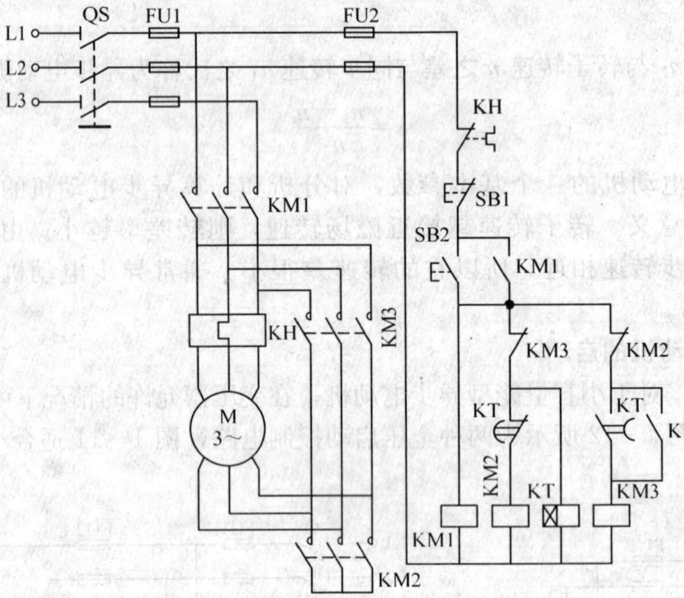

图1—13　Y—△降压启动控制电路图

5. 正、反转控制电路

三相异步电动机的正、反转控制电路如图1—14所示。其工作原理如下：

（1）正转。在控制回路中，当按下开关SB2时，KM1线圈得电吸合，KM1自锁触点闭合，互锁触点断开，KM1主触点闭合，电动机正转。

（2）反转。按下开关SB3时，KM2线圈得电吸合，KM2自锁触点闭合，互锁触点断开，KM2主触点闭合，电动机反转。

（3）停机。在控制回路中，当按下开关SB1时，KM1线圈与KM2线圈同时失电，主电路中两接触器主触点均断开，电动机停止。

6. 三相异步电动机的制动

三相异步电动机从定子绕组断电到完全停止转动需要一段时间，为适应某些生产机械工艺要求，缩短辅助时间提高生产率，要求电动机能制动停转。三相异步电动机的制动方法一

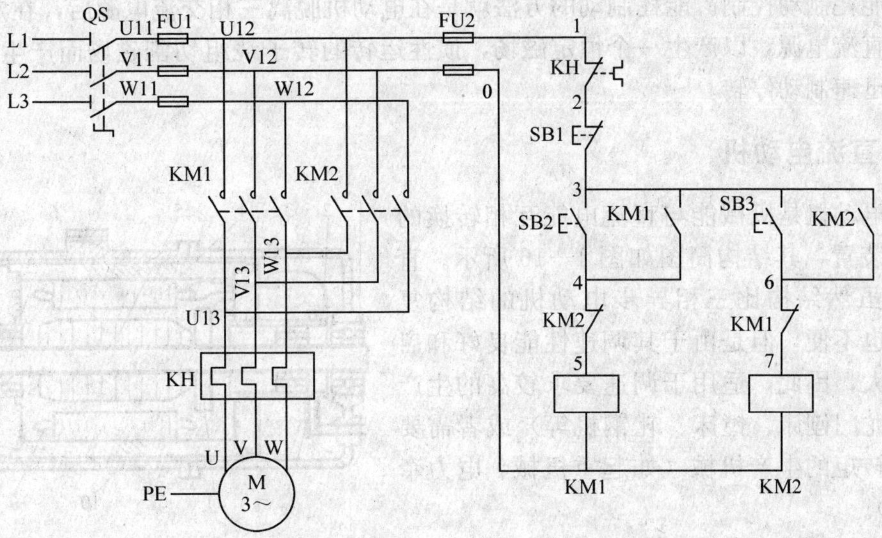

图 1—14　三相异步电动机正、反转控制电路图

般有机械制动和电气制动两种。电动机的电气制动就是让电动机产生一个与其实际转向相反的电磁转矩，即制动转矩而迅速停转。电气制动常用的有反接制动和能耗制动。

（1）反接制动控制电路。反接控制电路如图 1—15 所示。停车时，按停止按钮 SB1，接触器 KM1 线圈失电释放，而接触器 KM2 线圈得电吸合，KM2 主触点闭合，串入电阻 R 进行反接制动，电动机产生一个反向电磁转矩，迫使电动机转速迅速下降。当转速下降到 100 r/min 时，速度继电器 KS 的动合触点断开，接触器 KM2 线圈失电释放，电动机断电，防止了反方向启动。

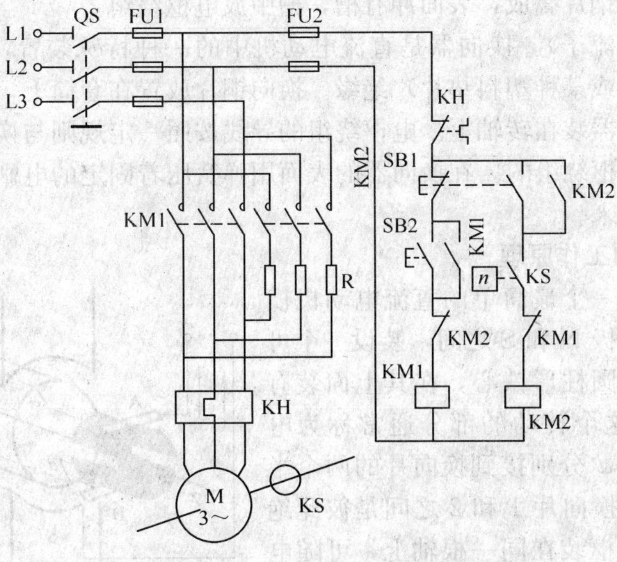

图 1—15　反接制动控制电路图

（2）能耗制动控制。能耗制动的方法就是在电动机脱离三相交流电源后，在定子绕组中加入一个直流电源，以产生一个恒定磁场，惯性运转的转子绕组切割磁场而产生制动转矩，使电动机迅速制动停转。

三、直流电动机

直流电动机是机械能与直流电能互相转换的旋转机械装置，其结构简图如图 1—16 所示。直流电动机虽然结构比三相异步电动机的结构复杂，维护也不便，但是由于其调速性能良好和启动转矩较大，因此，适用于调速要求较高的生产机械（如龙门刨床、镗床、轧钢机等）或者需要较大启动转矩的生产机械（如起重机械、电力牵引设备等）。

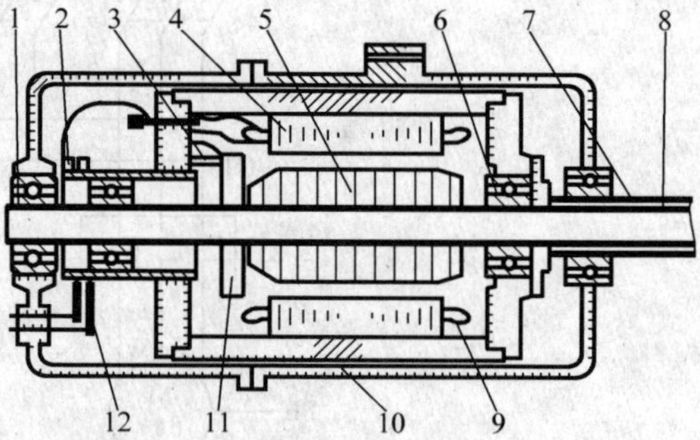

图 1—16　直流电动机结构简图

1—转子轴承　2—滑环　3—换向器电刷　4—磁系统　5—电枢　6—磁系统轴承　7—外轴　8—内轴　9—磁绕组　10—壳体　11—换向器　12—滑环电刷

1. 直流电动机的构造

直流电动机主要由下列三个部分组成：

（1）磁极。磁极用来在电动机中产生磁场，可分成极心和极掌两部分。极心上放置励磁绕组，极掌的作用是使电动机气隙中磁感应强度的分布最为合适，并用来挡住励磁绕组。磁极是用钢片叠成的，固定在机座（即电动机外壳）上。机座也是磁路的一部分，通常用铸钢制成。在小型直流电动机中，也有用永久磁铁作为磁极的。

（2）电枢。电枢是电动机中产生感应电动势的部分。直流电动机的电枢是旋转的。电枢铁心呈圆柱状，由硅钢片叠成，表面冲有槽，槽中放电枢绕组。

（3）换向器（整流子）。换向器是直流电动机中的一种特殊装置，是由楔形铜片组成，铜片间用云母垫片（或某种塑料垫片）绝缘。换向铜片放置在套筒上，用压圈固定；压圈本身用螺帽固紧。换向器装在转轴上。电枢绕组的导线按照一定规则与换向片相连接。换向器的凸出部分是焊接电枢绕组的。在换向器的表面用弹簧压着固定的电刷，使转动的电枢绕组得以同外电路连接起来。

2. 直流电动机的工作原理

图 1—17 所示是一个最简单的直流电动机模型。在一对静止的磁极 N 和 S 之间，装设一个可以绕 $Z—Z'$ 轴转动的圆柱形铁心，在其上面装有矩形的线圈 *abcd*。这个转动的部分通常称为电枢。线圈的两端 *a* 和 *d* 分别接到换向片的两个半圆形铜环 1 和 2 上。换向片 1 和 2 之间是彼此绝缘的，将 1 和 2 与电枢装在同一根轴上，可随电枢一起转动。A 和 B 是两个固定不动的碳质电刷，和换向片之间是滑动接触的。来自直流电源

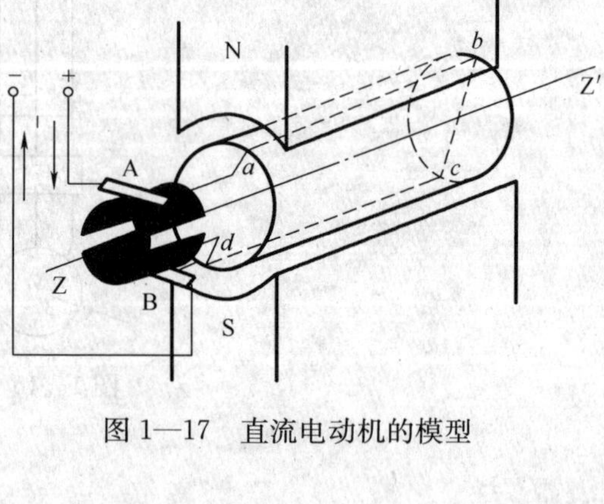

图 1—17　直流电动机的模型

的电流就是通过电刷和换向片流到电枢的线圈里。

当电刷 A 和 B 分别与直流电源的正极和负极接通时，电流从电刷 A 流入，而从电刷 B 流出。这时线圈中的电流方向是从 *a* 流向 *b*，再从 *c* 流向 *d*。载流导体在磁场中要受到电磁力，其方向由左手定则来决定。当电枢在图 1—18a 所示的位置时，线圈 *ab* 边的电流从 *a* 流向 *b*，用⊕表示，*cd* 边的电流从 *c* 流向 *d*，用⊙表示。根据左手定则可以判断出，*ab* 边受力的方向是从右向左，而 *cd* 边受力的方向是从左向右。这样，在电枢上就产生了逆时针方向的转矩，因此电枢就将沿着逆时针方向转动起来。

当电枢转到使线圈的 *ab* 边从 N 极下面进入 S 极，而 *cd* 边从 S 极下面进入 N 极时，与线圈 *a* 端连接的换向片 1 跟电刷 B 接触，而与线圈 *d* 端连接的换向片 2 跟电刷 A 接触，如图 1—18b 所示。这样，线圈内的电流方向变为从 *d* 流向 *c*，再从 *b* 流向 *a*，从而保持在 N 极下面的导体中的电流方向不变。因此转矩的方向也不改变，电枢仍然按照原来的逆时针方向继续旋转。由此可以看出，换向片和电刷在直流电动机中起着改变电枢线圈中电流方向的作用。

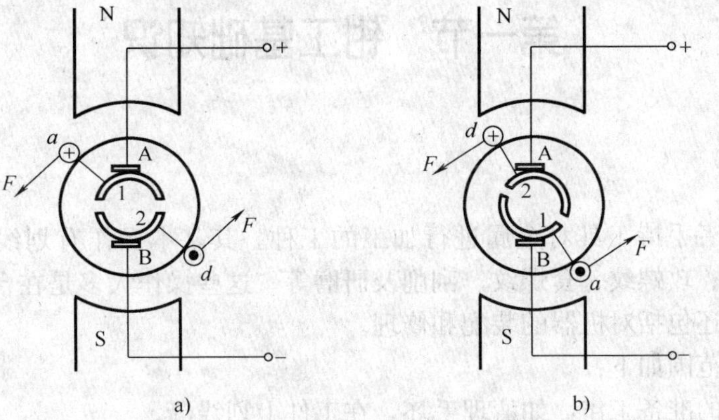

图 1—18　换向器在直流电动机中的作用

a）电刷 A 与换向片 1 接触　b）电刷 A 与换向片 2 接触

第二章

机械基础知识

第一节　钳工基础知识

一、概述

钳工是操作者手持工具对金属进行加工的工种。其基本操作有划线、錾削、锯切、锉削、钻孔、铰孔、攻螺纹、套螺纹、刮削及研磨等。这些操作大多是在台虎钳上进行的。

钳工的工作还包括对机器的装配和修理。

钳工的工作范围如下：

（1）加工前的准备工作，如清理毛坯，在工件上划线等。

（2）在单件或小批生产中，制造一般的零件。

（3）加工精密零件，如样板、模具的精加工，刮削或研磨机器和量具的配合表面等。

（4）装配、调整和修理机器。

二、钳工工作台和台虎钳

1. 钳工工作台

钳工工作台一般用固定的木材或铸铁制成，要求牢固平稳，台面高度为 800～900 mm。为了安全，台面前方装有防护网。

2. 台虎钳

台虎钳是夹持工件的主要工具，有固定式台虎钳和回转式台虎钳两种。台虎钳规格用钳口宽度表示，常用的宽度为 100～150 mm。台虎钳夹持工件时，尽可能夹在钳口中部，使钳口受力均匀。夹持工件的光洁表面时，应垫铜皮或铝皮加以保护。

三、钳工的基本操作

1. 划线

钳工根据图样要求，在毛坯或半成品的工件表面上划出加工界线的操作称为划线。

（1）划线的作用

1）划好的线能明确标出加工余量、加工位置等，作为加工或安装工件时的依据。

2）在单件小批生产中，通过划线检查毛坯的形状和尺寸是否符合图样要求，避免不合格的毛坯投入机械加工而造成浪费。

3）通过划线合理分配加工余量（也称借料），从而保证少出或不出废品。

（2）划线的分类。根据工件的形状不同，划线可分为平面划线和立体划线两种。

1）平面划线即在工件的一个平面上划线。

2）立体划线是在工件的几个表面上划线，即在长、宽、高三个方向上划出相关线条。

在整个机械加工过程中，钳工划线是不可缺少的重要环节，是机械加工的依据。所划线条要求清晰，尺寸准确，划线精度一般为 0.25～0.5 mm。

（3）划线的主要工具。划线的主要工具有划线平板、千斤顶、V 形铁、方箱、划针、划卡、划规、划盘针、高度游标尺、样冲、量具等。

2. 錾削

錾削是用锤子锤击錾子，对金属进行切削加工的操作。錾削可加工平面、沟槽、切断金属及清理铸、锻件上的毛刺等。每次錾削金属层的厚度为 0.5～2 mm。

（1）工具

1）錾子。常用的錾子有平錾、槽錾及油槽錾。平錾用于錾平面和錾断金属。其刃宽一般为 10～15 mm；槽錾用于錾槽，其刃宽约为 5 mm；油槽錾用于錾油槽，其錾刃磨成与油槽形状相符的圆弧形。錾子全长为 125～150 mm。錾子多用碳素工具钢锻成，刃部经淬火和回火处理后刃磨而成。

2）锤子。錾削用的锤子，其大小用锤头的质量表示，常用的约 0.50 kg，锤子的全长约为 300 mm。锤头多用碳素工具钢锻成，并经淬火和回火处理。

（2）錾削操作时的注意事项

1）工件应夹持牢固，以免錾削时松动。

2）錾头如有毛边，应在砂轮机上磨掉，以免錾削时锤子偏斜而伤手。

3）勿用手摸錾头端面，以免沾油后锤击打滑。

4）锤子锤头与锤柄之间不应松动。

5）錾削用的工作台必须有防护网，以免錾屑伤人。

3. 锯切

锯切是用手锯锯断金属材料或进行切槽的操作。

（1）手锯的构造

1）手锯由锯弓和锯条两部分构成。

2）锯弓是用来夹持和拉紧锯条的工具，有固定式和可调式两种。

3）锯条是由碳素工具钢制成的。粗齿锯条适用于锯铜、铝等软金属及厚的工件。细齿锯条适用于锯硬钢、板料及薄壁管子等。

(2) 锯切的步骤和方法

1) 根据工件材料及厚度选择合适的锯条。

2) 将锯条安装在锯弓上，齿条应向前。锯条松紧要合适，否则锯削时易折断锯条。

3) 工件应尽可能夹在台虎钳左边，以免操作时碰伤左手。工件伸出要短，否则锯削时易颤动。

4) 起锯时以左手拇指按靠住锯条，右手稳推手柄，起锯角度稍小于 15°。锯弓往复行程应短，压力要轻，锯条要与工作表面垂直。锯成锯口后，逐渐将锯弓改至水平方向。

5) 锯削时锯弓应直线往复，不可摆动。前推时加压，用力要均匀；返回时应从工件上轻轻滑过。锯削速度不宜过快，锯削时用锯条全长工作，以免锯条中间部分迅速磨钝。锯钢材时应加油润滑。快锯断时，用力应轻，以免碰伤手。

6) 锯切圆钢时，为了得到整齐的锯缝，应从起锯开始以一个方向锯到结束；锯切圆管时，应只锯到管子内壁处，然后工件向推锯方向转一定的角度，再继续锯切；锯薄板时，为了防止产生振动和变形，可用木板夹住薄板两侧同时进行锯切。

4. 锉削

锉削是用锉刀对工件表面进行加工的操作，多用于锯切或錾削之后，所加工出的表面粗糙度可达 0.8～1.6 μm。锉削是钳工工作中最基本的操作。

锉刀根据形状不同可以分平锉、半圆锉、方锉、三角锉以及圆锉等，其中平锉用得最多。

锉刀的操作方法是：使用平锉时，应右手握锉柄，左手压在锉端上，使锉刀保持水平。用中型锉刀时，因用力较小，左手的大拇指和食指捏着锉端，引导锉刀水平移动。锉刀前推时加压，并保持水平；返回时不宜紧压工件，以免磨钝锉齿和损伤已加工面。

5. 冲孔

冲孔是采用样冲在钻孔的中心位置和零件的形状线上，打上小的凹圆坑作为标记。

第二节　常用机械传动零件

一、齿轮

齿轮是能互相啮合的有齿的机械零件，在机械传动及整个机械领域中的应用极其广泛。现代齿轮技术已达到：齿轮模数 0.004～100；齿轮直径规格较多；传递功率可达1×10^5 kW。

齿轮结构一般由轮齿、齿槽、端面、法面、齿顶圆、齿根圆、基圆、分度圆等组成。齿轮还可按其外形分为圆柱齿轮、锥齿轮、非圆齿轮、齿条、蜗杆蜗轮；按齿线形状分为直齿轮、斜齿轮、人字齿轮、曲线齿轮；按轮齿所在的表面分为外齿轮、内齿轮；按制造方法可分为铸造齿轮、切制齿轮、轧制齿轮、烧结齿轮等。

齿轮的制造材料和热处理过程对齿轮的承载能力和尺寸质量有很大的影响。20 世纪 50 年代前齿轮多用碳钢，60 年代改用合金钢，而 70 年代多用表面硬化钢。按硬度分，齿面可分为软齿面和硬齿面两种。

软齿面的齿轮承载能力较低，但制造比较容易，跑合性好，多用于传动尺寸和质量无严格限制，以及少量生产的一般机械中。因为配对的齿轮中，小轮负担较重，因此为使大小齿轮工作寿命大致相等，小轮齿面硬度一般要比大轮的高。

硬齿面齿轮的承载能力高，是在齿轮精加工之后，再进行淬火、表面淬火或渗碳淬火处理，以提高硬度。但在热处理中，齿轮不可避免地会产生变形，因此在热处理之后须进行磨削、研磨或精切，以消除因变形产生的误差，提高齿轮的精度。

制造齿轮常用的钢材有调质钢、淬火钢、渗碳淬火钢和渗氮钢。铸钢的强度比锻钢稍低，常用于尺寸较大的齿轮；灰铸铁的力学性能较差，可用于轻载的开式齿轮传动中；球墨铸铁可部分代替钢制造齿轮。塑料齿轮多用于轻载和要求噪声低的地方，与其配对的齿轮一般用导热性好的钢齿轮。

二、传动带

传动带按照其截面可以分为以下几类：

1. 平带

其截面为扁平矩形，工作面是与轮面相接触的内表面。

2. V 带

其截面为梯形，工作面是与轮槽相接触的两侧面，但 V 带与底槽不接触，由于轮槽的楔形效应，预拉力相同时，V 带传动较平带传动能产生更大的摩擦力，故具有较大牵引能力（传递较大功率），应用更广。

3. 多楔带

以扁平部分为基体，下面有几条等距纵向槽，其工作面为楔形的侧面，这种带兼有平带的弯曲应力小和 V 带的摩擦力大的优点（可取代若干根 V 带），故常用于传递动力大，且要求结构紧凑的场合。

4. 圆带

其截面为圆形，只能用于低速轻载的仪器或家用机械。

5. 齿形同步带

齿形同步带以钢丝绳或玻璃纤维绳为承载层，氯丁橡胶或聚氨酯为基体。由于承载层强度高，受载后变形极小，能保持齿形带的带节距不变，因而能保持准确的传动比。

三、传动链

在链传动中，按链条结构的不同主要有滚子链传动和齿形链传动两种类型。

1. 滚子链

滚子链的结构如图 2—1 所示，是由内链板 1、外链板 2、销轴 3、套筒 4 和滚子 5 组成。链传动工作时，套筒上的滚子沿链轮齿廓滚动，可以减轻链和链轮轮齿的磨损。

把一根以上的单列链并列、用长销轴连接起来的链称为多排链，图 2—2 所示为双排滚子链。链的排数越多，承载能力越高，链的制造与安装精度要求也越高，且越难使各排链受力均匀，将大大降低多排链的使用寿命，故排数不宜超过 4 排。当传动功率较大时，可采用两根或两根以上的双排链或三排链。

为了形成首尾相接的环形链条，要用接头加以连接。链的接头形式主要有钢丝锁销、弹簧卡片及过渡链节。当链节数为偶数时采用连接链节，其形状与链节相同，接头处用钢丝锁销或弹簧卡片等止锁件将销轴与连接链板固定；当链节数为奇数时，则必须加一个过渡链节。过渡链节的链板在工作时受附加弯矩，故应尽量避免采用奇数链节。

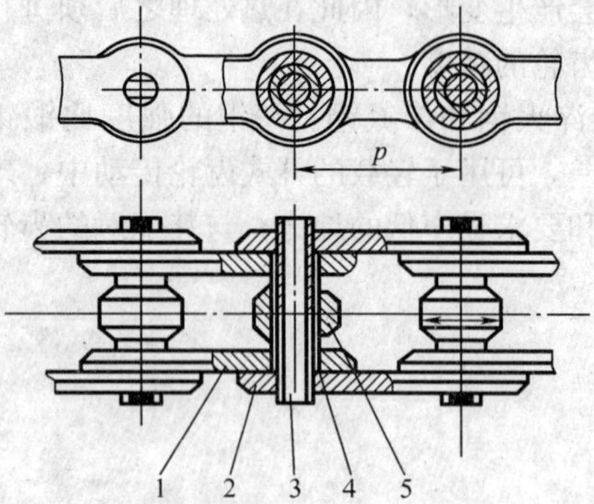

图 2—1 滚子链

1—内链析 2—外链板 3—销轴 4—套筒 5—滚子

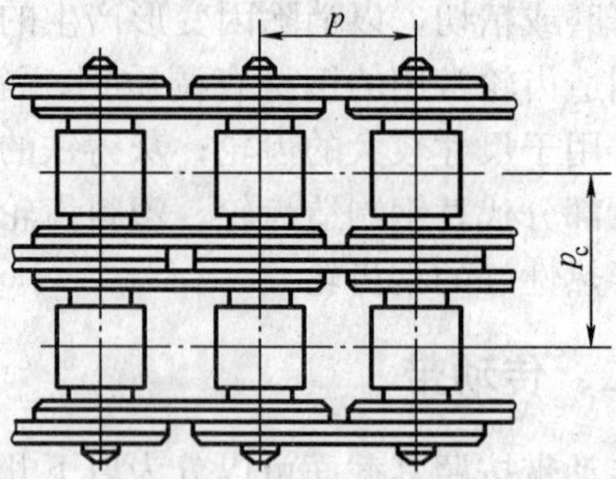

图 2—2 双排滚子链

2. 齿形链

齿形链是由彼此用铰链连接起来的齿形链板组成的，链板两工作侧面间的夹角为 60°，相邻链节的链板左右错开排列，并用销轴、轴瓦或滚柱将链板连接起来。按铰链结构不同，分为圆销铰链式、轴瓦铰链式和滚柱铰链式三种。

与滚子链相比，齿形链具有工作平稳，噪声较小，允许链速较高，承受冲击载荷能力较好和轮齿受力较均匀等优点；但结构复杂，装拆困难，价格较高，质量较大并且对安装和维护的要求也较高。

四、联轴器

1. 联轴器的功能

联轴器用来把两轴连接在一起，机器运转时两轴不能分离，只有机器停车并将连接拆开后，两轴才能分离。联轴器所连接的两轴，由于制造及安装误差，承载后的变形以及温度变化的影响等，会引起两轴相对位置的变化，往往不能保证严格对中，会出现轴向位移、径向位移、角位移和综合位移，分别如图 2—3～图 2—6 所示。

两轴相对偏移的出现，将在轴、轴承和联轴器上引起附加载荷，甚至出现剧烈振动。因此，联轴器还应具有一定的补偿两轴偏移的能力，以消除或降低因两轴相对偏移引起的附加载荷，改善传动性能，延长机器寿命。为了减少机械传动系统的振动、降低冲击尖峰载荷，联轴器还具有一定的缓冲减振性能。

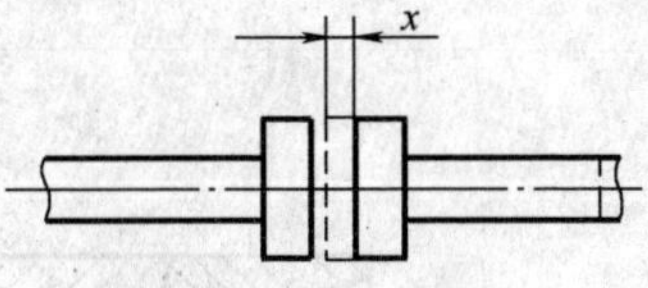

图 2—3 轴向位移

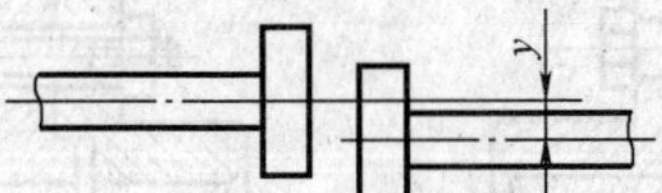

图 2—4 径向位移

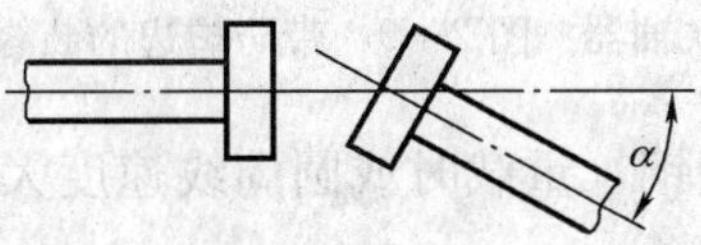

图 2—5 角位移

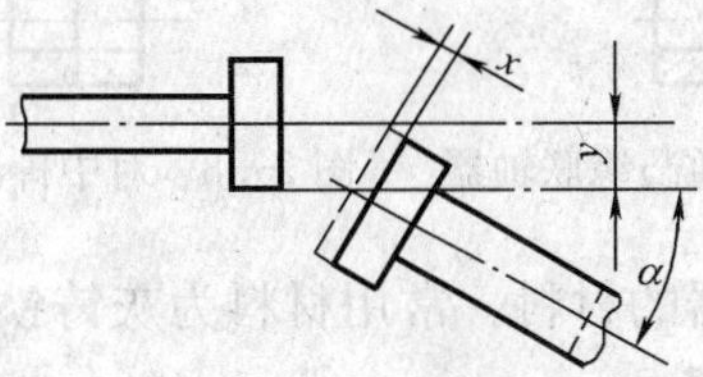

图 2—6 综合位移

2. 联轴器的类型

根据联轴器有无弹性元件，对各种相对位移有无补偿能力，即能否在发生相对位移条件下保持连接功能以及联轴器的用途等，联轴器可分为刚性联轴器、挠性联轴器和安全联轴器。联轴器的主要类型、特点及其作用见表 2—1。

表 2—1　　联轴器的主要类型、特点及其作用

类别	在传动系统中的作用	备注
刚性联轴器	只能传递运动和转矩，不具备其他功能	包括凸缘联轴器、套筒联轴器、夹壳联轴器等
挠性联轴器	无弹性元件的挠性联轴器，不仅能传递运动和转矩，而且具有不同程度的轴向、径向、角向补偿性能	包括齿式联轴器、万向联轴器、链条联轴器、滑块联轴器等
	有弹性元件的挠性联轴器能传递运动和转矩，具有不同程度的轴向、径向、角向补偿性能，还具有不同程度的减振、缓冲作用，改善传动系统的工作性能	包括各种非金属弹性元件挠性联轴器和金属弹性元件挠性联轴器，各种弹性联轴器的结构不同，差异较大，在传动系统中的作用也不尽相同
安全联轴器	传递运动和转矩，过载安全保护。挠性安全联轴器还具有不同程度的补偿性能	包括销钉式、摩擦式、磁粉式、离心式、液压式等安全联轴器

3. 刚性凸缘联轴器

（1）凸缘联轴器结构形式

1）普通凸缘联轴器。如图 2—7 所示，用铰制孔螺栓连接两个半联轴器，靠螺栓杆承受挤压与剪切来传递转矩。

2）对中榫凸缘联轴器。如图 2—8 所示，用普通孔螺栓连接两个半联轴器，靠接合面的摩擦力来传递转矩。一个半联轴器的凸肩与另一个半联轴器上的凹槽相配合而对中。

为了运行安全，凸缘联轴器可做成带防护边的，如图 2—9 所示。

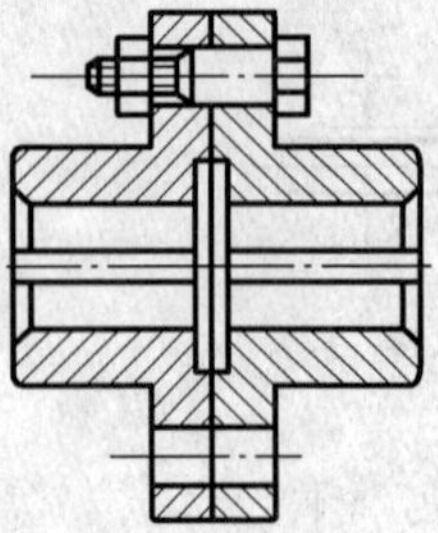

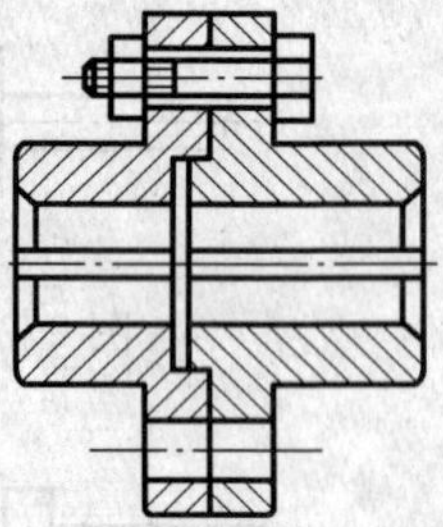

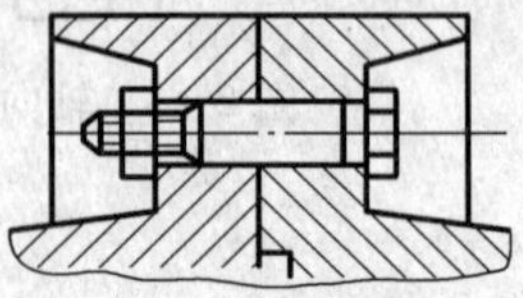

图 2—7　普通凸缘联轴器　　图 2—8　对中榫凸缘联轴器　图 2—9　带防护边的凸缘联轴器

（2）凸缘联轴器的材料。常用材料为灰铸铁或碳钢，重载时或圆周线速度大于 30 m/s 时，应用铸钢或锻钢。

（3）凸缘联轴器的特点。构造简单、成本低、可传递较大转矩，但不能补偿两轴间的相对位移，对两轴对中性的要求很高。适用于转速低、无冲击、轴的刚性大、对中性较好时的场合。

4. 弹性圈柱销联轴器

（1）结构。结构与凸缘联轴器相似，只是用套有弹性圈 1 的柱销 2 代替了连接螺栓，如图 2—10 所示。

（2）特点。结构简单，制造容易，不用润滑，弹性圈更换方便，具有一定的补偿两轴线相对偏移和减振、缓冲的功能。适用于经常正反转、启动频繁、转速较高的场合。

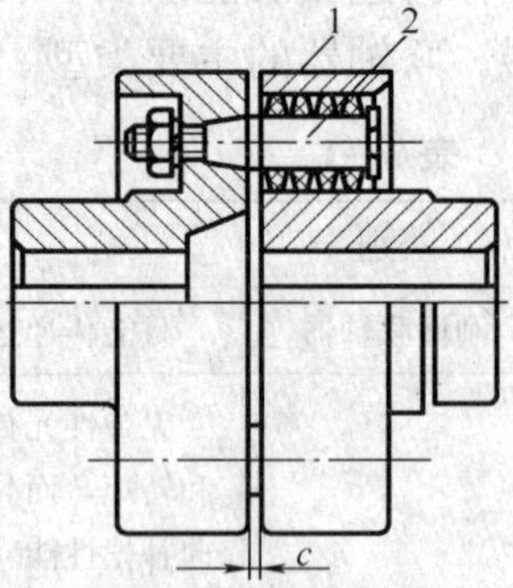

图 2—10　弹性圈柱销联轴器

1—弹性圈　2—柱销

五、轴

1. 轴的作用及分类

（1）轴的作用。轴是组成机器的重要零件之一。轴的主要作用是支撑旋转零件（如齿轮、蜗轮等），传递运动和动力。

（2）轴的分类

1）按轴承受的载荷不同，可将轴分为心轴、转轴和传动轴三种。心轴工作时仅承受弯矩而不传递转矩，如自行车轴。转轴工作时既承受弯矩又承受转矩，如减速器中的轴。减速器传动轴则只传递转矩而不承受弯矩，如汽车中连接变速箱与后桥之间的轴。

2）根据轴线形状的不同，轴又可分为直轴、曲轴和挠性钢丝轴。曲轴和挠性钢丝轴属于专用零件。直轴按外形不同又可分为光轴和阶梯轴。光轴形状简单，应力集中少，易加工，但轴上零件不易装配和定位，常用于心轴和传动轴。阶梯轴各轴段截面的直径不同，这种设计使各轴段的强度相近，而且便于轴上零件的装拆和固定，因此阶梯轴在机器中的应用最为广泛。直轴一般都制成实心轴，但为了减少质量或为了满足有些机器结构上的需要，也可以采用空心轴。

2. 轴的常用材料及热处理

（1）材料。首先应有足够的强度，对应力集中敏感性低；还应满足刚度、耐磨性、耐腐蚀性及良好的加工性。常用的材料主要有碳钢、合金钢、球墨铸铁和高强度铸铁。采用碳钢制造最广泛，其中最常用的是 45 号钢。

（2）轴的毛坯。毛坯可用轧制圆钢材、锻造、焊接、铸造等方法获得。对要求不高的轴或较长的轴，毛坯直径小于 $\phi150$ mm 时，可用轧制圆钢材；受力大，生产批量大的重要轴的毛坯可由锻造提供；对直径特大且件数很少的轴可用焊件毛坯；生产批量大、外形复杂、尺寸较大的轴，可用铸造毛坯。

六、连接及连接件

连接是将两个或两个以上的零件连成一体的结构。连接按是否可拆卸分为两类：可拆连接和不可拆连接。不损坏连接中的任一零件就可将被连接件拆开的连接称为可拆连接，这类连接经多次装拆仍不影响零件的使用性能，如螺纹连接、键连接和销钉连接等；不可拆连接是指至少必须毁坏或损伤连接中的一个零件才能拆开的连接，如焊接、铆钉连接和过盈配合等。

1. 螺纹连接

结构简单，连接可靠，装拆方便，成本低廉，故应用极为广泛。

2. 键连接

主要用于轴和轴上零件之间的轴向固定，借以传递转矩。有的键还用来实现轴上零件的轴向固定或轴向移动的导向作用。

3. 紧固连接

常用的紧固连接有销连接、铆接、焊接、黏结和过盈连接。紧固连接在汽车等机械制造中得到广泛应用。

七、轴承

用于支撑旋转零件（转轴、心轴等）的装置统称为轴承。

按其承载方向的不同，轴承可分为径向轴承和推力轴承。轴承上的反作用力与轴心线垂直的轴承称为径向轴承。轴承上的反作用力与轴心线方向一致的轴承称为推力轴承。

按轴承工作时的摩擦性质不同，轴承可分为滑动轴承和滚动轴承。

1. 滑动轴承

根据滑动轴承相对运动的两表面间油膜形成原理的不同，还可分为流体动力润滑轴承（简称动压轴承）和流体静力润滑轴承（简称静压轴承）。与滚动轴承相比，滑动轴承具有承载能力高，抗振性好，工作平稳可靠，噪声小，使用寿命长等优点，因此广泛用于内燃机、轧钢机、大型电机及仪表、雷达、天文望远镜等方面。

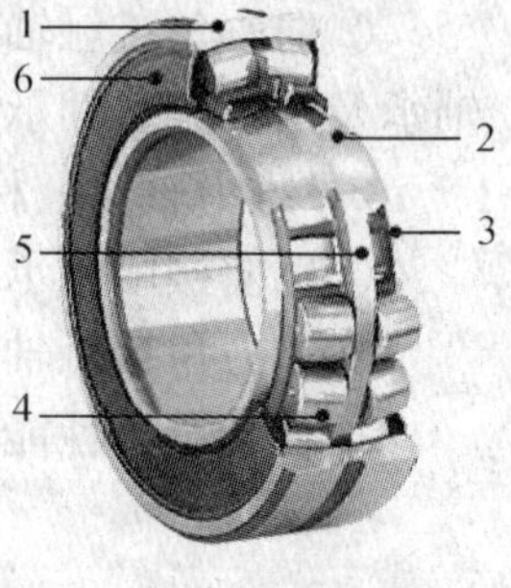

图 2—11　滚动轴承的基本结构

1—外圈　2—内圈

3—保持架　4—滚动体

5—引导环　6—密封

2. 滚动轴承

（1）特点。滚动轴承依靠其主要元件间的滚动接触来支撑转动或摆动零件，其相对运动表面间的摩擦是滚动摩擦。

滚动轴承的基本结构如图 2—11 所示，由带有滚道的内圈和外圈、滚动体（球或滚子）、隔开并引导滚动体的保持架组成。

有些轴承可以少用一个套圈（内圈或外圈），或者内、外两个套圈都不用，滚动体直接沿滚道滚动。

内圈装在轴颈上，外圈装在轴承座中。通常内圈随轴回转，外圈固定；但也有外圈回转而内圈不动，或是内、外圈同时回转的场合。

常用的滚动体有球、圆柱滚子、滚针、圆锥滚子、球面滚子、非对称球面滚子等几种，如图 2—12 所示。轴承内、外圈上的滚道，有限制滚动体侧向位移的作用。

与滑动轴承相比，滚动轴承的主要优点如下：

1）摩擦力矩和发热较小。在通常的速度范围内，摩擦力矩很少随速度改变。启动转矩比滑动轴承要低得多（比后者小 80%～90%）。

2）维护比较方便，润滑剂消耗较小。

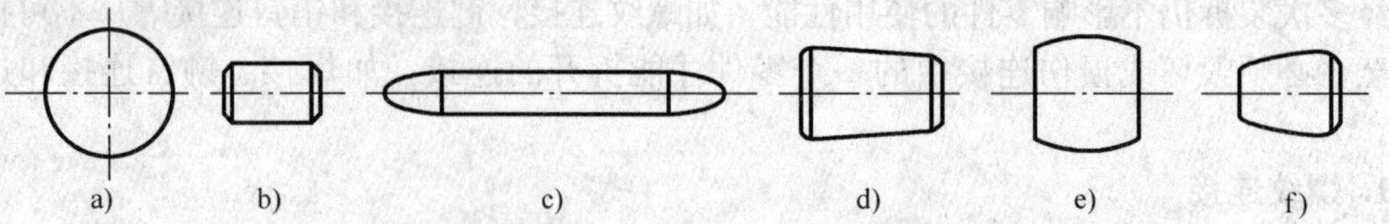

图 2—12　常用的滚动体

a）球　b）圆柱滚子　c）滚针　d）圆锥滚子　e）球面滚子　f）非对称球面滚子

3）轴承单位宽度的承载能力较大。

4）大大减少金属材料的消耗。

滚动轴承的缺点是：径向外廓尺寸比滑动轴承大；接触应力高，承受冲击载荷能力较差，高速重负荷下寿命较低；小批生产特殊的滚动轴承时成本较高；减振能力比滑动轴承低。

（2）主要类型、性能与特点。按滚动体的形状，滚动轴承可分为球轴承和滚子轴承。

按接触角 α 的大小和所能承受载荷的方向，轴承可分为以下几类：

1）向心轴承。标称接触角为 0°～45°时，向心轴承又可细分为以下几种：

①径向接触轴承。$\alpha=0°$，只能承受径向载荷（如圆柱滚子轴承），或主要用于承受径向载荷，但也能承受少量的轴向载荷（如深沟球轴承）。

②向心角接触轴承。$0°<\alpha\leqslant45°$，能同时承受径向载荷和单向的轴向载荷（如角接触球轴承及圆锥滚子轴承）。

2）推力轴承。标称接触角为 45°～90°时，推力轴承又可细分为：

①轴向接触轴承。$\alpha=90°$，只用于承受轴向载荷。

②推力角接触轴承。$45°<\alpha<90°$，主要承受大的轴向载荷，也能承受不大的径向载荷。

按自动调心性能，轴承可分为自动调心轴承和非自动调心轴承。

第三章

电梯系统概述

第一节　主要功能与设置原则

一、主要功能

电梯系统由自动扶梯、垂直电梯及楼梯升降机组成，是城市轨道交通系统的一个重要的组成部分。自动扶梯每天担负着运送大量客流的任务，对客流的及时疏散起到了至关重要的作用。垂直电梯与楼梯升降机的设置则主要是为了满足残疾人等特殊人群的需要。

二、设置原则

1. 自动扶梯

站台至站厅设置上、下行自动扶梯；出入口及过街隧道根据客流量设置上、下行或上行自动扶梯；当提升高度达到 6 m 以上时，设置上、下行自动扶梯以保证客流的疏散和服务质量。

2. 垂直电梯及楼梯升降机

各种电梯均按无障碍设计，使用时，垂直电梯与楼梯升降机配合使用。站厅至站台的垂直电梯尽量设于付费区内，地面至站厅垂直电梯井道与出入口相结合设计。楼梯升降机一般设置于出入口。为增加站厅、站台的通透性，采用玻璃井道、玻璃轿厢的透明垂直电梯是轨道交通今后的发展趋势。

第二节　电梯的构造

一、自动扶梯的构造

自动扶梯是指带有循环运动梯路向上或向下倾斜输送乘客的固定电力驱动设备。

1. 工作原理

机械方面，电动机运转时，通过联轴器带动减速箱输入轴端，经斜齿轮或蜗轮蜗杆传动。减速箱输出轴端链轮通过主驱动链带动上部链轮中的主驱动链轮、梯级链轮和扶手带驱动链轮运动，使梯级链运动，带动梯级沿导轨作往复运动。同时使扶手带驱动装置运动，通过摩擦轮或夹压驱动扶手带作往复运动，从而实现扶梯的运动功能。

电气方面，扶梯通电并选择运行方向后，主接触器得电吸合，工作制动器打开，星形联结启动接触器吸合，星形联结启动。延时几秒后，星形联结启动接触器断开，三角形联结启动接触器吸合，扶梯改为三角形联结启动，直到额定速度，启动运行完毕。

2. 结构及组成

自动扶梯主要由桁架、梯级、裙板、扶栏、驱动链、梯级链、减速机、电动机、主驱动轴、梯级链张紧装置、导轨、扶手带驱动装置、扶手带、梳齿板、控制系统、安全装置等组成。

(1) 桁架。自动扶梯桁架的作用在于安装和支撑自动扶梯的各个部件，承受各种载荷以及将建筑物两个不同层高的地面连接起来。端部驱动及中间驱动自动扶梯的梯路、驱动装置、张紧装置、导轨系统及扶手装置等安装在桁架的里面和上面。

小提升高度自动扶梯的桁架通常由三段组成，即驱动段、张紧段和中间段。中间段可分为标准段与非标准段。三段拼装成桁架整体，两端支撑在建筑物的不同层高之上。提升高度小于等于 6 m 时，采用双支座；超过 6 m 时，则设置三个或三个以上支座，以保证桁架有足够的刚度。

大、中提升高度自动扶梯的桁架常由多段结构组成。除驱动段与张紧段，还有若干中间结构段。中间结构段的下弦杆的节点支撑在一系列的水泥墩上，形成多支撑结构。

为了避免自动扶梯桁架和建筑物直接接触，以防振动与噪声的传播，在支撑桁架的支座下衬以减振金属片，将桁架与建筑物隔离开来。桁架与地面之间的空隙用弹性充填物填满。减振金属板旁边垂直放置的隔离板可防止充填物进入桁架的支撑角钢处。

(2) 梯级。梯级是特殊结构形式的四轮小车，有两只主轮，两只辅轮。梯级主轮的轮轴与牵引链条铰接在一起，而辅轮轴则不与牵引链条连接，直接装在梯级支架短轴上。这样，全部梯级通过按一定的规律布置的导轨运行，可以做到在自动扶梯上分支的梯级保持水平，而在下分支的梯级可以倒挂。在一台自动扶梯中，梯级是数量最多的部件。一台小提升高度自动扶梯的梯级需 50～100 只，大提升高度自动扶梯的梯级多达 600～700 只。由于梯级数量众多，又是经常运动的部件，因此一台自动扶梯的质量在很大程度上取决于梯级的结构和质量。

对梯级的要求是自重轻、工艺性能好、装拆维修方便。

采用铝合金整体压铸而成的梯级为整体式梯级，如图 3—1 所示。采用铝合金分零件压铸拼装而成的梯级为分体式梯级，如图 3—2 所示。

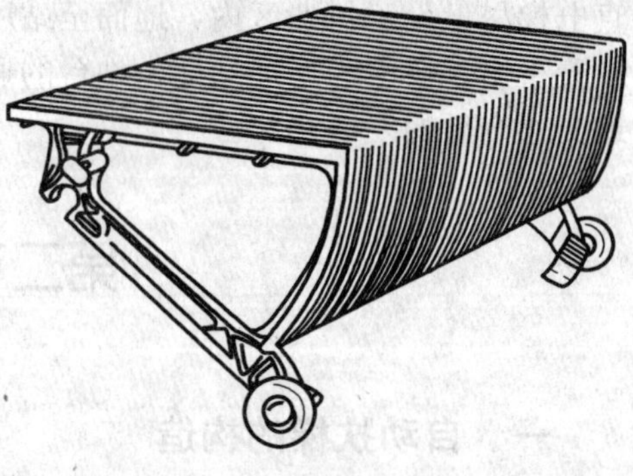
图 3—1　整体式梯级

分体式梯级由踏板、踢板、支架等部分装配组

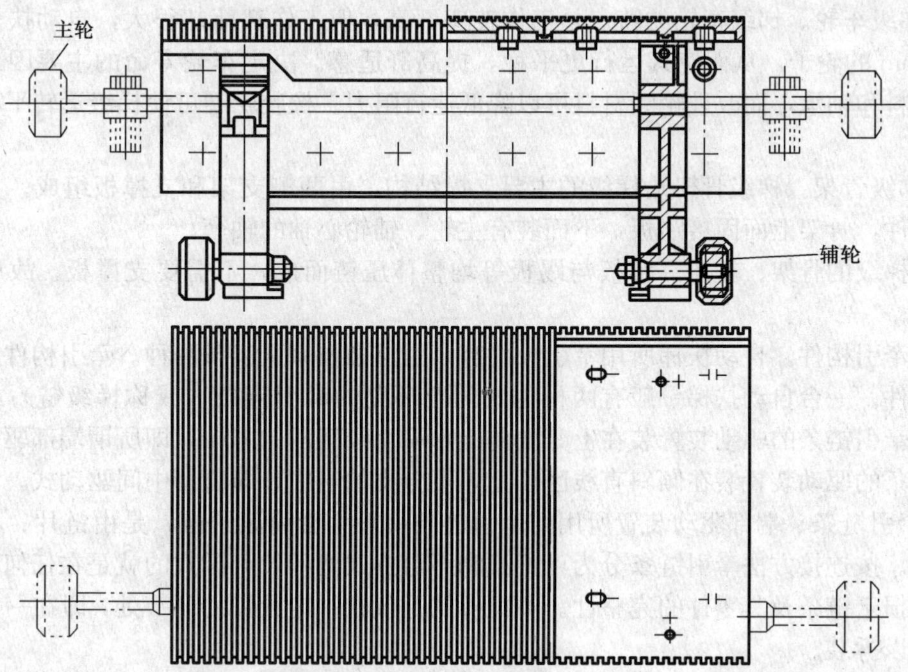

图 3—2 分体式梯级

合而成，而整体式梯级集三者于一体整只压铸而成。整体式梯级加工速度快、精度高、自重轻。

1）梯级的几何尺寸

①梯级宽度。

②梯级深度，即踏板深度。

③主轮与辅轮的基距，一般为 310～350 mm。

④轨距，即两主轮间距离。

⑤两梯级间节距，一般为 400～405 mm。

对梯级结构形式影响较大的几何尺寸是主轮与辅轮的基距。一般分为短基距、长基距及中基距三种。短基距梯级制造方便，能减小牵引链轮直径，使自动扶梯结构紧凑。但是基距缩短之后，梯级不够稳定，乘客在梯级边缘上的微小跳动，很容易引起梯级围绕辅轮轮轴转动。采用长基距梯级可以避免这一缺点，其在载荷作用下比较稳定，运转平稳。但是，长基距梯级尺寸较大，自重增大，加大了牵引链轮的直径，从而使整个自动扶梯结构加大。中基距梯级兼有上述两种梯级的优点，我国生产的自动扶梯采用中基距梯级。

2）梯级踏板。踏板表面具有凹槽，其作用除防滑外，还使梯级顺利通过上、下出入口时，能嵌入梳齿板中，以保证乘客安全上下。凹槽的尺寸包括：槽深不小于 10 mm，槽宽为 5～7 mm，齿顶宽为 2.5～5 mm。

3）梯级踢板。踢板的圆弧面是为两梯级在倾斜段运行中保证间隙一致而设计的。自动扶梯的踢板面一般做成有齿的，这样可以使后一个梯级踏板的齿嵌入前一个梯级踢板的齿槽内，使各梯级间相互进行导向。

4）梯级车轮。梯级车轮的特点是工作转速不高，但工作载荷却很大，自动扶梯一般采用 ϕ100 mm 的轮子，从而使其运行更平稳，提高舒适感。决定车轮寿命的主要因素是车轮轮圈的材料和轴承，而改进轮圈材料可以降低运行阻力。橡胶轮圈可使梯级运转平稳，减少噪声。

5）梯级骨架。梯级骨架是梯级的主要支撑结构，由两侧支架和支撑板组成。支架一般采用压铸件，骨架上面固接踏板，下面装有主轮、辅轮心轴的轴套。

整体梯级的骨架、支架、踏板与踢板等均整体压铸而成，不需要支撑板，故质量相对较轻。

（3）牵引构件。自动扶梯所用牵引构件有牵引链条与牵引齿条两种。牵引构件是传递牵引力的构件。一台自动扶梯一般有两根构成闭合环路的牵引链条（或称梯级链）或牵引齿条。使用牵引链条的驱动装置装在上分支的上水平直线区段的末端，即所谓端部驱动式。使用牵引齿条的驱动装置装在倾斜直线区段上，下分支的当中，即所谓中间驱动式。

1）牵引链条。端部驱动装置所用的牵引链条一般为套筒滚子链，是由链片、小轴和套筒等组成。按连接方法牵引链条分为可拆式和不可拆式两种。可拆式的就是在任何环节都可分拆而无损于链条及其零件的完整性。不可拆的是仅在一定数目的环节处，即在一定的分段长度处可以拆装。

目前所采用的牵引链条分段长度一般为 1.6 m。为了减少左、右两根牵引链条在运转中发生偏差而引起梯级的偏斜，对梯级两侧同一区段的两根牵引链条的长度公差应该进行选配，以使同一区段两根牵引链条的长度累积误差尽量接近。牵引链条出厂时，应标明选配的长度公差。牵引链条是自动扶梯主要传递动力的构件，其质量直接影响自动扶梯的运行平稳性和噪声。图 3—3 所示为常用牵引链条的结构。

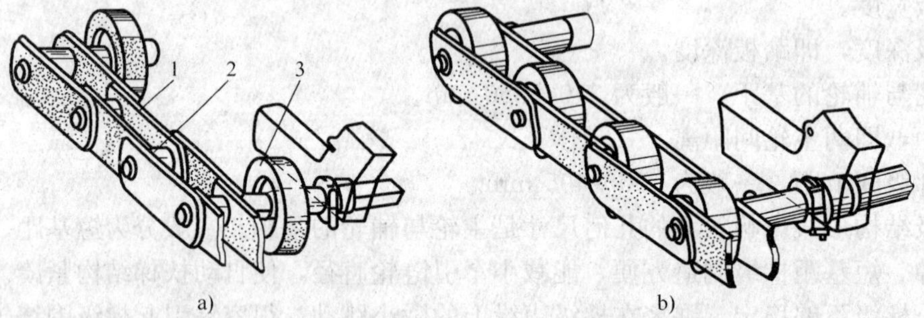

图 3—3　牵引链条的结构

a）主轮置于牵引链条内侧　b）主轮置于牵引链条两链片之间

1—链片　2—套筒　3—主轮

梯级主轮可置于牵引链条的内侧或外侧，如图 3—3a 所示；也可置于牵引链条的两个链片之间，如图 3—3b 所示。置于牵引链内、外侧的梯级主轮可用较大的尺寸，例如直径为 ϕ100 mm 或更大，能承受较大的轮压。置于牵引链条两个链片之间的主轮，既是梯级的承载件，又是与牵引链轮相啮合的啮合件，因而主轮直径受到限制。如图 3—3b 所示的结构直径为 ϕ70 mm。主轮外圈由耐磨塑料浇铸而成，内装高质量的滚珠轴承。这种特殊塑料的轮外圈，既可满足轮压的要求，又可降低噪声。

节距是牵引链条的主要参数。节距越小，工作越平稳；但是关节越多，自重越大，价格越高，而且关节处的摩擦越大。反之，节距越大，自重越轻，价格越便宜。为了使工作平稳，链轮直径要增大，这就加大了驱动装置和张紧装置的外形尺寸。

2）牵引齿条。中间驱动装置所使用的牵引构件是牵引齿条，其一侧有齿。两梯级间用一节牵引齿条连接。中间驱动装置机组上的传动链条的销轴与牵引齿条的齿牙相啮合以传递动力。如图 3—4 所示的是中间驱动装置所用的牵引齿条。

牵引齿条的另一种结构形式是齿条两侧都制成齿形，一侧为大齿，另一侧为小齿。牵引齿条的大齿用途如前所述，小齿是用于驱动扶手胶带的。

牵引构件的安全系数 n 按提升高度分类取值如下：

对于大提升高度自动扶梯，$n=10$；对于小提升高度自动扶梯，$n=7$。我国自动扶梯国家标准规定不小于 5。

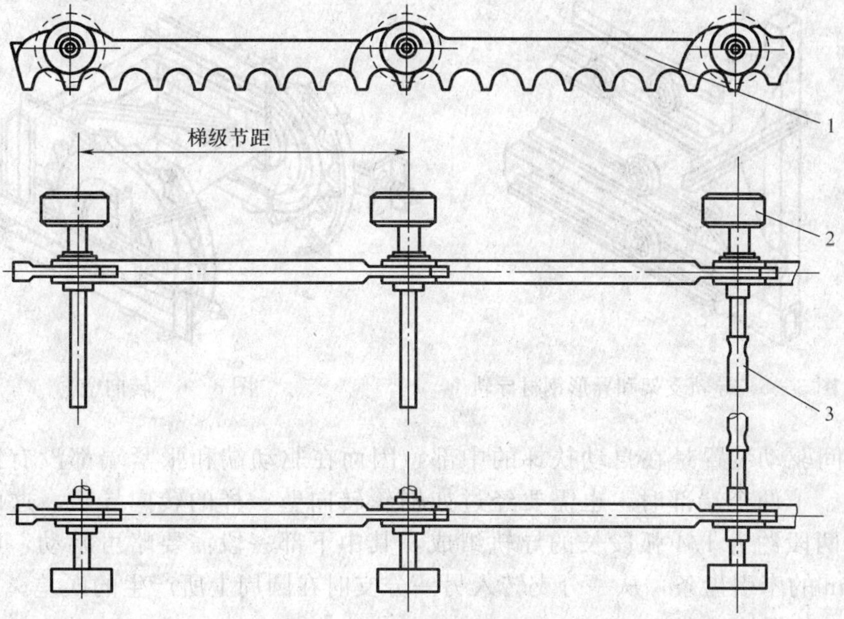

图 3—4　牵引齿条结构
1—齿条　2—主轮　3—梯级轴

（4）导向轨道系统

1）概述。如前所述，自动扶梯的梯级沿着桁架内按一定要求设置的多根导轨运行，以形成阶梯。因此，从广义上讲，导轨系统也是自动扶梯梯路系统的组成部分。

自动扶梯梯路导轨系统包括主轮和辅轮的全部导轨、反轨、反板、导轨支架及转向壁等。导轨系统的作用在于支撑由梯级主轮和辅轮传递来的梯路载荷，保证梯级按一定的规律运动以及防止梯级跑偏等。因此，要求导轨既要满足梯路设计要求，还应具有光滑、平整、耐磨的工作表面，并具有一定的尺寸精度。

倾斜直线区段是自动扶梯的主要工作区段，也是梯路中最长的部分。

在曲线区段内，各导轨、反轨之间的几何关系较复杂。为了准确地控制各导轨间的尺寸，通常在各区段金属结构内的上、下端两侧各装附加板，将同一侧有关导轨、反轨固定在该板上，形成一个组件。再整体装入自动扶梯桁架的固定部位处。

支撑各种导轨的导轨支架及异形钢材导轨如图 3—5 所示。导轨的材料可用冷拉或冷轧方法制成。反轨可用热轧型钢。

在工作分支的上、下水平区段处，导轨侧面与梯级主轮侧面的间隙要求小于 0.5 mm，以保证梯级能顺利通过梳齿板。其他区段的间隙要求小于 1 mm。

2）转向壁。当牵引链条通过驱动端牵引链轮和控制张紧端的张紧链轮转向时，梯级主轮已不需导轨及反轨了，该处将是导轨及反轨的终端。该导轨的终端不允许超过链轮的中心线，同时，应制成喇叭口。但是辅轮经过驱动端与张紧端时仍然需要转向导轨。这种辅轮终端转向导轨做成整体式的，即为转向壁，如图 3—6 所示。转向壁将与上分支辅轮导轨和下分支辅轮导轨相连接。

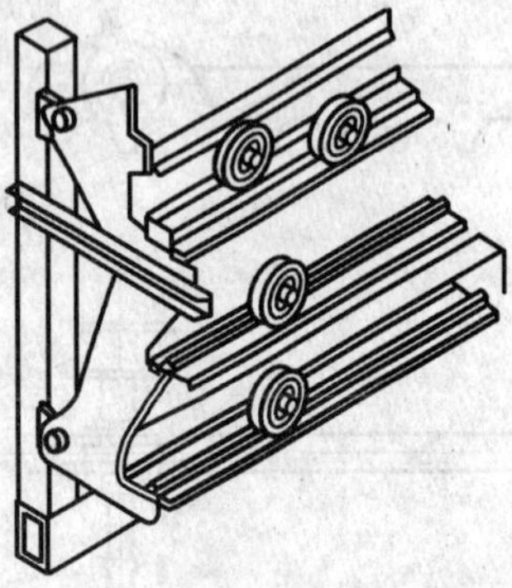

图 3—5　导轨支架和异形钢材导轨

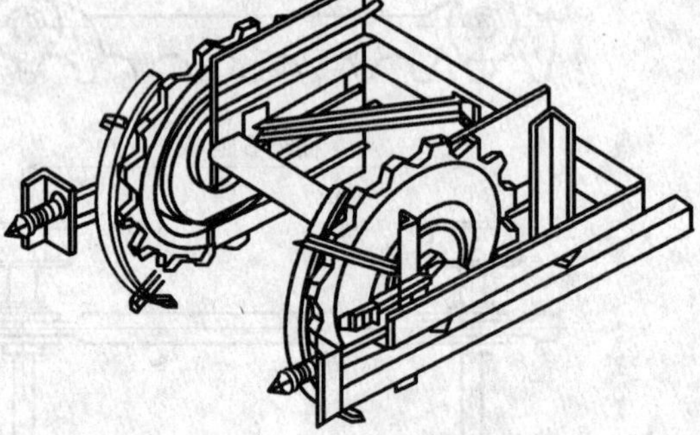

图 3—6　转向壁

由于中间驱动装置是在自动扶梯的中部，因而在驱动端和张紧端都没有链轮。梯级主轮行至上、下两个端部时，也需要经过如辅轮转向壁一样的转向导轨。这两个转向轨道通常各由两段约为 1/4 弧段长的导轨组成，其中下部一段需要略可游动，以补偿由于长约 400 mm 的牵引齿条，从一分支转入另一分支时在圆周上所产生的误差。

（5）驱动装置

1）端部驱动装置。端部驱动装置是常用的一种驱动装置。图 3—7 所示是端部驱动自动扶梯上部结构的一种形式。由图可知，驱动机组通过传动链条带动驱动主轴，主轴上装有两个牵引链轮、两个扶手驱动轮、传动链轮以及紧急制动器等。牵引链条上装有一系列梯级，由主轴上的牵引链轮带动。主轴上的扶手驱动轮通过扶手传动链条使扶手驱动轮驱动扶手胶带。另有扶手胶带压紧装置，以增加扶手胶带与扶手驱动轮间的摩擦力，防止打滑。

端部驱动装置常使用蜗轮蜗杆减速器。蜗轮蜗杆减速器具有运转平稳、噪声小及体积小等优点。但是，蜗轮蜗杆减速器的效率较低，会增加能量消耗。

采用平行轴线的圆柱斜齿轮减速器可以提高效率。在设计中，选用这种圆柱斜齿轮的参数与精度时，要考虑降低噪声问题。此外，驱动装置采用防振装置，机架部件采用吸振材料等可以使振动噪声降到与蜗轮蜗杆减速器相同的水平。

端部驱动一般采用链条传动。链条传动依靠链轮带动链条进行动力传递，驱动力作用在

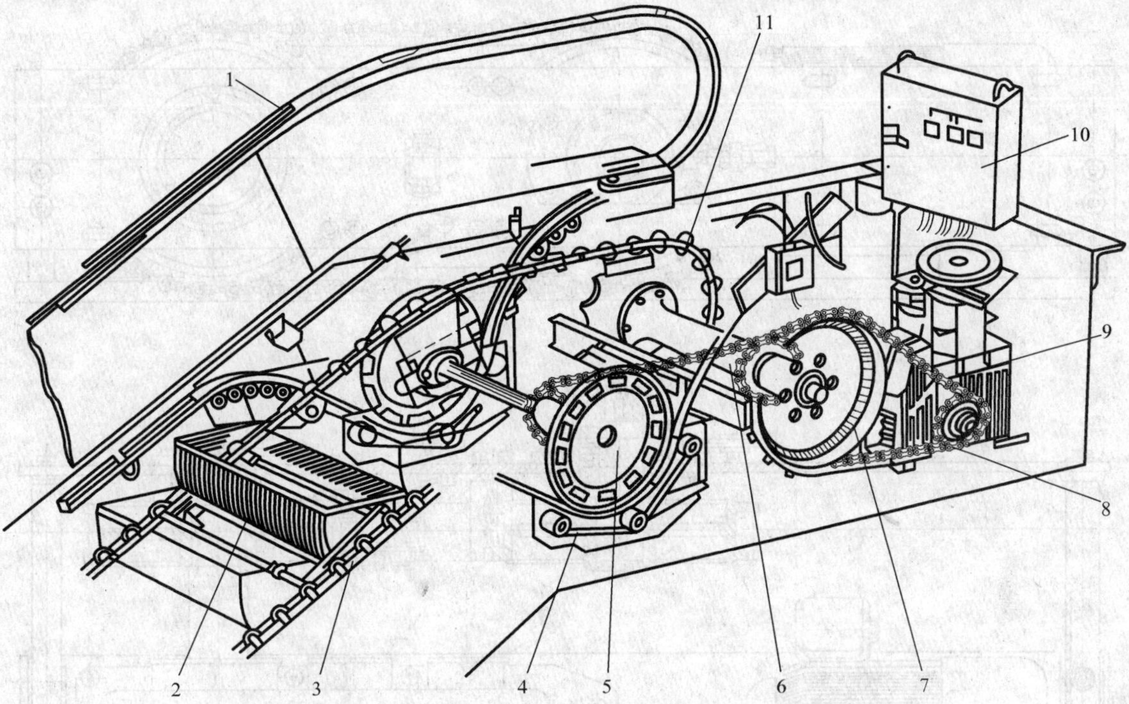

图 3—7 端部驱动自动扶梯上部结构的一种形式

1—扶手带 2—梯级 3—牵引链条 4—扶手带压紧装置 5—扶手带驱动轮
6—驱动主轴 7—传动链轮 8—传动链条 9—驱动机组 10—控制柜 11—牵引链条

链轮和链条上。由于链条在链轮旋转过程中不断地与链轮啮合和脱开，其间产生摩擦，出现能量损耗、链条磨损，致使链轮的齿距增加，链条也将伸长。于是会出现链条不在理想的节圆直径上，而在比节圆直径大的直径上进行运动。这样就会出现链条在链轮上“爬高”的现象。在极端情况下，传动链条在链轮的顶圆直径上运动，链条会在轮齿上跳跃。

2）中间驱动装置。如前所述，将驱动机组置于上、下两分支之间时即为中间驱动装置。这种结构可节省端部驱动装置所占用机房的空间，而且可简化自动扶梯两个端部的结构。中间驱动装置必须用牵引齿条来代替牵引链条，图 3—8 所示为中间驱动装置的结构图。电动机通过减速器将动力传递给两侧的两根构成闭合环路的传动链条，每侧的两根传动链条之间铰接一系列滚子，滚子与牵引齿条的齿牙啮合，驱使自动扶梯运行。

中间驱动装置的一大特点是有可能进行自动扶梯的多级驱动。当自动扶梯提升高度相当大时，端部驱动的牵引链条的张力在有载分支上升时急剧增大，牵引链条尺寸及电动机功率也相应加大。此时，如果将上述的中间驱动机组多设几组，则形成多级驱动自动扶梯，可以大大降低牵引齿条的张力。

（6）制动器。制动器是依靠构成摩擦副的两者间的摩擦来使机构进行制动的一个重要部件。摩擦副的一方与机构的固定机架相连接，另一方与机构的转动件相连接。当机构启动时，使摩擦面的两方脱开，机构进行运转；而当机构需要制动时，使摩擦面的两方接触并压紧。此时，摩擦面间产生足够大的摩擦力矩，动能消耗，使机构减速，直到停止运动。

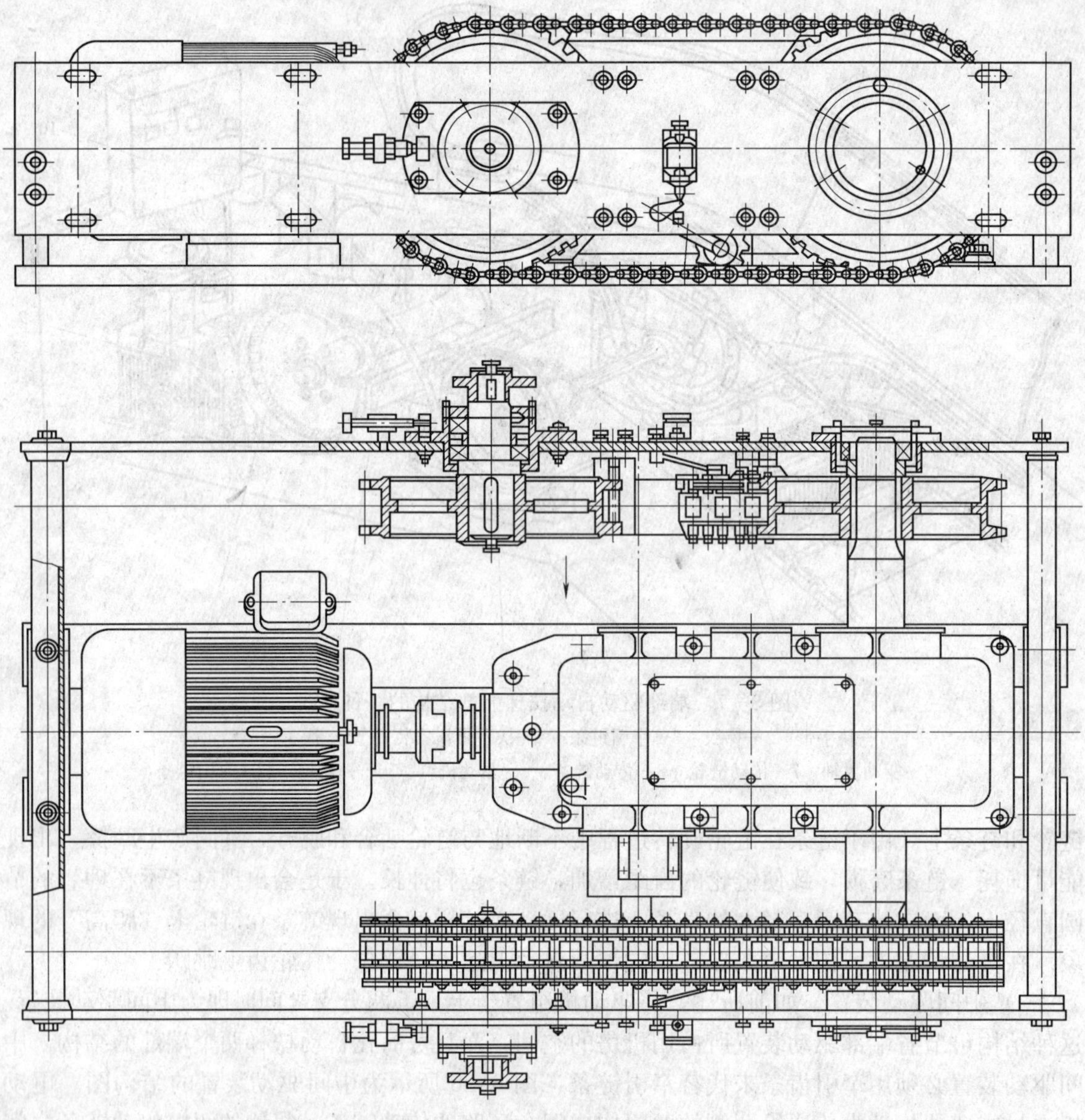

图 3—8　中间驱动结构

自动扶梯所采用的制动器包括工作制动器、附加制动器和辅助制动器。

1）工作制动器。工作制动器一般装在电动机高速轴上，它应能使自动扶梯或自动人行道在停止运行过程中，以一个几乎是匀减速度使其停止运转，并能保持停止状态。工作制动器在动作过程中应无故意的延迟现象。工作制动器都采用常闭式的。所谓常闭式制动器是该机构不工作期间是闭合的，即处于制动状态；而在机构工作时，通过持续通电由释放器将制动器释放（或称打开、松闸），使之运转。在制动器电路断开后，工作制动器立即制动。制动器的制动力必须由有导向的压缩弹簧或重锤来产生。工作制动器的释放器应不能自励。这种制动器也称为机电一体式制动器。自动扶梯的工作制动器常使用块式制动器、带式制动器和盘式制动器等。

块式制动器的制动力是径向的，所用制动的块是成对的，因而制动块压力相互平衡，制动轮轴不受弯曲载荷。块式制动器的组成部分是制动轮、制动瓦块及铆接于其上的高摩擦因数的衬垫、制动臂和释放器等。在制动器闭合即不工作时，弹簧或重锤通过杠杆系统使制动瓦块紧压制动轮，使制动轮停止运转。当制动轮需要运转时，释放器则使制动臂松开。这种制动器构造简单，制造与安装都很方便，因此在自动扶梯中获得广泛应用。

带式制动器的制动摩擦力是依靠制动杆及张紧的钢带作用在制动轮上的压力而产生的。在钢带上铆接着制动衬垫以增加摩擦力。带式制动器构造简单、紧凑、包角大，两个方向运转所产生的制动力矩不相等。与块式制动器相比，带式制动器径向作用的制动力对制动轮轴有较大的弯曲载荷。带式制动器是自动扶梯中常用的一种制动器。

盘式制动器是一种新型制动器。这种制动器的制动力是轴向的，并且成对相互平衡，其摩擦力对动轴所产生的制动力矩的大小可按制动块对数的多少而定。在制动器的励磁线圈接通直流电源后，磁轭中环形励磁线圈产生磁场。当电磁力大于工作弹簧即圆柱螺旋压缩弹力时，制动器的运动部分与固定部分分离，制动器释放。当制动器的励磁线圈断电时，线圈电流衰减为零，磁场也随之衰减，在工作弹簧力的合力大于剩余电磁力时，衔铁被弹簧力迅速推离磁轭，压紧衬垫片和固定板，使制动器的运动部分与固定部分紧压为一体，制动器呈制动状态。盘式制动器在自动扶梯中有广泛的应用前景。其特点如下：

①结构紧凑，与块式制动器比较，制动轮的转动惯量相同时制动力矩大。

②制动平稳，盘式制动器制动动作为平面压合，易于抱合。

③制动灵敏，散热性能好。

2）附加制动器。在驱动机组与驱动主轴间使用传动链条进行连接时，一旦传动链条突然断裂，两者之间将立即失去联系。此时，即使有安全开关使电源断电，电动机停止运转，也无法使自动扶梯梯路停止运行。特别是在有载上升时，自动扶梯梯路将突然反向运转和超速向下运行，导致乘客受到伤害。在这种情况下，如果在驱动主轴上装设一只或多只制动器，该制动器直接作用于梯级踏板或胶带驱动系统的非摩擦元件上使其整个停止运行，则可以防止上述情况发生。这个制动器称为附加制动器。附加制动器应在下列情况下设置：

①梯级、踏板或胶带驱动轮之间不是用轴齿轮、多排链条、两根或两根以上的单根链条连接的。

②工作制动器不是使用机电式制动器的。

③公共交通型自动扶梯。

④提升高度超过 6 m。

附加制动器的功能应在制动力作用下，有载自动扶梯以有明显感觉的减速度停止下来，保持在静止状态。附加制动器的动作要能在紧急情况下切断控制电路。附加制动器应该是机械式的，利用摩擦原理通过机械结构进行制动。GB 16899—1997 规定附加制动器应在下列两种情况的任一种起作用：

第一，在速度超过额定速度的 40%之前。

第二，梯路突然改其规定的运行方向时。

附加制动器的作用在于自动扶梯停车时起保险作用，尤其是在满载下降时，其作用更为显著。

工作制动器是必备的，而辅助制动器则是根据用户的要求增加的。辅助制动器不进行自动复位，复位需要用手动操作。

（7）张紧装置

1）张紧装置的作用

①使自动扶梯的牵引链条获得必要的初张力，以保证自动扶梯正常运转。

②补偿牵引链条在运转过程中的伸长。

③牵引链条及梯级由一个分支过渡到另一分支的改向功能。

④梯路导向所必须的部件，如转向壁等均装在张紧装置上。

2）张紧装置的结构。重锤式张紧装置是利用重锤的上下以自动调节牵引构件张力的一种张紧装置。这种结构复杂且自重大，在自动扶梯中已很少使用。目前，一般采用弹簧张紧装置，这种结构形式的张紧装置链轮轴的两端各装在滑块内，滑块可在固定的滑槽中滑动，以调节牵引链条的张力。

中间驱动的自动扶梯没有张紧链轮和牵引链轮，因而自动扶梯的上端与下端设置具有与辅轮转向壁作用相同的主轮转向壁。这种主轮转向壁由两个约1/4圆弧段的导轨组成，其中有一个为可摆动导轨，这种结构的自重较轻。

（8）扶手装置

1）概述。扶手装置有两个功能，一个是供站立在梯级上的乘客安全乘梯之用，另一个是装潢自动扶梯。扶手装置由扶手驱动系统、扶手胶带、栏杆等组成。

扶手带的带速与梯级的速度应保持同步，按规定其允差为0～2%。扶手带与梯级为同一驱动装置驱动，通过扶手带传动链将动力传递给扶手带驱动装置。

自动扶梯在空载运行情况下，其能源主要消耗于克服梯路系统的运行阻力和扶手系统的运行阻力，其中空载扶手运行阻力占空载总运行阻力的80%左右。由此可知，减少扶手运行阻力，尤其是空载运行阻力，可以大幅度地降低能源消耗。

2）扶手胶带。扶手胶带是一种边缘向内弯曲的橡胶带。按照内部衬垫不同分为以下几种：

①多层织物衬垫扶手胶带，这种结构延伸率大。

②织物夹钢带扶手胶带，这种结构在工厂里做成闭合环形带，不需工地拼接，延伸率小。缺点是钢带与橡胶织物间脱胶时，钢带会在扶手胶带内隆起，甚至戳穿帆布造成扶手胶带损坏。

③夹钢丝绳织物扶手胶带，这种结构在织物衬垫层中夹一排细钢丝绳，既增加扶手胶带的强度，又可控制扶手胶带的伸长。这种扶手胶带在工厂里做成闭合环形，不需工地拼接。扶手胶带宽度为80～90 mm，厚度为10 mm。

扶手带开口处与导轨或扶手支架之间的距离在任何情况下均不允许超过8 mm。

3）扶手的栏杆。扶手的栏杆如同自动扶梯的外貌。整台自动扶梯最能起到建筑物内装饰作用的是扶手栏杆。栏杆的型面必须与建筑物内部色彩相协调，必须适应乘客的心理需求。扶手栏杆端部延伸到靠近建筑物的地板，所以在考虑人机工程时，栏杆的结构必须具有紧凑感，以使乘客能平稳地上、下自动扶梯。现代自动扶梯的栏杆端部的特点是采用了“手握线”。这种“手握线”由扶手胶带水平直线区段与端部椭圆曲线部分组成，使乘客在自动扶梯入口处更自然地手握扶手胶带。

扶手栏杆结构分为全透明无支撑式、半透明有支撑式和不透明有支撑式等。全透明无支撑式由玻璃钢构成，为了突出亮度和具有端庄华丽感，支撑应扩大玻璃钢组成部分。新型栏杆离梯级的垂直高度与普通自动扶梯相比增加了 80 mm。采用最新研制的小薄型扶手胶带可扩大栏杆的透明部分。这样，乘客可以欣赏到建筑物内开阔的自然华丽景象。

朝向梯级、踏板或胶带一侧的扶手装置部分应是光滑的，其压条或镶条应坚固，当装设方向与运行方向不一致时，其凸出高度不应超过 3 mm，边缘应呈圆角或倒角，扶手装置下面围裙板与护壁板之间的连接处的结构应使勾绊的危险降至最低。

扶壁板之间的空隙不应大于 4 mm，其边缘应呈圆角和倒角状。当采用玻璃钢做护壁板时，这种玻璃应当是具有足够强度和刚度，不会裂成碎片的单层安全玻璃（钢化玻璃），玻璃厚度不应小于 6 mm。

4）扶手带驱动方式。常见的有压滚驱动、摩擦轮驱动和端部轮驱动三种。

压滚驱动系统由扶手胶带的上、下两组压滚组成，上压滚组由扶梯的驱动主轴获得动力驱动扶手胶带；下压滚组从动，压紧扶手胶带。

摩擦轮驱动是依靠驱动滑轮与扶手胶带的摩擦力来提供动力，而要形成足够的摩擦力，必须借助张紧装置使扶手胶带保持一定的张力。

端部轮驱动的扶手带驱动轮安装在上端部，配用三角带型扶手带，以端部轮与扶手带上三角带之间的啮合驱动扶手带。

（9）安全装置。为了保证乘客的安全及自动扶梯的安全运行，设置了多种安全装置。

1）驱动链断链开关。驱动链过度伸长和破断时，能使扶梯停止。

2）梯级下陷开关。梯级任何一部分下陷时，能使扶梯停止。

3）梯级运行开关。两梯级之间卡入异物影响梯级滚轮运行迹象异常时，能使扶梯停止。

4）梯级链张紧装置。在梯级链过度伸长或不正常收紧或破断时，能使扶梯停止。

5）梳齿板开关。能在水平和垂直两个方向对扶梯进行保护。水平动作力达 900～1 200 N 时水平开关动作；垂直动作力达 100～200 N 时垂直开关动作，扶梯均能停止。

6）裙板开关。当有异物卡入梯级与裙板之间时，使裙板受异常压力，能使扶梯停止。

7）扶手带断带开关。在扶手带破断时，使扶梯停止运行。

8）超速开关。扶梯超速至 1.15 倍额定速度时，工作制动器动作；超速至 1.3 倍时，附加制动器动作。

9）扶手带入口开关。对扶手带入口部施加 10～30 N 的压力，能令该开关动作，扶梯停止。

10）主、附制动器开关。制动器未完全释放或调整不当，扶梯不能启动。

11）断相、错相保护装置。主电源发生断相、错相时，扶梯停止运行。

12）扶手带速度监控装置。扶手带与梯级的速度差超出 0～2%并持续 10 s 时，向车站设备监控系统（EMCS）发出信号，这种速度超出－5%～5%并持续 10 s 时，应使扶梯停止。

13）地板安全开关。当扶梯地板被非正常打开时，扶梯停止运行。

14）防逆转装置。在扶梯速度意外降低至额定速度的20%时，工作制动器动作；扶梯出现逆方向运行时，在速度为0前，附加制动器动作，使扶梯停止。

15）室外扶梯水位开关。当室外扶梯的下部水位上升到一定位置时，自动扶梯水位开关动作，扶梯停止运行。

16）室外扶梯防盗报警开关。当室外扶梯的机房踏板非正常打开时，扶梯的防盗报警开关发出报警，相关报警信息发送到车站控制室。

二、液压电梯的构造

液压电梯的特点为结构紧凑、机房位置灵活。其靠液压传动，一般采用柱塞侧置式方式，其油缸柱塞设置在轿厢侧面，借助曳引绳通过滑轮组与轿厢连接，利用电动泵驱动液体流动，由柱塞使轿厢升降。全过程通过先进的电控和液控集成技术可靠、准确地实现。其液压传动系统主要由以下几部分组成。

1. 液压泵站

液压泵站主要由螺杆泵、潜油电动机、电液比例阀组成，同时设有液压油冷却装置。由于油的吸音及油箱铁板的隔音作用，故机房噪声可控制在75 dB以下。

2. 阀组

阀组是液压系统中的控制元件，对电梯的启动、运行、减速、停止及紧急情况起着控制作用。

（1）单向阀。单向阀是只允许液体单向流动及反向截止的阀门。其作用是当油压下降到最低工作压力时，能够把载有额定负荷的电梯在任一位置加以制动并保持静止。

（2）溢流阀。维持额定工作压力的阀门，安装在泵站和单向阀之间的管路上。其作用是当压力超过一定值时使油回流到油缸内，可防止上行运动时系统压力过高。

（3）节流阀。限制液体流量的阀门，作用是防止轿厢超速。

（4）安全阀。当系统压力超过最高额定工作压力时，令其泄荷以防止系统超压破坏的阀门。该阀应满足：当液压系统出现较大的泄漏、轿厢速度达到了额定速度再加上0.3 m/s时，安全阀必须能够将超速的轿厢制动并保持静止状态。

（5）截流阀。可令油路断路的阀门。

（6）手动下降阀和手动泵。当电源出现故障时，按压手动下降阀可放油，将电梯下降到最近的一个层站，帮助乘客撤离。手动阀门操纵轿厢的速度不得超过0.3 m/s。手动泵连接在单向阀与截流阀之间的管路上，使用时可使轿厢缓慢上升。

3. 管路

管路是液压系统必不可少的附件，管路可以采用刚性的或柔性的。

4. 油温过热保护

油流速度与油黏度直接相关，而黏度又受温度影响。为了控制油温，液压系统中装设有一套测温和控温的装置。当液体温度超过预定值时，这套装置将泵站制动直到温度正常为止。

三、无机房电梯的构造

传统的有机房电梯由轿厢、对重、井道设备、机房设备、底坑设备、控制系统、通信系统等组成。随着技术的进步，曳引机和电气元件的小型化，无机房电梯技术也越来越成熟，并广泛应用于城市轨道交通。

无机房电梯是相对于有机房电梯而言的，即省去了机房，将原机房内的控制屏、曳引机、限速器等移往井道等处，或用其他技术取代，如图3—9所示。

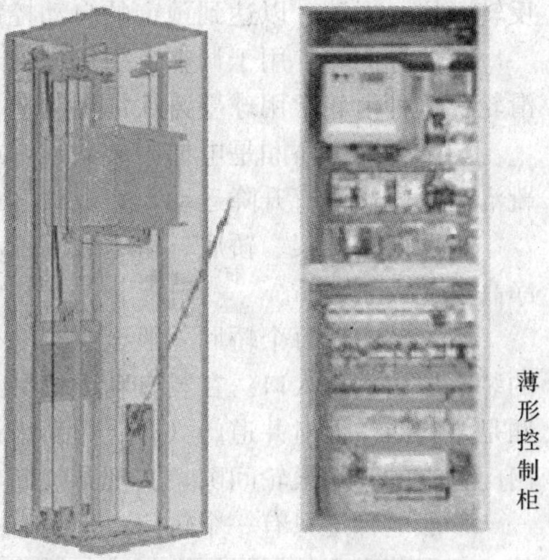

图 3—9　无机房电梯

1. 无机房电梯的特点

无机房电梯的特点就是没有机房，降低建筑成本。另外，无机房电梯一般采用变频控制技术和永磁同步电动机技术，故节能、环保，且不占用除井道以外的空间。

2. 当前无机房电梯的主要方案

（1）上置式。即将永磁同步曳引机放置在井道顶部，曳引比为 2∶1，绕法较复杂。

（2）下置式。即将永磁同步曳引机放置在井道底部，曳引比为 2∶1，绕法较复杂。

（3）轿顶驱动式。将曳引机置于轿顶。

（4）对重驱动式。将曳引机置于对重。

3. 无机房电梯的构造

（1）曳引机。曳引机是电梯的主要升降机构，安装在机房地坪或地坪上的搁机大梁上，无机房电梯的曳引机安装在井道的顶部。曳引机分为有齿轮曳引机和无齿轮曳引机两种。

1）有齿轮曳引机。它由蜗轮蜗杆减速箱、绳轮、制动器和电动机等组成。轿厢靠曳引钢丝绳吊挂。额定载重量和对重装置的总质量作用于曳引轮的轮槽内，在电动机的驱动下实现轿厢升降运行。有齿轮曳引机常用于梯速为 1 m/s 以下的电梯。

2）无齿轮曳引机。该曳引机没有蜗轮副减速器，曳引机上的绳轮直接被电动机驱动，在曳引绳连接轿厢和对重装置后就能实现轿厢的运行。

3）曳引轮。它又称绳轮，轮的直径为 ϕ350～600 mm，轮的绳槽数（有 2 槽、4 槽、5 槽、6 槽、12 槽等）是根据电梯的速度来制定的。其主要特点是通过曳引绳和绳槽之间的摩擦力带动轿厢的升降。

4）曳引减速器。对于低速或快速电梯，轿厢的额定速度为 0.5～1.75 m/s，但常用的交流或直流电动机的同步转速为 1 000 r/min，这种电动机属于中高速、小扭矩范围，不能适应电梯的低速、大扭矩的要求，故必须通过减速器降低转速增大扭矩，才能适应电梯的运行需要。

在众多类型减速器中，以蜗轮蜗杆传动减速器最适宜作为电梯曳引机的减速装置。这是由于蜗杆传动减速器结构最紧凑，减速比（即传动比）较大，运行较平稳和噪声较小。其缺点是效率较低和发热量较大。常用的蜗杆传动减速器有蜗杆下置式、蜗杆上置式和立式蜗杆传动减速器三种，其中以蜗杆下置式较为可靠和常用。

（2）控制柜。控制柜设置在机房内与曳引机相近的地方，该柜上有各种继电器和接触器，通过各种控制线和控制电缆与轿厢上各控制件连接。当按动轿厢或层站操纵盘上的按钮时，控制柜上相应的继电器就会吸合或断开，从而操纵电梯启动、运转、停车、制动，正、反转，快、慢速，以达到预定的自动控制性能和安全保护性能的要求。

（3）导向轮。用于调整曳引钢丝绳在曳引轮上的包角和轿厢与对重的相对位置而设置的滑轮。这种滑轮常用球墨铸铁加工制造。

（4）轿厢。轿厢是电梯中装载乘客或货物的金属结构件，其借助轿厢架立柱上下四个导靴沿着导轨做垂直升降运动，完成载客或载货的任务。

轿厢由轿厢架、轿底、轿壁、轿顶和轿门等组成。除载货电梯外，常用电梯的轿厢内部净高度应大于 2 m。

（5）轿门。每个轿厢一般至少有一个装有轿门的出入口。在每层层站的井道上则有相应的装有层门的出入口。在装有动力机械开关门的电梯上，开门机总是直接驱动轿厢门，即轿厢是主动门。而对井道门（即层门）来说，则是由轿门上的开门对在轿厢到达层楼时插入层门门锁上的开锁滚轮间隙，实现开锁断电，并使轿门与层门同时打开或关上的。

一般电梯上只有一个轿门，但也有一些电梯根据设计需要是贯通开门或左右侧两边开门的。每层井道上的层（厅）门应与轿门相应和同步设置。

（6）轿厢操纵箱。轿厢内轿门附近应设有轿厢操纵箱，包括主操纵盘、副操纵盘、轿内指层器等。主操纵盘上装有轿厢行驶开关、停层开关、关门开关等供驾驶电梯正常工作用的操纵开关，以及供特殊情况下使用的应急开关、电源开关。对于轿厢外操纵的电梯，操纵箱一般装在每层楼的层门旁的井道墙上。

（7）电动开关门机。电动开关门机也称自动门机或开门机，是自动开关门的机械装置，装在轿厢顶部的轿门附近。这种电动开关门机由开关门电动机通过减速装置（齿轮传动或胶带传动）带动一曲柄摇杆机构或链条传动带动门的开（或关）。对于一般电梯来说，是由电动开关门机直接带动轿门的开（或关）。而层门，则是到站后通过轿门上的开门刀插入该层门门电锁上的一对滚轮间隙，使门电锁断电，将层门一起带动着开门（或关门）。

（8）导靴。装在轿厢架上横梁两侧和下横梁安全钳座下部，每台轿厢共装四套，是为了防止轿厢（或对重）运行过程中偏斜或摆动而设置的。对低速电梯常用滑动导靴，又可分为固定式滑动导靴和弹簧式滑动导靴两种，如图 3—10 所示。固定式滑动导靴由靴座与靴衬组成，用螺栓固定于上横梁上的导靴定位板和安全钳座上的相应螺孔中，其间隙无法调整，要经常更换被磨损的靴衬。弹簧式滑动导靴在靴座中镗有通孔，孔中靴轴的一端连有靴头，靴头上装有靴衬（通常用青铜或尼龙制作），靴轴外套有弹簧，靴轴的另一端车有螺纹，通过调节螺母可调整靴头与导轨的压力，使靴衬以适当的压力与导轨接触，从而运行平稳。其靴衬磨损较小，使用寿命也长。

在高速电梯上则采用滚动式导靴，如图 3—11 所示。滚动式导靴由与导轨正面和两个侧面相接触的三个滚轮组成，轮轴内的滚动轴承和可调节压力的弹簧装置，组合装在一个台座上。滚轮轮缘装配有橡胶件，与导轨是滚动摩擦接触，可消除振动和噪声。这种导靴和胶轮

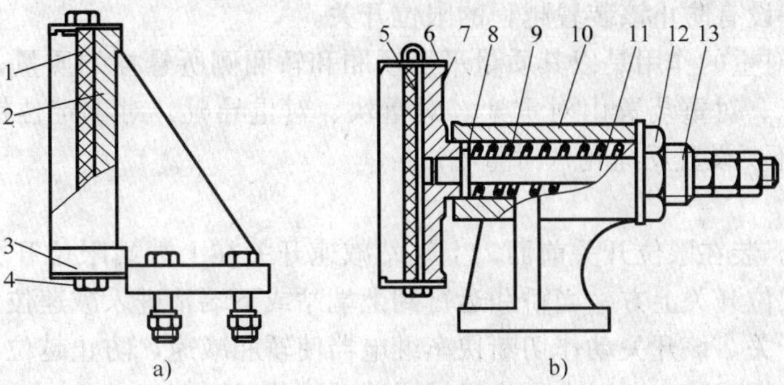

图 3—10　滑动导靴

a）固定式　b）弹簧式

1，5—靴衬　2，10—靴座　3，6—座盖　4—螺栓　7—靴头　8—销

9—压簧　11—靴轴　12—六角螺母　13—调节套筒

加工质量应严格控制，使其偏心误差尽量小，否则在电梯运行中会产生因回转而带来的周期性不平衡的激振力，使轿厢发生水平振动。

（9）平层感应器。在采用电气平层时，常用于簧管式平层感应器，并装在轿厢顶部适当位置。当电梯运行进入平层区域时，由井道内固定在导轨背面的平层感应钢板（也称为遮磁板）插入固定在轿厢架上的感应器而发出信号，使电梯自动平层。

（10）导轨。导轨是为电梯轿厢和对重提供导向的构件。导轨的材料一般为 Q235 钢，其抗拉强度为 370～520 N/mm²。导轨的加工方式有机械加工方式和冷轧加工方式两种。对于不装安全钳的对重导轨或杂物电梯的导轨，允许用表面平滑并经过校直的角钢等型钢来代替。导轨的主要作用如下：

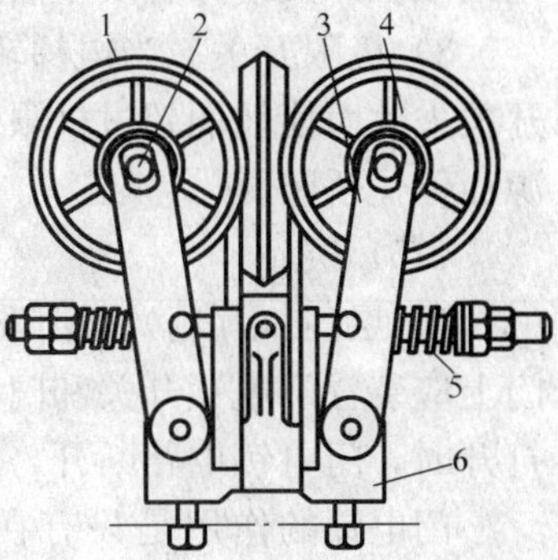

图 3—11　滚动式导靴

1—滚轮　2—螺栓轴　3—摇臂

4—滚动轴承　5—弹簧　6—底座

1）为轿厢和对重在垂直方向运动时导向，限制轿厢和对重在水平方向的移动。

2）安全钳动作时，导轨作为支撑副，支撑轿厢或对重。

3）防止由于轿厢的偏载而产生的倾斜。

电梯中大量使用的是 T 形导轨，这种导轨通用性强，且具有良好的抗弯性能及可加工性。

（11）控制电缆。轿厢内所有电气开关、照明、信号的控制线要与机房、层站连接，且均需通过控制电缆。一般在井道中间位置由接线盒引出接头，通过控制电缆从轿厢底部接入轿厢，也可从机房控制柜直接引入井道。

（12）补偿装置。电梯行程 30 m 以上时，由于曳引轮两侧挂轿厢和对重的钢丝绳的长度有变化，所以需要在轿厢底部与对重底部之间装设补偿装置，平衡因曳引钢丝绳在曳引轮两侧长度分布变化而带来的载荷的过大变化。补偿装置有补偿链和补偿绳两种形式。当电梯速度小于 2 m/s 时，采用有消声措施的补偿链；当电梯速度大于等于 2 m/s 时，采用有张紧装置的补偿绳，并设有防止该装置越程的限位开关。

（13）对重。对重的作用是以其质量平衡轿厢和轿厢侧所悬挂的质量，以减小曳引机功率和改善曳引性能。对重装置由对重架、对重块、对重导靴、对重定位铁块等组成。对于2∶1绕法的电梯还要设置反绳轮（对重轮）。

（14）开关

1）减速开关。装在限位开关前面，上端站减速开关在上端站限位开关下方，下端站减速开关在下端站限位开关上方。当轿厢运行到上端站或下端站进入减速位置时，轿厢上的撞弓应先碰到减速开关，该开关动作切断快车继电器使轿厢减速，防止越位。这种装置属于用机械碰撞转换为电梯减速，所以也称为机械强迫减速装置。

2）限位开关。限位开关的作用是控制电梯轿厢运行时不允许超过上下端站一定的位置，如果轿厢越位碰到限位开关，就会切断电梯控制回路，使电梯停止运行。限位开关装在井道上部和底坑中，开关上装有橡胶滚轮，轿厢上装有撞弓，轿厢在正常行程范围内其撞弓不会碰到限位开关，只有发生故障、超载或打滑时才会碰到该限位开关而切断控制回路。

3）极限开关。当电梯轿厢运行到达井道的上、下端站极限工作位置时，由于端站限位开关失效而使轿厢超过极限工作行程 50～200 mm 时，极限开关就应动作，切断电梯的主电源而停住轿厢。

（15）层站

1）层门（厅门）。层门包括层门框和层门地坎。在井道每个层楼停站处都设有层门。层门上应装置门电锁开关和门锁装置。当层门关上后，门电锁开关接通，电梯才能启动。层门打开时，门电锁电路断开，电梯就不能启动。

门电锁的作用是只有在轿厢停在某层停站处，这一层的层门才能打开，否则就打不开门。

2）层楼显示器。装在层门上面或侧面，向层站的乘客指示轿厢所在层站。

（16）安全钳

1）概述。安全钳是一种不使轿厢下坠的紧急而有效的安全装置。安全钳的作用原理是在轿厢或对重向下运行发生断绳、打滑、失控而出现超速向下的情况时，由限速器动作轧住限速器钢丝绳，从而拉动安全钳拉杆，使安全钳楔块（滚柱或钳头）上升或水平移动，同时使曳引电动机和制动器断电，使轿厢减速，并被安全钳制动在导轨上。

轿厢应在轿底横梁端头左右各设置一套安全钳。对重一般可不设安全钳，但当井道下方存在人能到达的建筑物或空间时，井道底坑基面应按大于 5 000 N/m^2 的载荷能力设计，同时对重应配置安全钳，并由对重限速器来控制其动作。对重限速器的动作速度应略高于轿厢限速器的动作速度，但不得超过10%。

2）安全钳的分类及使用条件。瞬时式安全钳是一种能在瞬间完全夹紧在导轨上的安全钳，适用于额定速度小于等于 0.63 m/s 的轿厢或速度小于等于 1 m/s 的对重上。瞬时式安全钳有以下四种类型：

①楔块型瞬时式安全钳。图 3—12 所示是双楔块型瞬时式安全钳的示意图。钳体一般由铸钢制成，安装在轿厢架的下梁上。每根导轨分别由两个楔形钳块夹持（双楔型），也有只有一个楔块动作的（单楔型）。一旦楔块与导轨接触，由于楔块斜面的作用导轨会被越夹越

紧。此时安全钳的动作就与操纵机构无关了。

为了增加楔块与导轨之间的摩擦因数，常将钳块与导轨相接触的一面加工成花纹状，并清除楔块表面的油污。为了减小楔块与钳体之间的摩擦，一般可在楔块与钳体之间设置表面经硬化的镀铬滚柱。当安全钳动作时，楔块在滚柱上相对钳体运动。实践证明，楔形角一般取 6°～8°为宜。

②偏心块型瞬时式安全钳。偏心块型瞬时式安全钳由两个硬化钢制成的带有半齿的偏心块组成，如图 3—13 所示。其有两根联动的偏心块连接轴，轴的两端用键与偏心块相连。当安全钳动作时，两个偏心块连接轴相对转动，并通过连杆使四个偏心块保持同步动作。偏心块的复位由一弹簧来实现，通常在偏心块上装有一根提拉杆。

应用这种类型的安全钳，偏心块卡紧导轨的面积很小，接触面的压力很大，动作时往往使偏心块的齿或导轨表面受到破坏。

③滚柱型瞬时式安全钳。滚柱型瞬时式安全钳常用在低速重载的货梯上。如图 3—14 所示，当提拉杆提起时，淬硬的滚花钢制滚柱在钳体楔形槽内向上滚动，当滚柱贴上导轨时，钳座就在钳体内做水平移动，这样就消除了另一侧的间隙。为了使两根导轨上的滚柱同时动作，两边连杆用一根公用轴。

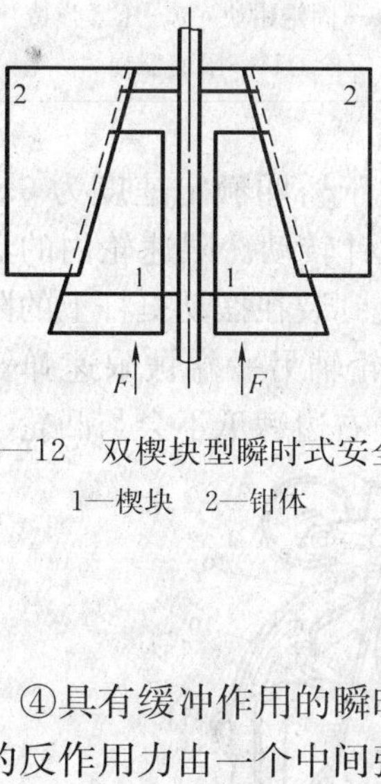

图 3—12　双楔块型瞬时式安全钳

1—楔块　2—钳体

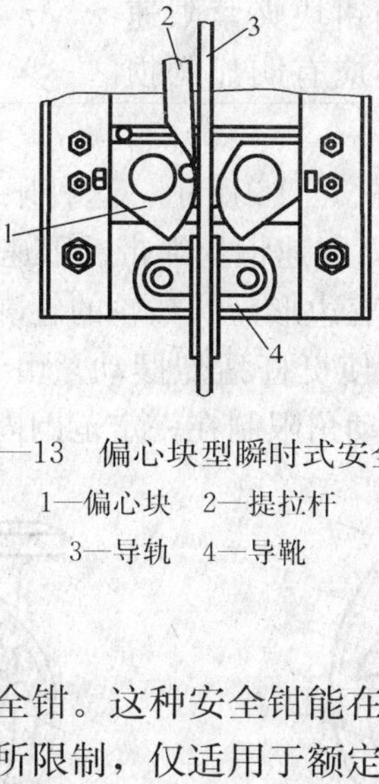

图 3—13　偏心块型瞬时式安全钳

1—偏心块　2—提拉杆

3—导轨　4—导靴

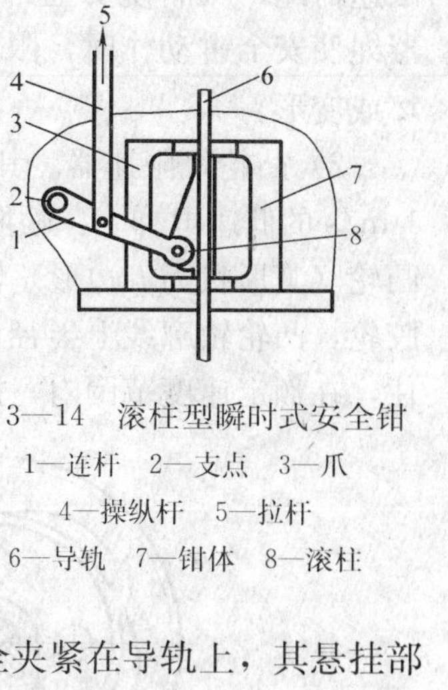

图 3—14　滚柱型瞬时式安全钳

1—连杆　2—支点　3—爪

4—操纵杆　5—拉杆

6—导轨　7—钳体　8—滚柱

④具有缓冲作用的瞬时动作安全钳。这种安全钳能在瞬间完全夹紧在导轨上，其悬挂部分的反作用力由一个中间弹性系统所限制，仅适用于额定速度为 0.6～1 m/s 的轿厢。

渐进式安全钳是一种使用弹性元件，能将制动力限制在一定范围内，并使轿厢在制动时有一定滑移距离的安全钳装置。适用于额定速度小于 1 m/s 的电梯轿厢或对重。

渐进式安全钳与瞬时式安全钳结构上的主要区别在于钳体是弹性夹持型的。安全钳动作时，轿厢有一定长度的制动距离，这样轿厢的制动减速度小。一般要求轿厢在制动过程中的平均减速度为（0.2～1.0）g（g 为重力加速度）。

（17）限速器。限速器应在轿厢向下运行速度超过 115%v（v 为额定速度）时动作。限速绳拉手向上移位将安全钳开关断开，于是主回路被切断，曳引机停止运转。装有安全钳的对重也应配置对重限速器，其动作速度应高于轿厢限速器的动作速度，但不得超过 10%。常用限速器有以下三种：

1）甩块式限速器。其结构如图 3—15 所示，甩块式限速器用于运行速度为 1～1.75 m/s 的快速电梯上。主要特点是结构简单，可靠性高，安装所需要的空间小。其动作原理是两个绕各自枢轴转动的甩块由连杆连接在一起，以保证同步运动。甩块由螺旋弹簧固定。限速器绳轮在垂直平面内转动，如果轿厢速度超过额定速度预定值时，甩块因离心力的作用向外甩开，使超速开关动作，从而切断电梯的控制回路，使制动器失电抱闸。如果轿厢速度进一步增大，甩块进一步向外甩开，并撞击锁栓，松开摆动钳块。正常情况下，摆动钳块由锁栓拴住，与限速器绳间保持一定的间隙。当摆动钳块松开后，钳块下落，将限速器绳夹持在固定钳块上。固定钳块由压紧弹簧压紧，压紧弹簧可利用调节螺栓进行调节。此时，绳钳夹紧限速器绳，从而使安全钳动作。当钳块夹紧限速器绳使安全钳动作时，限速器绳不应有明显的损坏或变形。

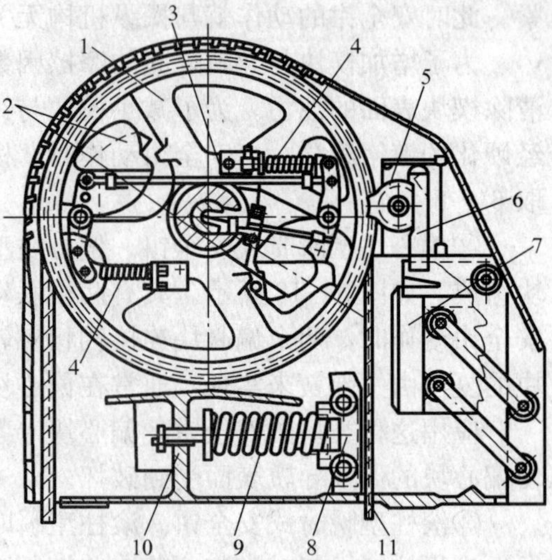

图 3—15　甩块式限速器

1—限速器绳轮　2—甩块　3—连杆
4—螺旋弹簧　5—超速开关　6—锁栓
7—摆动钳块　8—固定钳块　9—压紧弹簧
10—调节螺栓　11—限速器绳

2）凸轮式限速器。其结构如图 3—16 所示，这种限速器适用于轿厢额定速度为 0.5～1 m/s 的低速电梯上。轿厢下行时，限速钢丝绳带动限速轮做顺时针转动。限速轮内的盘状凸轮（其形状为五边形）转动时，五边形盘状凸轮的轮廓线处处碰到装在摆动挺杆上的限速胶轮，凸轮轮廓线上半径的变化，使挺杆猛烈摆动。由于限速胶轮轴另一端被限速弹簧拉住，在额定速度范围内，挺杆的摆动角限制在一定范围内，使挺杆右边棘爪不会与凸轮上的

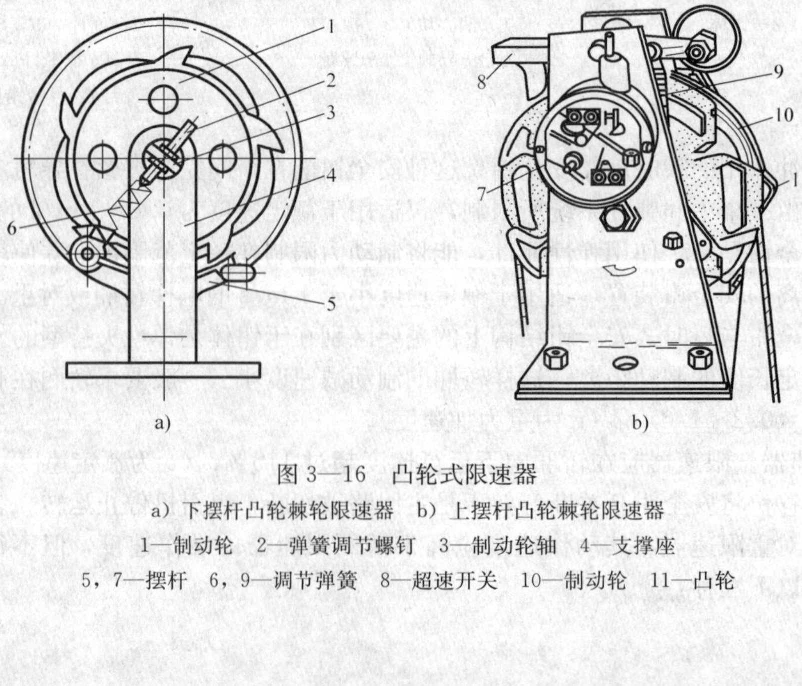

图 3—16　凸轮式限速器

a）下摆杆凸轮棘轮限速器　b）上摆杆凸轮棘轮限速器

1—制动轮　2—弹簧调节螺钉　3—制动轮轴　4—支撑座
5，7—摆杆　6，9—调节弹簧　8—超速开关　10—制动轮　11—凸轮

棘齿啮合。当轿厢速度达到额定速度的115%以上时，凸轮转速加快，圆周上离心力增加，凸轮作用在限速胶轮上的作用力增大，从而克服了限速弹簧的拉力，使挺杆摆动角增大直到其左侧棘爪与凸轮内圈上的棘齿啮合，迫使凸轮停止转动。于是限速轮将限速钢丝绳轧住，将安全钳拉杆拉起，使安全楔块轧住导轨。

调节限速弹簧的螺母位置使弹簧长度改变，或更换不同拉力性能的弹簧可以使限速器适应不同额定速度的需要。当限速器动作后需要复位时，只要将轿厢上行，使限速轮反向转动，挺杆上的棘爪就与棘齿脱开，安全钳即能复位。

3）飞球式限速器。其结构如图3—17所示，飞球式限速器适用于快速和高速电梯。限速器的绳轮转动通过伞齿轮带动离心球转动，由于球的离心力作用，向上压缩弹簧，同时带动活套上移，使杠杆系统向上提起，当电梯的实际运行速度达到超速开关动作速度时，开关动作，切断电梯控制电路。如果电梯速度继续提高，离心球进一步张开，杠杆系统进一步上提，使夹绳钳夹持钢丝绳，安全钳动作。

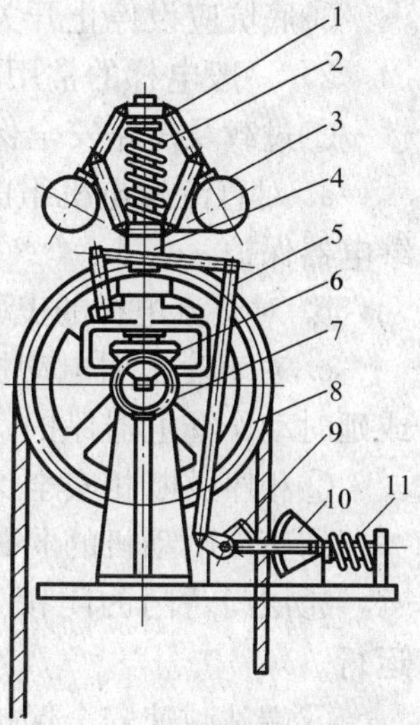

图3—17　飞球式限速器

1—转轴　2—转轴弹簧

3—抛球　4—活动套

5—杠杆　6—伞齿轮Ⅰ

7—伞齿轮Ⅱ　8—绳轮

9—钳块Ⅰ　10—钳块Ⅱ

11—绳钳弹簧

（18）缓冲器。缓冲器是位于行程端部用来吸收轿厢或对重动能的一种缓冲安全装置，包括液压和弹簧两种。缓冲器应设置在轿厢和对重的行程底部的极限位置。缓冲器可分为三种类型。

1）蓄能型缓冲器。适用在额定速度小于1 m/s的电梯上。缓冲器的总行程应大于等于115%额定速度时的重力制动距离的2倍，但是此行程不得小于65 mm。

2）具有缓冲复位的蓄能型缓冲器。仅适用于额定速度小于等于1.6 m/s的电梯。其行程约为115%额定速度时的重力制动距离的2倍，但不得小于65 mm。

3）耗能型缓冲器。可用于任何额定速度的电梯，其总行程应为$0.067v^2$（m）。

（19）电气安全装置。为了确保电梯的安全运行，使乘坐电梯的乘客有充分的安全保障和舒适的感觉，避免某些意外事故的发生，电梯上除设置具有各种功能的机械安全装置外，还必须根据不同用途和级别电梯的不同要求，设置各种电气安全装置。

1）电梯必须装备的电气安全装置

①超速保护装置。

②供电系统断相、错相保护装置。

③超越上、下极限工作位置时的保护装置。

④层门锁与轿门电气连锁装置。

⑤停电或电气系统发生故障时，应有慢速移动轿厢的措施。

⑥在机房中，每台电梯均应装设一个能切断该电梯总电源的主开关。该开关应具有切断电梯正常使用情况下最大电流的能力。

⑦对电气设备的一切金属外壳必须采取保护接地或接零（中性线）的装置。零线与接地

线应分开。

⑧轿厢应设有红色标志的非自动复位开关。

⑨轿厢必须设检修开关，并应符合以下要求：

a. 轿厢的上、下只能点动。

b. 轿厢速度应不超过 0.63 m/s。

c. 检修运行只能在轿厢正常运行的范围内，且安全装置应起作用。

d. 在检修开关上或其近旁应标出“正常”及“检修”字样，并标志出运行的方向。

⑩底坑应设停止开关，开关上或其近旁应标出“停止”字样。

2）一般电梯的常用电气安全保护装置

①过载及短路安全保护

a. 对直流发电机组的交流电动机和交流电梯的曳引电动机的过载，采用手动复位的热继电器保护。

b. 对交流电梯的曳引电动机的短路，用熔断器保护。

c. 对直流曳引电动机的短路，用瞬时动作过电流继电器保护。过载时，用反时限动作或延时动作继电器保护。

②相序及断相安全保护。用机电式或半导体式相序继电器保护。

③直流电动机的弱磁安全保护。采用弱磁继电器保护。

④层门轿门的闭锁安全保护。采用电气触头机械连锁保护，层门不闭锁时电梯不能运行。

⑤端站减速安全保护。行程开关切断高速，或接入端站强迫减速装置进行保护。

⑥端站限位安全保护。行程开关切断方向接触器或方向继电器进行保护。

⑦越程安全保护。连锁装置或行程开关切断总电源进行保护。

⑧超速及断绳保护。测速装置或限速器检测超速带动连锁开关，安全钳卡夹导轨进行保护。

⑨补偿装置的张紧或断带安全保护。用张紧装置带动连锁开关进行安全保护。

⑩急停安全保护。在轿厢内及轿顶装设急停按钮。

⑪超载安全保护。采用压磁式或杠杆式称重装置。

⑫轿厢及底坑检修时的安全保护。轿厢及底坑检修时的连锁保护装置。

⑬事故逆转保护。检测给定信号与速度信号的差值，发生故障时，继电器动作切断控制电源。

⑭轿厢自动防夹安全保护。门安全触板带动连锁开关，光电式传感器带动开门机，防止轿厢门夹人或夹物。

四、楼梯升降机的构造

楼梯升降机是一种较新颖的设备，属于电梯的一个分支。安装在车站站台到站厅和地面到站厅步行楼梯一侧，提供给坐轮椅的乘客上、下楼梯使用。楼梯升降机能沿着楼梯连续做上升、水平和90°转角运行，运行倾角不大于35°。车站出入口的楼梯升降机是室外型，能在全天候条件下工作。车站内楼梯升降机是室内型，按室内条件设计。该机能适应城市轨道交通每年工作 365 天，每天工作 20 h 的要求。

平台式升降机自身带有一个可折叠的平台，平台放下至水平时，可允许轮椅进入。闲置时，可将平台收起，节约空间，适用于公共场合。

1. 种类

按其运行的轨迹，楼梯升降机可分为直线式、曲线式和垂直式，其外形分别如图 3—18～图 3—20 所示。

图 3—18　直线式楼梯升降机

图 3—19　曲线式楼梯升降机

图 3—20　垂直式楼梯升降机

（1）直线式楼梯升降机。运行线路只能局限于直线运动，不能作曲线运动。

（2）曲线式楼梯升降机。既可作直线运动，又可作 90°、180°的曲线运动。

（3）垂直式楼梯升降机。在层与层之间作垂直运动的升降机。井道周围通常采用玻璃，形式类似于观光电梯，但没有轿厢，只有一个可垂直升降的平台。根据现场需要，不同层的开门方向可有三种不同的选择，但占用空间较大。

2. 主要组成部分

（1）轮椅平台。它由钢铁构件制成，结构有足够的强度和刚度。平台包括钢板、安全护栏、活动板、安全挡板等。由于采用自动平台，故可通过操作外召唤盒的上或下按钮来控制平台收放。在升降机到达端点位置后，只要持续按住上或下按钮，底板便会自动向上折放，护栏会向下折放。在平台折叠或者张开过程中，如果遇到故障，也可以通过手动方式完成。

（2）驱动机。它可采用直流电动机或交流电动机，内有制动器，制动器失电抱闸，得电松闸；制动弹簧是压缩弹簧。

（3）导轨。导轨固定在楼梯表面。导轨和支撑件采用钢铁制作，表面热镀锌后涂有富锌防锈漆和耐磨面漆共两层，能保证 15 年内不生锈。导轨的单个部件不需要润滑。

（4）控制柜。控制柜放置在楼梯升降机的内部，包括直流电动机、蓄电池、主电源开关、上行继电器、下行继电器、中间继电器、时间继电器、电动机辅助继电器等控制按钮开关。出、入口的楼梯升降机控制柜能适应露天的工作条件，外壳等级不小于 IP55。

（5）充电装置。该装置将交流电整流成直流电后给蓄电池充电。其指示灯功能如下：

1）绿色指示灯。若充电装置电源供给正常，该灯始终亮。

2）黄色指示灯。当楼梯升降机正确驶入充电装置，蓄电池开始充电时，该灯快速闪烁；当电池充满电后，该灯慢速闪烁。

（6）低电源蜂鸣器。该声音信号用做电池需要充电时的提醒。当蓄电池电压低于 22.5 V

时，升降机运行时会发出蜂鸣信号。此时应立即将升降机驶向充电点，并尽可能向下方行驶，让升降机充电几小时。充电是自动进行的，当充电适当后，蜂鸣器会停止鸣叫。

（7）安全装置。当楼梯升降机运行速度达到额定速度的115％时，限速器和安全钳动作，制动设备。

（8）急停按钮。在轮椅平台左右两侧各装有一个红色的紧急停车按钮，按钮是非自动复位式的。

（9）限位开关。当平台超过正常终端停止位置40 mm时，开关动作，强制平台停止。

（10）活动板开关。为了能安全运行，在平台的前、后位置都设有活动板开关。当升降机运行碰上障碍物后，活动板开关能使升降机迅速停止。

（11）前、后护栏开关。该开关控制护栏至正确位置，只有护栏放到水平位置，升降机才能运行。

（12）上、下限位开关。设置在上、下导轨的终端点，当平台运行超过设定位置时，开关动作，切断安全回路，强制平台停止。

（13）上、下极限开关。在上、下限位开关失效的情况下，极限开关动作，使升降机停止。

（14）钥匙开关。只有被授权的人员才能持有锁匙。升降机在运行前，必须打开钥匙开关，否则将无法运行。

第三节　电梯运行管理

一、运行管理的主要任务

保证电梯设备处于正常运行状态，实现系统的设计功能。同时为车站迅速输送乘客、维持良好秩序提供有力保证。

二、运行管理的有关规程和制度

由于电梯系统设备属于特种设备，安全性要求很高，因此制定了严格的操作规程及管理制度，以保障乘客的安全。

1. 自动扶梯的操作规程和管理制度

（1）操作规程。当开始运转或停止自动扶梯时，需按下列顺序进行操作（注：自动扶梯在上、下端各装有一个操作盘，任一操作盘都可以操作）。

1）开始运转之前

①检查扶梯踏板、扶手带、梳齿板、裙板保护胶条（或毛刷），除去夹在里面的碎纸、小石子、口香糖等。

②确认自动扶梯周围的安全设施（三角警示牌、防止进入的栅栏等）有无破损等异状。

2）开始运转时

①把钥匙插入报警开关鸣响警笛，发出信号告诉附近的人们电梯将开始运转。

②确认自动扶梯周围或扶梯踏板上没人时，把钥匙插入启动开关后，向想要使用的运行方向（上或下）旋转，自动扶梯则开始工作。放开手则钥匙回到中间位置，把钥匙拔出来。

③启动后，须确认扶梯踏板和扶手带是否正常工作。如有异常声响或振动，要立即按动紧急停止按钮，停住自动扶梯。

④确认正常运转之后，再试运转 5～10 min。

⑤在试运转中按动紧急停止按钮，确认工作情况。

3）停止运转时

①在停止自动扶梯之前，必须确认有无发生异常声音或振动，如有问题则使自动扶梯停止运行。

②启动通知自动扶梯停止的报警开关鸣响警笛。

③停止之前，不要让人进入自动扶梯的乘梯口。

④在确认自动扶梯附近或扶梯踏板上无人后，再把钥匙插入停止开关进行操作，自动扶梯则停止运行。

⑤每天运行结束后，要认真检查扶梯踏板、扶手带、梳齿板和保护裙板并进行清洁。

⑥为防止乘客将停用中的自动扶梯当楼梯使用，应采取措施，用栅栏等挡住乘梯口，设置停用牌。

注意事项

a. 要使用自动扶梯紧急停止按钮时，须事先通知乘客。在紧急状态下不得不进行操作时，应大声通知乘客“紧急停止，请抓住扶手带”后，再进行操作。如莽撞从事，则有使乘客跌倒的危险。

b. 如在扶梯踏板上有乘客时启动，则乘客有跌倒、受伤的危险，故在有乘客时绝对不能启动自动扶梯。

c. 在扶梯踏板上有人时，除发生紧急情况外，绝对不能使用紧急停止按钮。

d. 在自动扶梯的运行中，要把钥匙拔出。

4）转换运行方向时

①利用通知停止的警报开关鸣响警笛。

②在确认扶梯踏板上无人后，再用停止开关停止运行。

③待完全停止后，再重新用启动开关向希望的方向运行。

注意事项

如乘梯口有楼面文字显示时，一旦转换运行方向，楼面文字表示也要相反。

5）紧急停止时

①如在自动扶梯上发生跌倒的紧急情况，则用力按动乘梯口的紧急停止按钮。

②在重新开动扶梯之前，要确认造成紧急情况的原因，并予以排除。检查设备，如有异常及不明原因时，不要开动电梯，并及时通知维修人员进行维修。

注意事项

发生紧急情况而要紧急停止时，应在停止之前通知乘客，以防止乘客跌倒受伤。

6）钥匙的管理

①操作时要用自动扶梯专用的钥匙。

②将钥匙装在钥匙箱内严格保管，除有关人员之外不得借出。

（2）日常管理制度。自动扶梯设备是车站设备管理的重点之一，车站自动扶梯遵循“无人值守，自动监视”的原则进行管理。即车站均不设专职工作人员，只在每天运营开始前和结束后，由值班工作人员在现场进行启动与关停。

自动扶梯的运行状况由车站设备监控系统（EMCS）进行监视并将运行状态信息传输到控制中心，但车站EMCS系统不控制自动扶梯的运行。在紧急或灾害情况下，车控室值班工作人员可通过车控室紧急停止按钮使全站自动扶梯停止运行，作为固定楼梯疏散乘客。

1）使用制度

①禁止把行李或小推车放到梯级上。

②禁止用扶梯运载货物。

③严禁将尖锐物品放到梯级上（如雨伞尖端等）。

④严禁坐在梯级上或赤脚乘坐扶梯。

⑤严禁沿下行的扶梯反方向往上跑，或上行的反方向往下跑。

⑥严禁站在扶梯外盖板上或骑在扶手带上。

⑦禁止在扶梯乘降处玩耍。

⑧严禁将身体伸出扶手带外。

⑨严禁让小孩及老人单独乘坐扶梯。

⑩乘员应站在梯级中心位置，避免站在梯级侧边或前端位置。

⑪清扫扶梯附近时，严禁让水渗入自动扶梯机房内。

⑫除非出现紧急情况，禁止按急停按钮。

2）管理要求。为了确保正确地使用扶梯，车站工作人员须监督扶梯的使用情况。其职责如下：

①检查扶梯的防护装置及警示牌。

②监督乘客正确使用扶梯设备。

③确保只有维修人员及经过培训的工作人员才能拥有和使用扶梯启动钥匙。

3）日常检查项目

注意事项

只有将自动扶梯停止后才可以进行检查。

①检查毛刷（或胶条）。

②检查梯级是否卡有异物，螺钉是否松动，梳齿及梯级面板是否有断裂或损伤。

③检查扶梯运行是否平稳。

④检查扶手带是否有异常膨胀或者老化，是否附有口香糖，有无污垢，如有则需清理。

⑤检查盖板螺钉是否松动，接合处是否平滑。

⑥检查三角标志牌、安全标志及使用合格证。

⑦检查启动及停止开关。

2. 垂直电梯的操作规程和管理制度

（1）操作规程。当开始运行或停止垂直电梯时，应按下列规程进行操作：

1）开始运行之前

①将钥匙插入运行开关，旋转至开的位置，电梯门打开。

②进入轿厢前，须确认轿厢必须停在该层井道内，并打开轿厢内照明和风扇。

③检查操纵盘上的开关、按钮、方向运行指示灯是否正常工作。

2）开始运行时

①先将垂直电梯空载上、下行驶数次。

②检查垂直电梯是否有异响或异味等不正常的情况。

③做好上述工作后，垂直电梯方可投入使用。

3）停止运行时

①停止运行时应使垂直电梯轿厢返回最底层。

②检查轿厢内外情况，做好清洁工作。

③在轿厢外将钥匙插入开关，旋转至关的位置，电梯门自动关闭。

注意事项

a. 电梯严禁运载易燃、易爆及超长物件。

b. 严禁使用身体或杂物代替手操作开关。

c. 老、幼、病、残、孕乘客乘坐液压梯时需有人陪同。

d. 轿厢内严禁吸烟。

4）发生紧急故障时

①当垂直电梯运行发生紧急故障时，操作人员应安慰乘客不要惊慌。此时，垂直电梯可能会以维修速度运行至就近站厅层，并自动开门放人。

②当垂直电梯不能运行时，操作人员可以尝试使用维修速度将垂直电梯驶回最底层。

③当操作人员无法操纵垂直电梯时，应通知并等待维修人员救护。

注意事项

在垂直电梯无法运行时，严禁强行打开厅门和轿厢门。

（2）日常管理制度。电梯的开、关采用就地控制方式。当有需要的乘客需要使用电梯时，可通过对讲机与车站工作人员联系。同时，电梯的运行状况由车站设备监控系统进行监视并将运行状态信息传输到控制中心，但车站设备监控系统不控制电梯的运行。

在紧急或灾害情况下，车站控制室的值班人员可通过防灾报警控制台上的电梯消防迫降功能按钮，使站内垂直电梯即刻运行到基站（站厅层或出入口地面）后停止运行，同时不再响应轿厢指令和层站召唤。

1）管理要求。为了确保正确地使用垂直电梯，车站工作人员须监督电梯的使用情况，其职责如下：

①检查电梯的防护装置及警示牌。

②引导乘客正确使用垂直电梯设备。

③确保只有维修人员及经过培训的工作人员才能拥有和使用垂直电梯的启动钥匙。

2）检查项目

注意事项

只有将垂直电梯停止运行后才可以进行检查。

①检查对讲机功能。

②检查轿厢卫生。

③检查轿厢照明。

④检查轿厢风扇。

⑤检查运行指示。

⑥检查地坎情况。

⑦检查开、关门情况。

⑧检查平层准确度。

⑨检查光幕开关（安全触板）。

⑩检查运行情况。

3. 楼梯升降机的操作规程和管理制度

（1）操作规程。为了方便乘客，在升降机的上端和下端均设有对讲机，只要按下对讲机上的通话按钮，即可与车站控制室对话，要求工作人员开梯使用。其操作规程如下：

1）操作人员首先应将升降机平台上的急停按钮打开。

2）将升降机钥匙插在外召唤立柱盒上，转到“开”的位置，压下并按住外召唤盒向上或向下按钮，将升降机运行至乘客所在位置，直至升降平台及右护栏打开，把右侧护板放下。

3）将外召唤盒上的钥匙转到“关”位置并拔出，照顾乘客安全进入平台。

4）操作人员将升降机钥匙插在升降机平台上的钥匙开关里转到“开”位置，行走在升降机平台旁边，按住平台控制盒上的按钮进行上或下运行，并密切留意升降机周围情况。此时护栏应为水平位置，并且侧护板立起。运行时，蜂鸣器响，运行警示灯闪烁，提示步行楼梯上的人员注意。

5）直至升降机平台到达目的地平台停止运行后，护栏升起，侧护板放下，此时停止按压控制盒上的按钮，并按下平台上的急停按钮，让乘客从平台上出来。

6）打开升降平台上的急停按钮，放好控制盒，将平台上的钥匙转到“关”位置并拔出。

7）把升降机钥匙插在外召唤盒上，转到“开”的位置，将升降机运行至停放位置直至平台折叠收起，并确认升降机驶入充电位置。

8）将外召唤盒上的钥匙转到“关”位置并拔出，按下升降机平台上的急停按钮。

（2）日常管理制度

1）如果在楼梯升降机导轨、平台边周围有障碍物，切勿使用。

2）切勿在超过额定载荷的情况下使用。

3）楼梯升降机在运行时要注意导轨周围的情况。

4）楼梯升降机一次只允许运载一位乘客。

5）乘客坐好后方能开始使用。

6）切勿让乘客身体或轮椅凸出平台。

7）楼梯升降机运行时，在平台上应避免不必要的移动。

8）楼梯升降机运行时，切勿将手放置在护栏上或者平台外。

9）如使用时周围环境照明不好，切勿使用楼梯升降机。

10）不论在站内还是在站外（出入口），楼梯升降机都严禁发生浸泡现象。

11）清洁时，只需用湿布擦干净，不能用水喷。

12）火灾时，切勿使用楼梯升降机。

第四节 电梯维修管理

一、维修管理的任务

由于电梯与自动扶梯系统设备的特殊性，其维修质量不仅与乘客的搭乘舒适度、设备的使用寿命有关，而且关系到乘客的安全。因此需周期性对设备进行维修和保养，使设备处于良好的运行状态。

维修作业分为故障急修和定期维修两种。进行作业时，必须办理好相关的作业手续，并在现场做好安全防护。当设备发生故障停止运行，需立即组织专业人员对设备进行急修，使设备尽快恢复正常。为避免影响城市轨道交通乘客服务质量，定期维修作业通常安排在0：00～4：00的非运营时间进行。

二、维修管理的有关规程及制度

1. 自动扶梯

（1）半月检

1）检查扶梯运行情况。

2）检查并更换梳齿板、梯梳。

3）用上、下部操纵板操作扶梯上、下运行，观察扶梯运行情况。

4）急停按钮功能测试。

5）检查故障显示器及光电开关。

6）清扫机房、储尘盘和集油盘。

7）检查齿轮箱。

8）根据油量指示加润滑油。

（2）月检

1）所有的半月检内容。

2）检查主驱动链的润滑情况。

3）检查梯级链的润滑情况。

4）检查扶手带链的润滑情况。

5）上端部齿轮轴承加注润滑脂（室外梯）。

6）检查梯级与裙板的间隙。

7）检查梯级与梳齿板的啮合深度。

8）检查梯级之间的间隙。

9）检查各部位安全开关的动作性能。

10）检查防盗盖板锁。

(3) 季检

1) 所有的月检内容。

2) 检查油泵和油管。

3) 清扫及检查扶手带驱动滚轮、从动滚轮。

4) 清洗室外梯所有步级大链。

5) 检查扶手带并测量扶手带速度与梯级的速度差。

6) 调整扶手带的张紧度。

7) 检查齿条与链条啮合情况 (适用牵引齿条扶梯)。

8) 检查并调整主驱动链。

9) 检查并调整梯级链。

10) 检查并调整扶手带链。

11) 检查及清扫控制柜内元件。

(4) 半年检

1) 所有的季检项目。

2) 测量和记录电动机的工作电流、电压，检查电动机有无明显温升。

3) 检查梯级前、后滚轮。

4) 检查扶手带导向轮及支撑轮。

5) 清扫扶手带导轨及滚珠。

6) 测量电气回路、控制回路的绝缘电阻 (适用于室外梯)。

7) 检查及调整工作制动器磁心与电枢的间隙。

(5) 年检

1) 所有的半年检项目。

2) 检查及紧固控制柜内所有元件、接线。

3) 检查所有齿轮。

4) 检查各部位安全开关间隙及动作性能。

5) 清扫导轨、桁架、张紧装置、中间接油盘、检修盒、主驱动轴。

6) 所有梯级的内部及表面清洁。

7) 全面检查导轨，对不平整导轨的表面进行打磨。

8) 用专用清洁剂清洗扶手带的表面，并清扫扶手带的内面。

9) 检查扶手带，并调整扶手带与导轨的间隙。

10) 对扶手带内表面打蜡。

11) 测量动力回路、控制回路的绝缘电阻。

12) 检查齿轮箱油量和油质。

13) 测量在停电、安全开关动作下扶梯下方向的制动距离。

14) 检查制动器闸瓦。

(6) 中修 (5年)

1) 所有的年检内容。

2) 负载试验。

3）检查转弯导轨。
4）检查卸荷导轨。
5）检查主驱动链。
6）检查扶手带链。
7）检查附加制动器单独动作情况。
8）检查扶手带（适用于室外扶梯）。
（7）大修（10年）
1）所有的中修内容。
2）检查梯级前、后滚轮。
3）检查变频器。
4）检查电子控制板。
5）检查梯级链。
6）检查电动机。
7）检查梯级。
8）检查扶手带驱动装置。
9）检查主驱动轴（包括全部链轮）。
10）检查梯级链张紧装置。

2. 垂直电梯

（1）半月检
1）全程运行时，检查各层启动、减速、制动。
2）检查轿顶、底坑照明。
3）检查底坑卫生。
4）检查限速器，并清洁、润滑。
5）检查轿厢内各按钮的功能。
6）清洁厅门、轿门、门槛。
7）检查导轨润滑情况。
8）检查液压管路的各管接头、球阀、液压阀、油缸及油管（适用于液压电梯）。
9）清洁及检查门锁。
10）检查开关门情况。
11）检查控制柜。
（2）月检
1）所有的半月检项目。
2）检查确认所有安全开关的功能。
3）检查主接触器动作情况。
4）清洁轿顶及轿厢风扇。
5）检查轿门和层门机构。
6）检查轿门门刀与层门滚轮的配合。
7）清洁电动机及检查运行情况。

8）检查油箱内油量（适用于液压电梯）。
9）检查油缸抱箍是否松动（适用于液压电梯）。
10）检查紧急手动泵的升降（适用于液压电梯）。
11）检查油泵运行情况（适用于液压电梯）。
（3）季检
1）所有的月检内容。
2）清洁、打磨门导轨。
3）检查门滑块磨损情况及紧固螺钉。
4）清洁机房，排气扇除尘。
5）检查及清洁门机和驱动传动带（驱动链）。
6）清洁安全钳及检查调整钳嘴楔块。
7）检查应急灯。
8）检查减速箱运行情况。
9）润滑曳引轮、导向轮的轴承。
10）检查滚轮式导靴（适用于液压电梯）。
11）检查电子板工作情况。
（4）半年检
1）所有的季检内容。
2）确认相序继电器功能。
3）检查控制柜内各器件。
4）检查制动器刹车皮厚度。
5）清理过滤器内异物（适用于液压电梯）。
6）清洁内、外召唤盒内部，紧固螺钉。
7）清洁钢丝绳及检查受力情况。
（5）年检
1）所有的半年检内容。
2）紧固控制柜内所有接线。
3）测量动力回路、控制回路绝缘。
4）清洁轿顶接线箱内部，紧固螺钉。
5）检查随行电缆及挂线架的状况。
6）清洁感应器、隔磁板及支架，紧固螺钉。
7）详细检查导轨连接板和导轨架的连接螺栓，重新紧固全部螺栓。
8）紧固轿架及轿厢各螺钉。
9）清洗过滤器（适用于液压电梯）。
10）解体清扫及打磨制动器。
11）检查顶轮、曳引轮绳槽的磨损情况和工作是否正常。
12）检查限速切断阀（适用于液压电梯）。
（6）大修（10年检）

1）所有的年检内容。

2）更换液压油、密封件（适用于液压电梯）。

3）检查及测量钢丝绳磨损情况。

4）检查油泵运行情况（适用于液压电梯）。

3. 楼梯升降机

（1）半月检

1）检查整体外观情况。

2）检查操作开关、按钮情况。

3）检查对讲机功能。

4）检查充电情况。

5）随升降机检查安全开关动作情况。

（2）月检

1）所有的半月检内容。

2）检查运行情况。

3）检查调整限速器、紧固销。

4）检查各传动链张力。

5）检查制动器。

6）检查充电器。

7）检查信号接收器。

8）检查充电的铜电刷。

9）检查导轨上、下滚轮的松紧度。

10）检查主、控回路线路的接线紧固状况。

11）检查各安全开关。

（3）季检

1）所有的月检内容。

2）检查电池固定情况及电压。

3）检查手动应急解锁功能。

4）检查紧急控制器功能。

5）检查立柱、导轨。

6）检查线槽及电源盒。

7）检查故障码。

（4）年检

1）所有的季检内容。

2）测量控制柜内的绝缘电阻。

3）检查并调整工作平台。

三、事故（故障）处理原则

在运营期间，对故障的处理要求“先修复后分析”。当维修人员接到故障报告后，应在

30 min 内赶到现场并开始进行处理。当维修人员自身无法处理故障而需要技术人员处理时，技术人员接到通知后应在 1 h 内赶到现场协助处理。故障处理完毕后，维修人员向维修调度回报消除故障信号并填写故障处理记录。重大设备故障由技术人员进行分析并提供故障处理分析报告，以避免今后出现同类故障，同时制定故障处理工艺，并将故障分析报告资料归档。

第四章

电梯的操作、维修保养及故障处理

第一节 垂直电梯的操作

一、无机房电梯应急救援及检修模式操作

现以奥的斯的 GEN2 型为例进行介绍。

1. 无机房电梯的应急救援操作

（1）注意事项

1）救援人员必须经过相关的专业培训，一定要注意安全，不要盲目施救。

2）当电梯发生困人时，一边安抚乘客，一边尽快与机电调度联系。

3）在电梯发生困人时，严禁使用电梯的检修模式运行电梯。

4）当使用电梯放抱闸功能时，严禁将电梯运行到轿厢地坎超过顶层地面位置。

5）在用三角撬门钥匙打开厅门之前，一定要先断开总电源。

6）每次使用完三角撬门钥匙后，必须将撬门钥匙放回原位妥善保管。

（2）操作方法

1）与被困乘客取得联系，安抚乘客情绪

①告知乘客“在没有得到允许之前不要打开电梯门”。

②告知乘客“在营救过程中，电梯将会有多次启动和停车”。

2）用厅门钥匙打开少许厅门，查看轿厢平层情况，并记住轿厢高出或低于平层位置的距离。

3）如电梯轿厢在停靠平层位置或楼层附近（一般情况下当轿厢地坎与楼层地面的上、下距离不超过 300 mm），则打开电梯检修操作盒，先断开电梯总电源，用三角撬门钥匙打开层门，救出乘客。

4）假如轿厢护脚板下方与层门之间存有间隙，则应通知乘客正在操纵电梯移动，不要试图打开电梯门。

5）找到电梯基站（城市轨道交通站内都是设在最高层）的电梯检修控制盒，并用三角撬门钥匙打开盖子（锁在控制盒的下部），断开电梯的主电源。

6）把三角撬门钥匙顺时针转至“on position”（开位置）。钥匙必须保持在“on position”（开位置），救援功能才有效，并按抱闸释放按钮。

7）到达电梯停靠的楼层（一般情况下当轿厢地坎与楼层地面的上、下距离不超过300 mm），用三角撬门钥匙将电梯门完全打开，救出乘客。

8）把所有被困乘客救出电梯后，必须重新把轿厢门、层门关上。

2. 检修操作

（1）注意事项

1）进行电梯检修操作运行，必须要有2名以上的人员参加，绝不允许单独操纵；必须严格执行呼答制度。

2）在各站层门处悬挂“检修停用”标牌。当维修人员在轿顶时，应在电梯操作处挂贴“人在轿顶工作”或“正在检查工作”标牌。

3）进入轿顶前，应将层门打开10 cm的间隙，确认轿厢的位置。

4）在轿顶操作时，严禁将身体任何部位越出轿顶护栏。需要停梯作业时，必须按下急停按钮。

5）离开轿顶时，必须清理完所有工具，维修人员出来后，将电梯打回正常运行模式，关掉照明，最后才松开急停按钮。

（2）检修模式操作

1）基站操纵箱检修运行。无机房电梯在基站位置设有操纵箱，可以在操纵箱运行无机房电梯进入检修模式。在检修操纵箱上，把“正常—检修”开关旋转至检修位，按住上行或下行按钮即可实现电梯检修慢速运行；释放按钮，电梯即停止运行。将“正常—检修”开关由检修位旋转至正常位时，电梯控制系统控制电梯自行一次后，恢复正常运行。

2）轿顶检修运行。进行轿顶维修操作前，首先使电梯运行检修速度，并使电梯停在轿顶处于维修人员所在层站的门槛附近。再用三角撬门钥匙打开层门，按下急停按钮后，维修人员进入轿顶。在轿顶的检修开关打到检修模式后，将基站操纵箱的检修开关旋转至正常位置。松开急停按钮，同时按压运行按钮以及上行或下行按钮，即可实现电梯慢速上行或下行；松开按钮电梯即停止运行。

二、有机房电梯应急救援及检修模式操作

1. 应急救援操作

（1）注意事项

1）救援人员应为2人以上。

2）应急救援设备、工具包括盘车轮、抱闸扳手、电梯层门钥匙、常用五金工具、撬杠、警示牌等。

3）在救援的同时要保证自身安全。

（2）操作方法

1）救援人员通过电梯对讲机或喊话与被困人员取得联系，务必使其保持镇静，耐心等待救援人员的援救；被困人员不可将身体任何部位伸出轿厢外。

2）切断电梯主电源。

3）检查确认电梯机械传动系统（如钢丝绳、传动轮）正常。

4）检查限速器。如限速器已经动作，应先复位限速器。

5）确认电梯层门、轿厢门处于关闭状态。

6）根据指示灯、计算机显示，选层器横杆情况或打开厅门观察判断轿厢所在的位置。

7）若轿厢停于距厅门 0.5 m 左右，救援方法如下：

①用专用厅门钥匙开启厅门。

②手动开启轿厢门。

③协助乘客离开轿厢。

④重新关好轿厢门和厅门。

8）若轿厢距离厅门大于 0.5 m，救援方法如下：

①进入机房，按照厂家说明书安装上盘车装置，一名维修人员用抱闸扳手打开机械抱闸；同时，另一名维修人员双手抓住电梯盘车轮，根据机房内确定轿厢位置的标志（如钢丝绳层站标示）盘动电梯盘车轮，将电梯停靠在准备停靠的层站。为了避免轿厢移动太快发生危险，操作时应一撬一放使轿厢逐步移动，直至最接近厅门（0.5 m 左右）为止。

②维修人员释放抱闸扳手，关闭抱闸装置，防止电梯轿厢移动。

③维修人员应到电梯轿厢停靠层站确认电梯平层后，用电梯层门钥匙打开电梯层门、轿厢门。

④如层门钥匙无法打开层门，维修人员可到上一层站打开层门，在确认安全的情况下上到轿顶，手动盘开层门、轿厢门。

⑤救出被困乘客以后，重新关好轿厢门和厅门，并摆放停用警示牌，待检查无故障后，再重新开启。

2. 检修模式操作

（1）注意事项

1）应急救援小组成员应持有特种设备主管部门颁发的《特种设备作业人员证》。

2）救援人员应为 2 人以上。

3）准备好应急救援设备、工具，包括电梯层门钥匙、常用五金工具、曳引钢丝绳夹板、手动葫芦、钢丝绳套及钢丝绳卡子、扳手、铁锤、撬杠等。

4）在救援的同时要保证自身安全。

（2）检修操作

1）轿内检修运行。有司机操纵功能的电梯可以在轿厢内操作检修运行。只要用专用钥匙将轿内操作箱上的“检修”开关打到检修位，电梯即进入慢速检修运行状态，这时按住上行或下行按钮可以实现电梯上、下运行，当手离开按钮时，电梯即停止。当要撤销检修运行时，将检修开关打到“关”位置，电梯即可正常运行。

2）轿顶检修运行。进行轿顶操作前，首先运行检修速度，使电梯的轿顶处于维修者所在层站的门槛附近。再用三角撬门钥匙打开层门，按下急停按钮后，进入轿顶。然后将“正常—检修”运行的开关转至“检修”位置，此时轿内操纵按钮失效，而由轿顶进行操作（轿顶操作比轿内操作优先），松开急停按钮，在检修操纵箱上按上行或下行按钮，电梯慢速向上或者向下运行，松开按钮电梯即停止。

3）机房检修运行。确认轿内、轿顶无人作业，且井道内无人和无障碍物后，将机房的检修开关打到检修位，此时由机房进行检修操作。按住上行或下行按钮，电梯即可实现向上或者向下运行，松开按钮电梯即停止。机房处也有急停按钮，按下按钮即可使电梯紧急停止。

三、液压电梯应急救援操作

1. 注意事项

参照有机房电梯救援注意事项。

2. 救援操作

（1）切断电梯主电源，防止电梯意外的启动，但必须保留轿厢照明。

（2）设法弄清电梯轿厢的位置。

（3）电梯有对讲电话时，可充分利用其与乘客联络，并安慰乘客让其保持镇静，等待救援，以保证乘客的安全。

（4）当电梯停在距某平层位置±50 cm范围的位置时，维修人员可以在该平层的厅门外使用专用的厅门钥匙打开厅门，并用手拉开轿厢门，然后协助乘客安全撤离轿厢。

（5）当电梯停在非上述的位置时，则必须用手动控制装置使轿厢上升或下降。

（6）用手动控制装置救人的步骤如下：

1）轿厢门应该保持关闭，如轿厢门已拉开，则要求乘客把轿厢门手动关上，并安慰被困乘客要保持镇静，等待救援。

2）电梯故障时，在机房将开关打到检修位置，利用红色手动下降按钮（见图4—1）将轿厢慢慢下移至平层位置，再用三角撬门钥匙打开厅门，安全撤出乘客。

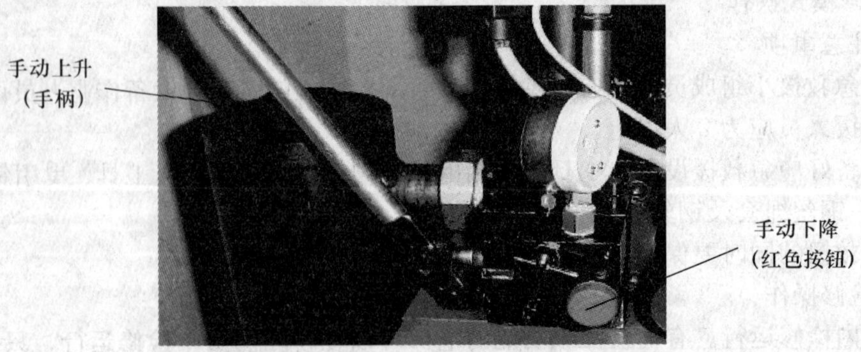

图4—1 液压电梯的应急救援部件

第二节　自动扶梯的操作

一、日立 1200EX-BPG 型、1200CX-BPG 型及三菱 1200AP-BJ 型自动扶梯的检修操作

（1）检修操作一般需要 2 人或以上。

（2）做好施工的围蔽工作，用专用工具打开自动扶梯的上部机房盖板。

（3）进入机房后首先按下急停按钮，打开控制柜，将电梯的运行模式打到检修位。

（4）打开扶梯检修插孔盖子，将检修操作盒的电缆接口接到扶梯的检修插孔上，按下检修盒上的急停按钮后再松开机房急停按钮。

（5）松开急停按钮，使用检修盒按钮上、下运行扶梯。

（6）需要停梯时，随时按下急停按钮。

（7）检修操作完成后，按下机房急停按钮后，再松开检修盒急停按钮。

（8）断开检修盒与扶梯检修插孔的连接，并盖上检修插孔的盖子。

（9）将扶梯的运行模式打回正常，盖好控制柜，维修人员离开机房后松开急停按钮。

（10）将扶梯机房盖板盖好，清理现场。

二、迅达 9700 型自动扶梯的检修操作

（1）检修操作一般需要 2 人或以上。

（2）做好施工的围蔽工作，用专用工具打开自动扶梯的上部机房盖板。

（3）进入机房后首先按下急停按钮，将控制柜上方的检修接口盖打开。

（4）将检修盒的接头插在扶梯检修接口上，接好以后扶梯会发出蜂鸣报警，表示扶梯已进入检修模式，松开接头后才会停止。

（5）按下检修盒急停按钮后，松开机房急停按钮。

（6）松开急停按钮，利用检修盒上、下运行电梯，停梯作业时，必须按下急停按钮。

（7）检修操作完成后，按下机房急停按钮后，再松开检修盒急停按钮。

（8）断开检修盒与扶梯检修插孔的连接，并盖上检修插孔的盖子。

（9）维修人员离开机房后松开急停按钮，将扶梯机房盖板盖好，清理现场。

第三节　楼梯升降机的操作

一、楼梯升降机的操作步骤

（1）操作人员首先应将升降机平台上的急停按钮打开。

（2）将升降机钥匙插在上方或下方的外召唤立柱盒上，转到“I”的位置，压下并按住

外召唤盒向上或向下按钮。此时分四种情况：

1）如果乘客在升降机上方需要到达下方时，而升降机平台停在下方，操作人员应按住外召唤盒向上按钮，保持升降机平台折叠，将平台运行至上方，直至升降平台及右护栏打开、右侧护板放下。

2）如果乘客在升降机下方需要到达上方时，而升降机平台停在上方，操作人员应按住外召唤盒向下按钮，保持升降机平台折叠，将平台运行至下方，直至升降平台及护栏打开、侧护板放下。

3）如果乘客在升降机下方需要到达上方时，且升降机平台停在下方，操作人员应按住外召唤盒向下按钮，直至升降平台及护栏打开、侧护板放下。

4）如果乘客在升降机上方需要到达下方时，且升降机平台停在上方，操作人员应按住外召唤盒向上按钮，直至升降平台及右护栏打开、右侧护板放下。

（3）将外召唤盒上的钥匙转到“0”位置拔出，照顾乘客安全进入平台。

（4）操作人员将升降机钥匙插在升降机平台上的钥匙开关里转到“I”位置，行走在升降机平台旁边，按住平台控制盒上的按钮进行上、下运行控制，密切留意升降机周围情况。此时护栏应为水平位置、侧护板立起，升降机设有蜂鸣器和黄色警示灯，工作时蜂鸣器响、黄色警示灯闪烁，提示步行楼梯上的人注意。

（5）直至升降机平台到达目的地平台停止运行后，护栏升起、侧护板放下，停止按控制盒上的按钮，按下平台上的急停按钮，照顾乘客从平台上出来。

（6）打开升降平台上的急停按钮，放好控制盒，将平台上的钥匙转到“0”位置拔出。

（7）把升降机钥匙插在外召唤盒上，将升降机运行至停放位置，此时分两种情况：

1）站内楼梯升降机。待乘客从平台出来后，如平台停在上方，则操作人员按住外召唤盒向上按钮，直至平台折叠收起。如平台停在下方，则操作人员按住外召唤盒向下按钮，直至平台折叠收起。

2）出口楼梯升降机。待乘客从平台出来后，如平台停在上方，则操作人员按住外召唤盒向上按钮，直至平台折叠收起，再按住外召唤盒向下按钮，将升降机运行至下方直到不能继续移动。如平台停在下方，则操作人员按住外召唤盒向下按钮，直至平台折叠收起。

（8）待平台折叠收起后，确认升降机驶入充电位置，可检查平台背面的充电触头与导轨上的铜片接触，也可观察顶棚内楼梯升降机充电器的指示灯，当升降机驶入充电位置开始充电时，黄色指示灯快速闪烁；充满电时，黄色指示灯慢速闪烁。

（9）将外召唤盒上的钥匙转到“0”位置并拔出，按下升降机平台上的急停按钮。

二、使用注意事项

（1）如果在楼梯升降机导轨、平台边等有障碍物，切勿使用。

（2）切勿超过额定载荷使用。

（3）升降机在运行时要注意导轨周围的情况。

（4）升降机一次只允许运载一位乘客。

（5）乘客坐好后方能开始使用。

（6）切勿让乘客身体或轮椅超出平台。

（7）升降机运行时，在平台上避免不必要的移动。

（8）升降机运行时，切勿将手放置在护栏上或者平台外。

（9）如使用时环境照明不好，切勿使用升降机。

（10）不论在站内还是在站外（出入口），升降机都严禁浸泡。

（11）清洁时，只需用湿布擦干净，不能用水喷。

（12）火灾时切勿使用楼梯升降机。

第四节　垂直电梯的维修保养

一、电源开关、安全开关

（1）熔断器、熔丝接触情况良好，接点牢固，通电时无打火现象。

（2）急停、安全窗、底坑各安全开关均应灵活可靠，端站强迫缓速开关、超速保护、相序保护、过热保护装置均灵敏有效。对触点接触不良和锈蚀的开关，应及时更换。

（3）限位开关应在量程 50～150 mm 可靠动作，极限开关应在量程 150～250 mm 可靠动作，销轴应加注润滑油。

（4）对限位、极限等类井道开关，当碰板将其压缩生效后，应留有一定压缩余量。

二、控制柜、励磁柜

（1）电气元件、仪表齐全完好，工作正常。导线排列整齐，线号清晰，线端连接牢固。

（2）对不灵敏及损坏的电气元件、仪表应及时调整或更换。对接触器、继电器触头有烧蚀、严重凹凸不平的，应及时修复或更换，以防误动作。在修复被烧结或烧蚀的触头时，应使用细锉刀修复，然后将锉削下来的金属粉末及时清理掉，以免影响触头吸合时的接触面积；严禁使用砂纸打磨。

（3）上、下方向及开关门的机械连锁应经常检查，动作不可靠的应及时调整或更换。

（4）检查和清洁电子板时，严禁带电拔出。需要接触时，维修人员应做静电处理，以免击穿电子板上的电子元件。

（5）柜体接地电阻值不大于 4 Ω，动力电路及安全电路绝缘电阻值不低于 0.5 MΩ，控制电路绝缘电阻不低于 0.25 MΩ。对老化的导线应随时更换。

（6）三相桥式硅整流器工作一段时间后会产生老化现象，输出功率略有降低，电压会下降，可适当提高变压器的一次侧电压以获得补偿。

三、选层器

（1）选层器各部位应无油污及灰尘，滑动部位应加注规定油类，以保证各部位运转灵活可靠。

（2）调整选层器触头的动作间隙应准确，及时修复和更换磨损严重的碳金触头及弹性弱的弹簧，以保证选层器正常工作。

(3) 选层器钢带应保持每周在储油毡垫处注油，对锈蚀严重、断裂两处以上和连续缺齿的应更换。

(4) 胀带轮对钢带横向垂直中心不大于 3 mm，垂直偏差不大于 0.5 mm。

(5) 胀带装置底平面与底坑地平面距离：额定速度大于 2 m/s 时为（750±50）mm；大于 1 m/s 且小于 2 m/s 时为（550±50）mm；小于 1 m/s 时为（400±50）mm。

(6) 接地电阻值不大于 4 Ω。

四、曳引轮、导向轮

(1) 曳引轮、导向轮维修安装后，转动应自如，油路畅通。

(2) 曳引轮位置相对于导轨前后应不超过 2 mm，左右应不超过 1 mm。

(3) 导向轮、曳引轮垂直度误差不大于 0.5 mm，满载时曳引轮的最大误差不超过 2 mm。

(4) 滑动轴承磨损超过 0.3 mm 时应更换。

(5) 曳引轮各绳槽磨损下陷应一致，当最大差距达到曳引绳直径的 1/10 时，应重车绳槽或更换轮缘。对带切口的半圆槽绳轮，当绳槽磨损到切口深度小于 2 mm 时（大于1 mm），可重车绳槽或更换绳轮。但车修后，切口下面的轮缘厚度应不小于曳引钢丝绳直径。

(6) 导向轮、轿厢顶轮及对重轮轴承应每周加一次润滑油，每年清洗换油一次。对密封式滚动轴承，可半年加一次油。

(7) 曳引轮、轿厢顶轮、对重轮应设防止掉入杂物和曳引绳防止跳槽的装置。

(8) 曳引轮槽内不应加油，应经常使其保持清洁，如有油污应及时擦净。

五、厅门、轿厢门系统

(1) 厅门、轿厢门开关应平稳且无撞击声，开关门噪声不超过 65 dB。厅门锁应可靠，啮合深度大于等于 7 mm，侧隙为 1～3 mm；轿厢不在本层时厅门应能自动关闭；门锁开关应符合 GB 7588 中直接式安全开关的规定。

(2) 轿厢门开关限制力为 15～30 N，门限力开关动作应可靠；安全触板夹力不大于 5 N，光电开门装置动作应可靠。

(3) 厅门、轿厢门的门扇与门扇、门扇与门套、门扇与下端地坎的间隙为 1～8 mm，客梯不超过 6 mm；有防火要求的应符合防火规定尺寸。

(4) 门刀与层门地坎、门锁滚轮与轿厢门地坎的间隙应保证为 5～10 mm。

(5) 轿厢门扇及各层厅门门扇垂直度误差不大于 1 mm。

(6) 门吊轮下端的偏心轮和滑道下端的距离不大于 0.5 mm。

(7) 门扇对口缝不大于 2 mm，门扇对口平面偏差不大于 1 mm。

(8) 轿厢门打开时，与厅门、厅门框组成的门口均应平整，其平面相差不大于 5 mm。

(9) 开门机

1) 开门机的控制电阻值应符合设计规定。

2) 传动带松紧适度，一般以能用手指压下 10 mm 为宜。

3) 开门电动机炭刷磨损超过原长度的 1/2 时应更换。

4) 开关门平均速度为 0.3 m/s，关门时限为 3～3.5 s，开门时限为 2.5～3.0 s。

（10）厅门、轿厢门系统一般一个月进行一次检查、调整和清洁工作，并确保接线牢固，门扇运行平稳，门安全系统动作可靠。

六、轿厢、控制盘与显示系统

（1）轿厢内与层楼的显示准确，按钮正常齐全。

（2）外呼按钮灵敏可靠，消防开关应符合消防部门的规定和设计要求。

（3）轿厢各部分螺钉及斜拉杆应紧固，轿厢水平度不超过 1/1 000。

七、导轨

（1）导轨连接板、导轨压板、导轨支架及焊接部位均应无松动，无开焊，各部分螺栓紧固。导轨支架用螺栓固定的，导轨校正合格后，均应将导轨支架点焊。

（2）两根导轨间的距离偏差：轿厢侧导轨为 0～2 mm，对重侧导轨为 0～3 mm。

（3）导轨接头处允许台阶不大于 0.05 mm，如超过 0.05 mm 则应修平，其导轨接头处的修光长度为 250～300 mm。

（4）轿厢导轨与对重导轨对角线偏差一般不大于 3 mm。导轨垂直度每 5 m 不大于 0.6 mm（包括设安全钳的对重导轨），不设安全钳的 T 形对重导轨为 1.0 mm。

（5）带有自动润滑装置的导轨应定期加注润滑油，导轨下端应设接油盒；无润滑装置的导轨可直接涂抹钙基润滑脂；滚动导靴的导轨应保持清洁。

八、导靴

（1）导靴弹簧调整要符合电梯额定载荷的尺寸要求，弹性导靴头左、右伸出距离一般不超过 2 mm。靴衬与导轨顶面无间隙，侧隙保持在 0.5～1 mm，当侧隙磨损超过 1 mm，或顶面超过原厚度 1/4 时靴衬应更换。

（2）无弹簧导靴与导轨顶面间隙为 1～2 mm；对重导靴与导轨顶面间隙不大于 2.5 mm，当磨损量过大，使间隙超过上述数值时应更换靴衬。

（3）滚动导靴的滚轮应无异常声响，发现开胶、断裂、轴承损坏、胶轮磨损严重或出现脱圈时均应更换滚轮。

（4）润滑油应充足，导靴各处螺钉应紧固。

九、接线盒、电缆

（1）各接线盒接线端子应紧固，灰尘应清除；接线盒应做好接地，其电阻值不大于 4 Ω。

（2）电缆随线固定端绑扎应牢固，井道内固定端应在 1/2 井道全程加 1.5 m 处。轿厢在底层平层时，随线距坑底平面约 300 mm；轿底随线固定端应与井道固定端平行。随线在运行中有可能与井道其他部件的碰挂处应采取有效措施防止碰挂。

（3）随线接线端应用线鼻或涮锡的办法处理，并应压接牢固。涮锡时，严禁使用盐酸及强腐蚀物作焊剂。

（4）随线接地可采用其随线钢丝芯或用随线中的两根电线代替，其接地电阻值不大于 4 Ω。

十、对重

(1) 对重架应无变形且牢固可靠。

(2) 对重块应有压紧装置。

十一、平衡绳、平衡链

(1) 平衡绳头固定应牢固可靠，绳的张紧装置运行时上、下浮动要灵活，额定速度大于等于 2.5 m/s 时，应设防跳装置并设安全开关。

(2) 平衡链两固定端应设二次保护，运行时不得与其他物体碰挂。

十二、缓冲器

(1) 两个缓冲器水平不得超过 2 mm；缓冲器相对于轿厢或对重撞板中心位移不得超过 20 mm。

(2) 轿厢位于顶层或底层平层时，轿厢、对重装置的撞板与缓冲器顶面距离，弹簧式缓冲器为 200～350 mm，油压缓冲器为 150～400 mm。

(3) 油压缓冲器柱塞垂直度不大于±0.5 mm，压实后恢复时间不大于 120 s。

(4) 油压缓冲器应设安全开关，且开关灵活可靠。

(5) 油压缓冲器柱塞应有防锈措施，油缸内液压油应充足。

十三、底坑

(1) 底坑内应保持清洁。

(2) 底坑内不得有积水，消防专用梯底坑应符合消防部门规定。

(3) 底坑高度大于 1.6 m 时应设爬梯。

十四、运行性能

(1) 电梯平层准确度应达到各类型及不同速度电梯的要求。

(2) 轿厢与对重的平衡因数为 40%～50%，或按制造厂家的规定要求。

(3) 电梯曳引力要足够，应符合 GB 7588 附录 D2. H 中的规定。

(4) 电梯运行应正常平稳，加速度应符合 GB 10060—93 中的规定。

十五、其他

1. 油饰

对电梯的金属结构件应进行防锈蚀处理，如预埋件、导轨支架、线管、线槽、槽钢（工字梁）机房的控制框，曳引机、选层器、限速器及厅门门柜、轿厢等进行喷漆或油饰。

(1) 经油饰过的部位油漆颜色应协调，漆面平整光亮。

(2) 机房所有转动部位均须涂黄色油漆，并标有电梯升降方向；机房内应设有明显的电梯运行时所到的楼层标志。

(3) 轿厢内、控制柜宜涂（喷）阻燃油漆，缓冲器涂防锈漆。

（4）对厅门内侧隔音涂料不得涂漆，以免影响隔音效果。

2. 土建工程

（1）机房内的钢丝绳孔等应设防水台，高度不小于 50 mm，厅门地坎下及剔凿部位修补整齐。

（2）井道通风孔应设百叶窗。

（3）滑轮间地面应采用防滑材料。

（4）曳引机可站人的水泥平台高于机房地面 0.5 m 时，应设楼梯和护栏，护栏高度不低于 1.05 m。

3. 机房要求

（1）机房环境温度应保持在 5～40℃。

（2）机房内禁止无关人员进入，维修人员离开时应锁门。

（3）机房内不准堆放易燃易爆物品，灭火设备应可靠。

（4）机房内应注意防止雨水、鼠、雀和蛇等进入，并有防蟑螂措施，注意机房的温度调节。

第五节 自动扶梯的维修保养

一、梯路系统保养

1. 技术规程

（1）拆掉 3 只检修梯级。

（2）观察梯级导轨。

（3）检查梯级链条及张紧度。

（4）逐个检查梯级。

（5）查看梯级下陷保护装置。

（6）检查梯级两侧与挡轮间隙。

2. 检验标准

（1）运行时平稳，无异常噪声。

（2）梯级出入梳齿板时能对准中心，梳齿啮入梯槽内的深度符合标准。

（3）检查梯级下陷开关立杆的距离是否符合标准。

（4）防偏轮与梯级两侧面的距离必须调整到规定距离。

二、扶手系统保养

1. 技术规程

（1）检查扶手带的出入口。

（2）检查扶手带的运行速度是否与梯级同步。

（3）检查扶手带的表面和里面有无明显伤痕和摩擦迹象。

（4）检查扶手带的张紧度。
（5）检查扶手带转向端。
（6）检查扶手滑轮群及托辊。
（7）检查扶手带摩擦轮。
（8）进行扶手带表里的清洁工作。

2. 检验标准

（1）观察扶手带上、下运行时是否在护口中间。
（2）运行速度与梯级运行之差是否符合本企业标准。
（3）检查扶手带有无钢丝外露和伤痕，有则排除。
（4）扶手带的张紧度是否符合本企业标准，不符合则调整。
（5）滑轮群和托辊必须运转自如、平稳、无噪声。
（6）检查摩擦轮的磨损情况。

三、检查各安全保护装置

（1）每只安全开关必须性能可靠，灵敏，开关自如。
（2）注意调整开关与挡块的距离要求。

四、护壁板、内外盖板、围裙板的清洁工作

1. 技术规程

（1）扶手支架无明显污迹。
（2）护壁板光洁明亮，可用洗洁精喷洒后再用干布擦净。
（3）内、外盖板接缝平整，没有间隙。
（4）围裙板干净。

2. 检验标准

（1）无脏污、无油垢、无积尘。
（2）上、下端部安全标签完整无损。
（3）盖板接缝处无明显台阶。

五、梯路的清洁工作

1. 技术规程

（1）在拆掉的3个检修梯级的空挡处做导轨的清洁工作。
（2）用棉布擦净主、副导轨，如有脏污或硬垢应用铲刀刮铲除去。

2. 检验标准

（1）梯级主、副轮在导轨上行走时无噪声、无跳动。
（2）导轨上无油垢。

六、梯级的清洁工作和整体检查

1. 技术规程

（1）梯级的踏板和圆弧板处无油垢、灰尘。

（2）梯级的齿槽完整无损。

（3）梯级的滑块厚度符合标准。

（4）梯级主、副轮完整无损，运行平稳。

2. 检验标准

（1）梯级必须完好无损，清洁无污。

（2）梯级主、副轮外径及轴承必须符合本企业标准，无噪声。

（3）梯级滑块磨损度符合标准。

七、上、下机房的清洁工作

1. 技术规程

（1）上、下机房不得放置与自动扶梯无关的物品。

（2）所有机器、控制箱柜无污垢，无积水、油污、积灰。

（3）线路清晰、捆扎牢固，没有与运行、旋转部件发生摩擦或碰挂。

2. 检验标准

（1）上、下机房、盖板、前沿板槽沟内均清洁无油垢。

（2）线路无断线、脱线、脱皮。

八、润滑油的补充与更换

1. 技术规程

（1）减速箱的润滑油液面检查。

（2）加油装置的检查。

（3）梯级链、驱动链、扶手驱动链的润滑油补充。

（4）梯级滑块与围裙板之间的润滑。

（5）所有转动部位、活动部位、易锈部位的注油工作。

2. 检验标准

（1）要求所加的润滑油标号准确，油质优良，油量合适。

（2）电动机、减速箱运转无噪声、无异常发热。

（3）所有传动链的销轴和滚珠部位均保持有适当润滑油。

（4）梯级滑块与围裙板无摩擦噪声，有黄油润滑。

（5）转动部位、活动部位（如制动臂、销轴）、螺钉部位均无生锈、干涸缺油现象。

九、结束收尾工作

1. 技术规程

（1）装上 3 只检修梯级。

（2）试运转。
（3）盖好上、下前沿盖板。
（4）填写保养记录和自动扶梯保养周期表。

2. 检验标准

（1）交付完整、清洁、功能齐全的自动扶梯。
（2）表格填写清楚，保养人、接收人均有签名，接收无误。

第六节　楼梯升降机的维修保养

楼梯升降机的检修规程见表 4—1。

表 4—1　楼梯升降机的检修规程

序号	检查项目	内容	方法	判断方法
1	立柱、支撑件	紧固检查	观察	
		检查锈斑、裂纹、变形	观察	
2	导轨	紧固检查	观察	
		检查锈斑、裂纹、变形	观察	
3	终端保护装置	稳固、外观完好	观察	
4	充电装置	检查锈斑、裂纹、变形、磨损	观察	
		检查触头、功能，调整、紧固	万用表	充电时电压在 25.5 V 和 29.5 V（升降机停在充电位置时）
5	滚轮	检查锈斑、裂纹、变形	观察	
		检查上、下滚轮松紧度	观察	
		功能检查、调整	模拟测试	
		检查运行噪声、变形、磨损，清除杂物	观察	
6	驱动单元	检查运行噪声、变形、磨损、清除杂物	观察	
		检查并调整限速器、紧固销、功能测试和润滑		
7	护栏、扶手	护栏位置检查、功能测试、轴承处润滑和漏油检查	观察	
		锁紧装置功能测试和磨损检查	观察	
		检查磨损，清除杂物	观察	
8	底触板	检查变形，清除杂物	观察	
		检查紧固，功能测试	观察	

续表

序号	检查项目	内容	方法	判断方法
9	外召唤控制	检查接线是否紧固，功能测试		
		检查标记是否完好、线路外观检查	观察	
10	电动机	检查紧固	观察	
11	电路板	检查锈斑，清除杂物	观察	
		检查接线，紧固插接件	观察	
12	所有开关	检查破损、磨损，清除杂物	观察	
		检查、紧固接线，功能测试、调整	观察	
13	主电源开关	检查破损、清除杂物	观察	
		检查、紧固接线，功能测试	观察	
14	电池	检查锈蚀、清除杂物	观察	
		检查、紧固接线，功能测试，电压测量	万用表	每节电池电压最低为 6.3 V，电池电压相差最大为 0.2 V
15	充电器	检查锈蚀，清除杂物	观察	
		检查、紧固接线，功能测试	观察	
16	充电铜电刷	检查锈蚀、变形、磨损	观察	
		检查、紧固接线，功能测试	观察	
17	活动侧边	检查磨损、变形、清除杂物	观察	
		检查、紧固接线，功能测试及润滑	观察	
18	离合器	检查锈蚀、变形、噪声、磨损	观察	
		检查、紧固接线，功能测试、调整		
19	紧急解救装置	检查标记，功能测试		
20	其他	检查运行状况，检测各重要运行功能		
		信号接收器检查，功能测试		

第七节　垂直电梯的故障处理

电梯故障是指由于电梯机械零件或电气控制系统中的元件发生异常，导致电梯不能正常工作或严重影响乘坐舒适感，甚至造成人身伤害或设备事故的现象。

一、机械系统的故障

1. 机械系统常见故障现象和原因

（1）原因分析

1）由于润滑不良或润滑系统故障，造成部件的转动部位严重发热磨损或抱轴，导致滚动或滑动部位的零部件毁坏。

2）由于电梯频繁使用，某些零部件发生磨损、老化，保养不到位，未能及时更换或修复已磨损的部件，造成损坏进一步的扩大，迫使电梯停机。

3）电梯运行过程中由于振动引起某些紧固螺钉松动或松脱，使某些零部件（尤其是运动部件）工作不正常造成电梯损坏。

4）由于电梯平衡系统失调或严重超载，造成轿厢大的抖动或平层准确度差，导致电梯速度失控，甚至冲顶或蹾底，引起限速器—安全钳联动，电梯停机。

2. 机械系统故障处理

（1）电梯机械系统发生故障时，维修工应向电梯司机、管理员或乘客了解出现故障时的情况和现象。如果电梯仍可运行，可让司机、管理员采用点动方式让电梯上、下运行，维修工通过耳听、手摸、测量等方式分析判断故障点。

（2）故障发生点确定后，按有关技术规范的要求，仔细进行拆卸、清洗、检查测量，通过检查确定造成故障的原因，并根据机件的磨损和损坏程度进行修复或更换。

（3）电梯机件经修复或更换后，投入运行前必须经认真检查和调试合格，才可交付使用。

二、电气控制系统的故障和修理

1. 电气控制系统常见故障

（1）从电梯电气故障发生的范围看，最常见的是门机系统故障和电气组件接触不良。造成门机系统和电气组件故障多的原因，主要有元件的质量、安装调试的质量、维护保养质量等。

（2）从电气故障的性质看，主要是短路和断路两类：

1）短路就是由于某种原因，使不该接通的回路连通或接通后线路内电阻很小。电梯常见短路故障原因有方向接触器或继电器的机械和电子连锁失效，可能产生接触器或继电器抢动作而造成短路；接触器的主接点接通或断开时，产生的电弧使周围的介质或电气组件的介质被击穿而短路；电气组件的绝缘材料老化、失效、受潮造成短路；由于外界原因造成电气组件的绝缘破坏以及外材料入侵造成短路。

2）断路就是由于某种原因，造成应连通的回路不通。引起断路的原因主要有电气组件引入引出线松动；回路中作为连接点的焊接虚焊或接触不良；继电器或接触器的触头被电弧烧毁；触头表面有氧化层；触头的簧片被接通或断开时产生的电弧加热，冷却后失去弹力，造成触头的接触压力不够；继电器或接触器吸合或断开时，由于抖动使触头接触不良等。

2. 电气控制系统故障的判断和排除

判断电气控制系统故障的根据就是电梯控制原理。因此要迅速排除故障，必须掌握地区控制系统的电路图，搞清楚电梯从定向、启动、加速、满速运行、到站预报、换速、平层、开关门等全过程各环节的工作原理，各电气组件之间的相互控制关系，各电气组件、继电器、接触器及其触头的作用等。

在判断电梯电气控制故障之前，必须彻底了解故障现象，才能根据电路图及故障现象迅速准确地分析判断故障的原因，并找到故障点。

垂直电梯电气控制系统常见故障及处理方法见表4—2。

表 4—2　　垂直电梯电气控制系统常见故障及处理方法

故障现象	故障原因	处理方法
局部回路熔丝经常烧断	该组件或导线碰地	查出碰地点，酌情处理
	某继电器绝缘垫击穿	加强绝缘片绝缘或更换继电器
	熔丝容量过小	按额定电流选用适当熔丝
主回路熔丝经常烧断（或主回路开关经常跳闸）	部分原因同上	对应处理同上
	启动、制动时间设定过长或过短	按电梯技术说明书调整启动、制动时间
	启动、制动电抗器（电阻）接头压片松动	紧固接头
闭合基站钥匙开关，基站电梯不能开门	厅外开关门钥匙开关接触不良或损坏	更换钥匙开关
	开门第一限位开关的接点接触不良	更换限位开关
	基站厅外开关门控制开关接点接触不良或损坏	更换开关门控制开关
	开门继电器损坏或其控制电路有故障	更换继电器或检查故障线路并修复
按关门按钮不能关门	关门继电器损坏或关门回路有故障	更换继电器或检查关门回路并修复
	关门第一限位开关触点接触不良	更换限位开关
	安全触板卡死或开关损坏	调整安全触板或更换触板开关
	门区光电保护装置故障	修复、调整或更换
电梯运行时轿厢有异常或噪声	导轨润滑不良	清洗导轨并加油
	导向轮或反绳轮与轴套润滑不良	清洗并更换润滑油脂
	感应器与隔磁板碰撞	调整感应器或隔磁板位置
	导靴靴衬磨损严重	更换靴衬
	滚动靴轴承磨损	更换轴承
	制动器间隙过大或过小	调整制动器间隙
	轿厢顶挂件松动或井道有异物	紧固挂件，清除异物
关门时门区保护装置失灵	安全触板的行程开关短路	检查门控开关，排除短路点或更换
	安全触板传动机构失灵	调整安全触板传动机构，使其灵活可靠
	安全触板微动开关被卡死，不能动作	修复或更换微动开关
	门区光电感应、光幕失灵	检查并修复

第八节　自动扶梯的故障处理

自动扶梯常见部分故障及处理方法见表 4—3。

表 4—3　　自动扶梯常见部分故障及处理方法

故障现象	故障原因	处理方法
梳齿板保护开关动作	梯级进入梳齿板时有异物	清理异物
	梯级与梳齿有碰撞	调整梳齿板或个别梯级
扶手带入口保护开关动作	扶手带入口处有异物	清除异物，并开关复位
	扶手带与扶手带入口安全护口之间间隙太小	重新调整间隙
围裙板保护开关动作	梯级与围裙板之间有异物	清除异物，并使围裙板及开关复位
	围裙板受碰撞	检查排除受撞击的原因并开关复位
	梯级因跑偏而挤压到围裙板	排除梯级跑偏的故障
踏板开关动作	踏板开关行程不到位	重新调整开关
室外梯水位开关动作	下部机房有积水	清理积水，排除积水因素
	水位开关故障	更换开关

第九节　维修工具及仪器仪表的使用

一、万用表等常用电工仪表的构造和使用

1. 万用表

万用表又称三用表，是一种多量程和测量多种电量的便携式电子测量仪表。一般的万用表以测量电阻，交、直流电流，交、直流电压为主。有的万用表还可以用来测量音频电平、电容量、电感量和三极管的β值等。

由于万用表结构简单，便于携带，使用方便，用途多样，量程范围广，因而是维修仪表和调试电路的重要工具，是一种最常用的测量仪表。

万用表的种类很多，按其读数方式可分为模拟式万用表和数字式万用表两类。

（1）模拟式万用表。模拟式万用表是通过指针在表盘上摆动的幅度来指示被测量的数值，因此也称为机械指针式万用表。由于其价格便宜、使用方便、量程多、功能全，深受使用者的欢迎。

1）模拟式万用表的组成。模拟式万用表在结构上主要由表头（指示部分）、测量电路、转换装置三部分组成。模拟式万用表的面板上有带有多条标度尺的刻度盘、转换开关旋钮、调零旋钮和接线插孔等。

①表头。模拟式万用表的表头一般都采用灵敏度高、准确度好的磁电式直流微安表。这是模拟式万用表的关键部件，模拟式万用表的性能，很大程度上取决于表头的性能。表头的基本参数包括表头内阻、灵敏度和直线性，这是表头的三项重要技术指标。表头内阻是指动圈所绕漆包线的直流电阻，严格讲还应包括上、下两盘游丝的直流电阻。内阻高的模拟式万用表性能好。多数模拟式万用表表头内阻在几千欧姆。表头灵敏度是指表头指针达到满刻度偏转时的电流值，这个电流数值越小，说明表头灵敏度越高，该表头特性就越好。通电测试

前，表针必须准确地指向零位。通常表头灵敏度只有几微安到几百微安。表头直线性是指表针偏转幅度与通过表头电流幅度是相互一致的。

②测量电路。测量电路是模拟式万用表的重要部分。正因为有了测量电路才使模拟式万用表成了多量程电流表、电压表、欧姆表的组合体。

模拟式万用表测量电路主要由电阻、电容、转换开关和表头等部件组成。在测量交流电量的电路中，使用了整流器件，将交流电变换成为直流电，从而实现对交流电量的测量。

③转换装置。转换装置是用来选择测量项目和量限的。主要由转换开关、接线柱、旋钮、插孔等组成。转换开关是由固定触头和活动触头两大部分组成。通常将活动触头称为刀，固定触头称为掷。模拟式万用表的转换开关是多刀多掷的，而且各刀之间是联动的。转换开关的具体结构因模拟式万用表的不同型号而有差异。当转换开关转到某一位置时，活动触头就和某个固定触头闭合，从而接通相应的测量电路。

2）模拟式万用表表盘。模拟式万用表是可以测量多种电量，具有多个量程的测量仪表，为此模拟式万用表表盘上都印有多条刻度线，并附有各种符号加以说明。电流和电压的刻度线为均匀刻度线，欧姆挡刻度线为非均匀刻度线。不同电量用符号和文字加以区别。直流量用“－”或“DC”表示，交流量用“～”或“AC”表示，欧姆刻度线用“Ω”表示。为便于读数，有的刻度线上有多组数字。多数刻度线没有单位，为了便于在选择不同量程时使用。

3）正确使用方法。模拟式万用表的类型较多，面板上的旋钮、开关的布局也有所不同。所以在使用万用表之前，必须仔细了解和熟悉各部件的作用，认真分清表盘上各条刻度线标度所对应的量，详细阅读使用说明书。模拟式万用表的正确使用应注意以下几点：

①在使用之前应检查表针是否在零位上，如不在零位上，可用小旋具调节表盖上的调零器（即螺钉式旋钮），进行机械调零，使表针指在零位。

②面板上的插孔都有极性标记，测直流时，注意正、负极性。用欧姆挡判别二极管极性时，注意“＋”插孔接表内电池的负极，而“－”插孔（也有标为“*”插孔）接表内电池正极。

③量程转换开关必须拨在需测挡位置，不能拨错。如在测量电压时，误拨在电流或电阻挡，将会损坏表头。

④在测量电流或电压时，如果对被测电流电压大小心中无数，应先拨到最大量程上试测，防止表针打坏。然后再拨到合适量程上测量，以减小测量误差。注意，不可带电转换量程开关。

⑤在测量直流电压、电流时，正负端应与被测的电压、电流的正负端相接。测电流时，要把电路断开，将表串接在电路中。测量电压时，将表并接在电路中。

⑥测量高压或大电流时，要注意人身安全。测试表笔要插在相应的插孔里，量程开关拨到相应的量程位置上。测量前，还要将万用表架在绝缘支架上，被测电路切断电源，电路中有大电容的应将电容短路放电，将表笔固定接好在被测电路上，然后再接通电源测量。注意不能带电拨动转换开关。

⑦测量交流电压、电流时，注意必须是正弦交流电压、电流。其频率，也不能超过说明书上的规定。

⑧测量电阻时，首先要选择适当的倍率挡，然后将表笔短路，调节“调零”旋钮，使表针指零，以确保测量的准确性。如“调零”旋钮不能将表针调到零位，说明电池电压不足，需更换新电池，或者内部接触不良需修理。不能带电测电阻，以免损坏仪表。在测大阻值电阻时，不要用双手分别接触电阻两端，防止人体电阻并联造成测量误差。每换一次量程，都要重新调零。不能用欧姆挡直接测量微安表表头、检流计、标准电池等仪器、仪表的内阻。

⑨在表盘上有多条标度尺，要根据不同的被测物理量读数。测量直流量时，读“DC”或“—”那条标度尺，测交流量时读“AC”或“～”标度尺，标有“Ω”的标度尺为测量电阻时使用。

⑩每次测量完毕，将转换开关拨到交流电压最高挡，防止他人误用而损坏万用表。也可防止转换开关误拨在欧姆挡时，表笔短接而使表内电池长期耗电。模拟式万用表长期不用时，应取出电池，防止电池漏液腐蚀和损坏万用表内零件。

（2）数字式万用表。数字式万用表是采用集成电路模/数转换器和液晶显示器，将被测量的数值直接以数字形式显示出来的一种电子测量仪表。

1）数字式万用表的主要特点

①数字显示，直观准确，无视觉误差，并具有极性自动显示功能。

②测量精度和分辨率都很高。

③输入阻抗高，对被测电路影响小。

④电路的集成度高，便于组装和维修，使数字万用表的使用更为可靠和耐久。

⑤测试功能齐全。

⑥保护功能齐全，有过压、过流保护，过载保护和超输入显示功能。

⑦功耗低，抗干扰能力强，在磁场环境下能正常工作。

⑧便于携带，使用方便。

2）组成与工作原理。数字式万用表是在直流数字式电压表的基础上扩展而成的。为了能测量交流电压、电流、电阻、电容、二极管正向压降、三极管放大系数等电量，必须增加相应的转换器，将被测电量转换成直流电压信号，再由A/D转换器转换成数字量，并以数字形式显示出来。数字式万用表的基本结构如图4—2所示，由功能转换器、A/D转换器、LCD显示器（液晶显示器）、电源和功能/量程转换开关等构成。

常用的数字式万用表显示数字位数有三位半、四位半和五位半之分。对应的数字显示最大值分别为1 999、19 999和199 999，并由此构成不同型号的数字式万用表。

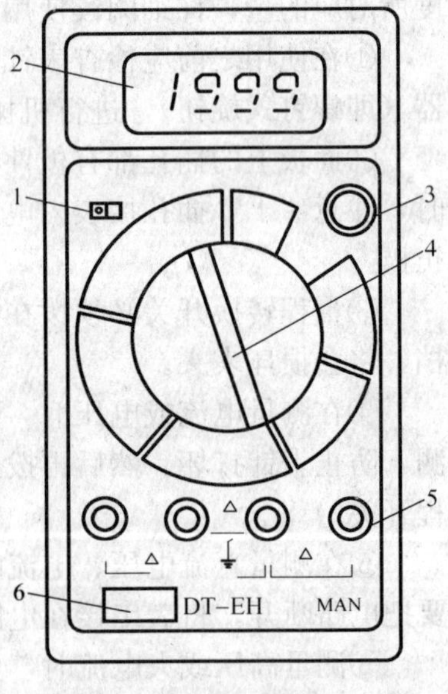

图4—2　数字式万用表的基本结构

1—电源开关　2—LCD显示器

3—h_{FE}插口　4—量程选择器

5—插孔　6—铭牌

3）使用方法

①直流电压测量。将黑色表笔插入COM（公用）插孔，红色表笔插入VΩ插孔。将功能开关置于DCV量程范围，并将表笔并接在被测负载或信号源上，在显示电压读数时，同时会指示出红表笔的极性。

注意事项

a. 在测量之前不知被测电压的范围时，应将功能开关置于高量程挡后逐步调低。

b. 仅在最高位显示“1”时，说明已超过量程，须调高一挡。

c. 不要测量高于 1 000 V 的电压，虽然有可能读得读数，但可能会损坏表的内部电路。

d. 特别注意在测量高压时，避免人体接触到高压电路。

②交流电压测量。将黑表笔插入 COM 插孔，红表笔插入 VΩ 插孔。将功能开关置于 ACV 量程范围，并将测试笔并接在被测量负载或信号源上。

注意事项

a. 同直流电压测试注意事项 a、b、d 项。

b. 不要测量高于 750 V 有效值的电压，虽然有可能读得读数，但可能会损坏表的内部电路。

③直流电流测量。将黑表笔插入 COM 插孔。当被测电流在 2 A 以下时红表笔插入 A 插孔；如被测电流在 2～10 A 之间，则将红表笔移至 10 A 插孔。功能开关置于 DCA 量程范围，测试表笔串入被测电路中。红表笔的极性将在数字显示的同时指示出来。

注意事项

a. 如果被测电流范围未知，应将功能开关置于高挡后逐步调低。

b. 仅最高位显示“1”说明已超过量程，须调高量程挡级。

c. A 插口输入时，过载会将表内的熔丝熔断，须更换相应规格的熔丝。

d. 20 A 插口没有用熔丝，测量时间应小于 15 s。

④交流电流测量。测试方法和注意事项与直流电流测量类似。

⑤电阻测量。将黑表笔插入 COM 插孔，红表笔插入 VΩ 插孔（注意红表笔为“+”极）。将功能开关置于所需量程上，将测试表笔跨接在被测电阻上。

注意事项

a. 当输入开路时，会显示过量程状态“1”。

b. 如果被测电阻超过所用量程，则会指示出量程“1”，须换用高挡量程。当被测电阻在 1 MΩ 以上时，本表须数秒后方能稳定读数。对于高电阻测量这是正常的。

c. 检测在线电阻时，须确认被测电路已切断电源，同时相关电容器已放电完毕。方能进行测量。

⑥二极管测量。将黑表笔插入 COM 插孔，红表笔插入 VΩ 插孔（注意红表笔为“+”极）。将功能开关置于欧姆挡，并将测试表笔跨接在被测二极管上。

注意事项

a. 当输入端未接入时（即开路），显示过量程“1”。

b. 通过被测二极管的电流为 1 mA 左右。

c. 本表显示值为正向压电压特值，当二极管反接时则显示过量程“1”。

⑦三极管 h_{FE} 测量

a. 将功能开关置于 h_{FE} 挡上。

b. 先认定三极管是 PNP 型还是 NPN 型，然后再将被测管 E、B、C 三脚分别插入面板对应的三极管插孔内。

c. 此表显示的则是 h_{FE} 近似值，测试条件为基极电流 10 μA，U_{ce} 约为 2.8 V。

4）维护事项

①不要接到高于 1 000 V 直流或有效值 750 V 交流以上的电压上去。

②切勿误接量程以免内、外电路受损。

③仪表后盖未完全盖好时切勿使用。

2. 兆欧表

兆欧表又称摇表，表面上标有符号“MΩ”（兆欧），是测量高电阻的仪表。一般用来测量电机、电缆、变压器和其他电气设备的绝缘电阻，因而也称绝缘电阻测定器。电气设备投入运行前，绝缘电阻应该符合要求。如果绝缘电阻降低（往往由于受潮、发热、受污、机械损伤等因素所致），不仅会造成较大的电能损耗，严重时还会造成设备损伤或人身伤亡事故。

常用的国产兆欧表型号有 ZC-7、ZC-11、ZC-25，进口的有 HIOKI 3454，3453，3455-20。兆欧表的额定电压有 250 V、500 V、1 000 V、2 500 V 等几种；测量范围有 50 MΩ、1 000 MΩ、2 000 MΩ 等几种。

（1）兆欧表正确使用。在兆欧表上有三个接线端钮，分别标为接地端 E、被测线路端 L 和屏蔽端 G。一般测量仅用 E、L 两端，E 通常接地或接设备外壳，L 接被测线路，电动机、电器的导线或绕组。测量电缆芯线对外皮的绝缘电阻时，为消除芯线绝缘层表面漏电引起的误差，还应在绝缘上包以锡箔，并使之与 G 端连接。这样就使得流经绝缘表面的电流不再经过流比计的测量线圈，而是直接流经 G 端构成回路，所以，测得的绝缘电阻只是电缆绝缘的体积电阻。

（2）兆欧表的正确操作规程及注意事项

1）测量前，应正确选用仪表，使仪表的额定电压与被测电气设备的额定电压相适应，额定电压 500 V 及以下的电气设备一般选用 500～1 000 V 的兆欧表，500 V 以上的电气设备选用 2 500 V 兆欧表，高压设备选用 2 500～5 000 V 兆欧表。

2）使用兆欧表时，首先鉴别兆欧表的好坏，在未接入被试品时，先驱动兆欧表，其指针可以上升到“∞”处，然后再将两个接线端钮短路，慢慢摇动兆欧表，指针应指到“0”处，符合上述情况说明兆欧表是完好的，否则不能使用。

3）使用时必须水平放置，且远离外磁场。

4）接线柱与被试品之间的两根导线不能铰线，应分开单独连接，以防止导线因铰线绝缘不良而影响读数。

5）测量时，转动手柄应由慢渐快并保持 120 r/min 转速，待调速器发生滑动后，即为稳定的读数，一般应取 1 min 后的稳定值。如发现指针指零时，不允许再继续摇动，以防止仪表线圈损坏。

6）在雷电天气和邻近有带高压导体的设备时，禁止使用兆欧表进行测量，只有在设备不带电，而又不可能受到其他感应电而带电时，才能进行。

7）在进行测量前、后对被试品一定要进行充分放电，以保障设备及人身安全。

8）测量电容性电气设备的绝缘电阻时，应在取得稳定值读数后，先取下测量线，再停止转动手柄。测完后，立即对被测设备接地放电。

9）避免剧烈长期振动，使表头受损而影响刻度指示。

10）仪表在不使用时，应放在固定的地方，环境温度不宜太热和太冷，切勿放在潮湿、污秽的地面上，并避免置于含腐蚀作用的气体环境中。

3. 接地摇表

接地摇表又称接地电阻摇表、接地电阻表、接地电阻测试仪。接地摇表按供电方式可分为传统的手摇式、电池驱动式；接地摇表按显示方式可分为指针式和数字式；接地摇表按测量方式可分为打地桩式和钳式。目前传统的手摇接地摇表几乎无人使用，比较普及的是指针式或数字式接地摇表，在电力系统以及电信系统比较普及的是钳式接地摇表。

（1）接地电阻测试仪设置的技术要求

1）接地电阻测试仪应放置在离测试点 1～3 m 处，放置应平稳，便于操作。

2）每个接线头的接线柱都必须接触良好，连接牢固。

3）两个接地极插针应设置在离待测接地体左右分别为 20 m 和 40 m 的位置；如果用一直线将两插针连接，待测接地体应基本在这一直线上。

4）不得用其他导线代替随仪表配置来的 5 m、20 m、40 m 长的纯铜导线。

5）如果以接地电阻测试仪为圆心，则两支插针与测试仪之间的夹角最小不得小于 120°，更不可同方向设置。

6）两插针设置的土质必须坚实，不能设置在泥地、回填土、树根旁、草丛等位置。

7）雨后连续 7 个晴天之后才能进行接地电阻的测试。

8）待测接地体应先进行除锈等处理，以保证可靠的电气连接。

（2）接地电阻测试仪的操作要领

1）接地电阻测试仪设置符合规范后才能开始接地电阻值的测量。

2）测量前，接地电阻挡位旋钮应旋在最大挡位，即×10 挡位，调节接地电阻值旋钮应放置在 6～7 Ω 位置。

3）缓慢转动手柄，若检流表指针从中间的 0 平衡点迅速向右偏转，说明原量程挡位选择过大，可将挡位选择到×1 挡位；如偏转方向仍如前，可将挡位选择转到×0.1 挡位。

4）通过步骤 3）选择后，缓慢转动手柄，检流表指针从 0 平衡点向右偏移，则说明接地电阻值仍偏大，在缓慢转动手柄的同时，接地电阻旋钮应缓慢顺时针转动。当检流表指针归 0 时，逐渐加快手柄转速，使手柄转速达到 120 r/min，此时指示的电阻值乘以挡位的倍数就是测量接地体的接地电阻值。如果检流表指针缓慢向左偏转，说明接地电阻旋钮所处的阻值小于实际接地阻值，可缓慢逆时针旋转，调大仪表电阻指示值。

5）如果缓慢转动手柄时，检流表指针跳动不定，说明两支接地插针设置的地面土质不密实或有某个接头接触点接触不良，此时应重新检查两插针设置的地面或各接头。

6）用接地电阻测量仪测量静压桩的接地电阻时，检流表指针在 0 平衡点处有微小的左右摆动是正常的。

7）当检流表指针缓慢移到 0 平衡点时，才能加快仪表发电机手柄的转速，手柄额定转速为 120 r/min。严禁在检流表指针仍有较大偏转时加快手柄的旋转速度。

8）测量仪表使用后，阻值挡位要放置在最大位置即×10 挡位。整理好三条随仪表配置来的测试导线，清理两插针上的脏物，装袋收藏。

4. 钳型电流表

钳型电流表是一种相当方便的测量仪器，其最大的特点就是不需剪断导线就能测量电流值。当用一般电表测量电流时，需要把导线剪断并把电表连接到被测电路，但是使用钳型电流表时只要把钳表夹在导线上便可测量电流。此种测量方式最大的益处就是可以测量大电流而不需切断被测电路。

（1）使用方法

1）测量前要机械调零。

2）选择合适的量程，先选大量程，后选小量程，或看被测件铭牌值估算。

3）当使用最小量程测量，其读数还不明显时，可将被测导线多绕几匝，匝数要以钳口中央的匝数为准，则读数值为（指示值×量程）/（满偏×匝数）。

4）测量时，应使被测导线处在钳口的中央，并使钳口闭合紧密，以减少误差。

5）测量完毕，要将转换开关放在最大量程处。

（2）注意事项

1）被测线路的电压要低于钳表的额定电压。

2）测高压线路的电流时，要戴绝缘手套，穿绝缘鞋，站在绝缘垫上。

3）钳口要闭合紧密，不能带电转换量程。

5. 电流表

用来测量电路中电流大小的仪表称为电流表，具体可分为测量直流电流的直流电流表和测量交流电流的交流电流表。使用时，必须让电流表与被测电路相串联，并且要求电流表的内阻尽可能小。使用直流电流时，还应该注意极性的选择，避免指针反偏而损坏仪表。常用的直流电流表是磁电系电流表，规格型号如1C2-A；交流电流表是电磁系电流表，规格型号如1T1-A。

6. 电压表

用来测量电路中两点电压的仪表称为电压表。电压表可分为直流电压表和交流电压表。使用时，必须让电压表与被测电压两端相并联，并且要求电压表的内阻尽可能大。使用直流电流时应该注意极性的选择，避免出现指针反偏。常用的直流电压表是磁电系电压表，规格型号如1C1-V；交流电压表是电磁系电压表，规格型号如1T1-V。

二、电动工具的使用

1. 电动工具安全使用的一般要求

（1）移动式电动工具和手持电动工具的单相电源线必须使用三芯软橡胶电缆；三相电源线必须使用四芯软橡胶电缆。接线时，电缆线护套应穿进设备的接线盒内并予以固定。

（2）电动工具使用前应检查的项目

1）对照铭牌查看一下所选用的工具型号及技术性能是否满足工作内容需要。

2）外壳、手柄是否完好无损。

3）软导线是否完好无损。

4）外壳接地、接零保护线连接是否正确。

5）接线插头是否完好，插头数是否正确。手动开关是否灵活，有无异常。

6）漏电保护器动作是否灵敏。

7）机械转动部分是否灵活，且无障碍；保护装置是否完好。

（3）电动工具的绝缘电阻应定期用500 V的兆欧表进行测量，如带电部件与外壳之间绝缘电阻达不到2 MΩ时，必须进行维修处理。电动工具的电气部分经维修后，必须进行绝缘电阻测量及绝缘耐压试验。

（4）电动工具的操作开关应置于操作人员伸手可及的部位。休息、下班或工作中突然停电，应切断电源侧开关。

（5）使用可携式或移动式电动工具时，必须戴绝缘手套或站在绝缘垫上；使用移动电动工具时，不得提着电线或工具的转动部分。在金属构架上或潮湿地上应使用Ⅲ类绝缘的电动工具，并设专人监护。

（6）磁力吸盘电钻的磁盘平面应平整、干净、无锈。进行侧钻或仰钻时，应采取防止失电后钻体坠落的措施。

（7）使用电动扳手时，应将反力矩支点靠牢并确实扣好螺帽后方可开动。

（8）砂轮机使用前，应检查砂轮有无外伤、裂纹，然后进行空转试验，无问题方可使用。由于砂轮机转数高且有一定质量，打磨时与物件接触点要求比较严格，所以稳定性较差。使用时，操作者精力要集中，需戴防护镜。磨削时，应避免撞击，且用砂轮正面磨削，禁止使用砂轮侧面。防止砂轮破碎伤人，安装砂轮时，砂轮与两侧板之间应加柔软垫片，严禁猛击螺帽。使用时，操作人员应站在侧面，不得两人同时使用一个砂轮。砂轮片有效半径磨损达2/3时必须更换。

2. 手持电动工具的安全操作

（1）使用手电钻、冲击钻、电锤的注意事项

1）金属外壳要有接地或接零保护。塑料外壳应防止碰、磕、砸，不要与汽油及其他溶剂接触。

2）钻孔时不宜用力过大过猛，以防止工具过载；转速明显降低时，应立即把稳，减少施加的压力；突然停止转动时，必须立即切断电源。

3）安装钻头时，不许用锤子或其他金属制品物件敲击。手拿电动工具时，必须握持工具的手柄，禁止一边拉软导线，一边搬动工具，要防止软导线擦破、割破和被轧坏等。

4）较小的工件在被钻孔前，必须先固定牢靠，这样才能保证钻孔时工件不随钻头旋转，保证操作者的安全。

5）外壳的通风口（孔）必须保持畅通；必须注意防止切屑等杂物进入机壳内。

（2）使用手持电动砂轮、坡口机的注意事项

1）选用结构特性符合被磨削材料性质的砂轮，使用前应进行全面的性能检查，然后由专人安装。

2）应选用可调式砂轮防护罩，以便随时根据工作要求进行调整；其圆周和侧面的最大外露角不要超过180°；使用时磨削速度不能高于砂轮的额定速度。

3）磨削或切割时，应均匀地施力，切勿施力过大，以防砂轮破碎；操作人员应戴上防护镜。

4）手拿砂轮时，应注意使其不要碰撞或磕碰到坚硬的金属等物体上；砂轮应远离油脂、

水或其他溶剂。

（3）使用手持电锯、电刨的注意事项

1）在使用电锯和电刨时，应将导线搭在身上，以保证导线不会被锯齿和电刨刃刮割。

2）操作时，施力的大小必须适当，不要把圆锯盘硬挤在工件缝隙内，要在锯齿不与工件接触时启动或停止；当锯程开始或结束时，操作应格外小心，此时锯齿露在外边，极易伤人。

3）当工件物料较短时，无论对其刨还是锯之前，都要夹固牢靠后方可开始操作。

4）手持电锯面板的上方和下方必须装防护罩，为盖住外露的锯齿，下方的防护罩应能够自动返回。

初级工理论知识考核模拟试题

一、填空题（将正确答案填在空格内，每空格 1 分，共 20 分）

1. 用模拟式万用表测量电阻时要合理选择________挡，测量时，表针指示最好靠近________。

2. 兆欧表在使用接线前，应先转动摇表，看指针是否在______处，再将________短接，慢慢转动摇把，看指针是否为__________。

3. 接地电阻测量时，接地线路要与被保护的设备__________。

4. 保证城市轨道交通运营安全，确保人民生命、财产安全，是每一个城市轨道交通员工的天职。城市轨道交通员工必须牢固树立______________的思想，认真贯彻________________的方针，加强安全基础设施建设，提高自身素质，严格劳动纪律，认真执行规章制度，落实安全岗位责任制。

5. 行灯的电压不能超过______V。

6. 故障（事故）抢修必须坚持______________的原则。

7. 液压梯分为__________和__________两种。

8. 曳引绳传动比是指__________速度与__________之比。

9. 机械制动装置由__________和__________组成。

10. 电梯使用的制动器一般采用________供电。

11. 端站保护的最后一道防线是________________开关。

12. 在扶梯速度意外降低至额定速度的 20%时，________动作；扶梯出现逆方向运行时，在速度为 0 前，__________动作，使扶梯停止。

二、判断题（下列判断正确的请打“√”，错误的打“×”，每小题 1 分，共 20 分）

1. 中间驱动装置位于桁架的中部，是用牵引齿条来代替牵引链条。 （ ）

2. 工作制动器一般装在电动机的高速轴上，常采用常开式。 （ ）

3. 自动扶梯的性能和质量很大程度取决于梯级的质量和性能。 （ ）

4. 乘客能用钥匙打开厅门。 （ ）

5. 如果电磁制动器失电，制动瓦将抱闸。 （ ）

6. 电梯的动力传递由曳引绳与绳槽的摩擦力来完成。 （ ）

7. 制动器未完全释放或调整不当，扶梯不能启动。 （ ）

8. 对重导轨和轿厢导轨的规格相同。 （ ）

9. 张紧轮装置安装在底坑内，起保护作用。 （ ）

10. 安全钳动作后，经复原后即可重新工作。 （ ）

11. 超载保护装置实际上是通过称重装置给出超载信号，反馈给控制电路。 （ ）

12. 载货电梯可以搭载运送货物的人员。 （ ）

13. 当大楼发生火灾时，楼内的人员应搭乘客梯尽快离开。 （ ）

14. 扶手带速度应与梯级速度同步。 （ ）

15. 在底坑工作时，应断开限速器张紧装置的安全开关和底坑检修箱急停开关。（　　）

16. 超速保护开关动作时，电梯报警后仍可以运行。（　　）

17. 轿厢应急照明应能让乘客看清有关报警的文字说明。（　　）

18. 在电、扶梯电气控制系统中零线和地线可以共用。（　　）

19. 主制动器在动力电源和控制电源失电的情况下自动动作。（　　）

20. 机房的环境温度应保持在 0～45℃，否则应采取降温、保暖措施。（　　）

三、单项选择题（下列每题的选项中，只有 1 个是正确的，请将其代号填在横线空白处，每小题 1 分，共 30 分）

1. 当上行扶梯驱动链断裂时，可以将扶梯制动的主要部件是________。

A. 主制动器　　B. 辅助制动器

C. 断链安全开关　　D. 防逆转开关

2. 电梯开门过程一般要实现________。

A. 快—慢—更慢　　B. 快—慢—快

C. 慢—快—慢　　D. 快—快—慢

3. 电梯门连锁的作用为________和接通电梯控制回路。

A. 锁住厅门　　B. 锁住轿厢门

C. 锁住厅门和轿厢门

4. 电梯极限开关的作用是在失控电梯轿厢冲顶或撞底前切断________。

A. 安全控制回路　　B. 制动器电源

C. 总电源

5. 液压电梯防爆阀的作用是防止________而导致轿厢下滑。

A. 油缸爆裂　　B. 油管爆裂

C. 单向阀爆裂

6. 电、扶梯的控制回路绝缘电阻应不低于________MΩ。

A. 0.5　　B. 0.25

C. 0.20　　D. 1

7. 当电梯运行到底层或首层时，首先碰到的运行安全保护装置为________。

A. 极限开关　　B. 限位开关

C. 换速开关

8. 电、扶梯减速箱的作用是为了降低________。

A. 输出转速　　B. 自锁功能

C. 输出转距

9. 额定速度大于 0.6 m/s 的公共交通型扶梯其出入口导向段，即梯级的前缘离开梳齿和梯级的后缘进入梳齿，至少应有一段__________m 的水平移动距离。

A. 1　　B. 1.2

C. 1.6　　D. 2

10. 电、扶梯需手动盘车时，需________人同时进行操作。

A. 1　　B. 2

C. 3

11. 电梯门区位置是电梯最________的地方之一。

A. 安全　　B. 危险

C. 适合检修工作

12. 当电梯下行失控时，如果达到限速器动作速度时，超速保护开关首先断开________回路后，同时使安全钳动作。

A. 主电源　　B. 控制

C. 制动器

13. 当电梯下行失控时，其限速器开关超过额定速度________时，限速器开关动作。

A. 110%　　B. 115%

C. 120%　　D. 130%

14. 液压电梯的运行速度的调节是通过________来进行调节。

A. 爆破阀　　B. 单向阀

C. 比例阀　　D. 溢流阀

15. 电梯的运行速度不低于额定速度的________。

A. 90%　　B. 92%

C. 95%　　D. 98%

16. 限速器动作时，限速器绳的最大张力应不小于安全钳提拉力的________倍。

A. 1.5　　B. 2

C. 3　　D. 5

17. 当自动扶梯的倾斜角为35°且提升高度不超过6 m时，速度不大于________m/s。

A. 0.9　　B. 0.75

C. 0.65　　D. 0.5

18. 电梯电器设备灭火时，严禁用________灭火。

A. 干粉灭火器　　B. 1211灭火器

C. 沙土　　D. 水

19. 在电梯作业中，应采用________进行照明。

A. 日常照明灯　　B. 带防护罩的安全灯

C. 应急灯　　D. 防爆灯

20. 在电梯机房进行维修、检查、清洁时，应断开________。

A. 电源总开关　　B. 急停开关

C. 限速开关　　D. 照明开关

21. 机房温度不低于________℃。

A. 10　　B. 40

C. 5　　D. 15

22. 当发现多根曳引绳中某一根断股时，可以________。

A. 不作任何处理　　B. 全部更换钢丝绳

C. 局部更换钢丝绳　　D. 拆除继续运行

23. 在我国境内电梯的安装与维修应执行________。

A. 国家相应标准　　B. 企业标准

C. 中外合资企业标准　　D. 外国企业标准

24. 电梯故障或停电停梯时，维修人员应采用________的方法确认轿厢的位置。

A. 送电通过层楼显示　　B. 与乘客联络确定

C. 查看维修记录

D. 与乘客联络初步判定楼层后，用钥匙打开厅门

25. 极限开关动作的结果是________。

A. 切断电梯的主电源　　B. 电梯出现冲顶

C. 切断控制回路　　D. 强迫电梯换速

26. 热继电器主要用于电动机的________。

A. 短路　　B. 电压过高

C. 温升过高　　D. 过载

27. 不需要特殊的眼睛保护措施的是________。

A. 浇铸巴氏合金　　B. 机房接线

C. 使用化学溶剂　　D. 钻孔

28. 关门行程 1/3 后，阻止关门的力不超过________ N。

A. 150　　B. 140

C. 130　　D. 200

29. 控制柜、屏的维修侧距墙应不小于________ mm。

A. 700　　B. 500

C. 400　　D. 600

30. 驱动控制回路的作用是控制电动机的________。

A. 正转、反转　　B. 加速、减速

C. 正转、反转和加速、减速　　D. 任何速度

四、简答题（每小题 5 分，共 10 分）

1. 电梯安全运行的充分与必要条件是什么？

2. 轿厢门关闭时夹人，简述其原因。

五、问答题（每小题 10 分，共 20 分）

1. 自动扶梯安全装置包括哪些安全开关及各开关的作用是什么。

2. 试述厅门、轿厢门系统的保养方法。

初级工技能操作考核模拟试题

一、“自动扶梯驱动链开关动作”的故障排除。

二、“电梯轿厢运行时，轿厢内听到摩擦声”的故障排除。

初级工理论知识考核模拟试题答案

一、填空题

1. 倍率　中间位置　2. ∞　L和E　零　3. 断开　4. 安全第一　预防为主　5. 36　6. 先通后复　7. 柱塞直顶式　柱塞侧置式　8. 曳引绳的线　轿厢运行速度　9. 制动电磁铁　闸瓦制动器　10. 直流电　11. 终端极限　12. 工作制动器　附加制动器

二、判断题

1. √　2. ×　3. √　4. ×　5. √　6. √　7. √　8. ×　9. √　10. ×　11. √　12. √　13. ×　14. √　15. √　16. ×　17. √　18. ×　19. √　20. ×

三、单项选择题

1. B　2. C　3. A　4. C　5. B　6. B　7. C　8. A　9. C　10. B　11. B　12. B　13. B　14. C　15. B　16. B　17. D　18. D　19. B　20. A　21. C　22. B　23. A　24. D　25. A　26. D　27. B　28. A　29. D　30. C

四、简答题

1. 答：

(1) 必须选择好楼层。

(2) 必须要关闭好所有厅门、轿厢门，门连锁电路接通。

(3) 确定好电梯运行方向，定向电路被接通。

2. 答：

(1) 安全触板开关（或光幕开关）出了故障。

(2) 安全触板传动机构损坏。

五、问答题

1. 答：

(1) 驱动链断链开关（1分）

(2) 梯级下陷开关（1分）

(3) 梯级运行开关（1分）

(4) 梯级链张紧装置（1分）

(5) 梳齿板开关（0.5分）

(6) 裙板开关（0.5分）

(7) 扶手带断带开关（0.5分）

(8) 超速开关（0.5分）

(9) 扶手带入口开关（0.5分）

(10) 主、副制动器开关（0.5分）

(11) 地板安全开关（0.5分）

(12) 防逆转装置（0.5分）

(13) 室外梯水位开关（0.5分）

（14）室外梯防盗报警开关（0.5 分）

（15）扶手带速度监控开关（0.5 分）

（16）错缺相保护装置（0.5 分）

2. 答：

（1）厅门、轿厢门开关平稳且无撞击声，开、关门噪声不超过 65 dB，厅门锁应可靠，啮合深度大于等于 7 mm，侧隙为 1～3 mm，轿厢不在本层时，厅门应能自动关闭；门锁开关应符合 GB 7588—2003 中直接式安全开关的规定。

（2）轿门开关限制力为 15～30 N，开关动作应可靠；安全触板夹力不大于 5 N，光电开门装置动作应可靠。

（3）厅门、轿厢门门扇与门扇、门扇与门套、门扇与下端地坎的间隙为 1～8 mm，客梯不超过 6 mm，有防火要求的应符合防火规定尺寸。

（4）门刀与层门地坎、门锁滚轮与轿门地坎的间隙，应保证为 5～10 mm。

（5）轿厢门扇及各层厅门门扇垂直度误差不大于 1 mm。

（6）门吊轮下端的偏心轮和滑道下端距离不大于 0.5 mm。

（7）门扇对口缝不大于 2 mm，门扇对口平面差不大于 1 mm。

（8）轿厢门打开时与厅门、厅门框组成的门口应平整，其平面差不大于 5 mm。

初级工技能操作考核模拟试题评分表

考核内容	技术要求	配分	评分标准
“自动扶梯驱动链开关动作”的故障排除	（1）能根据故障现象准确地分析出故障的原因（如链条伸长、开关损坏）	10	（1）满分 50 分 （2）完成时间为 1 h，每超出 1 min，扣 2 分 （3）该题所占总分比例为 50%
	（2）故障处理前的安全准备工作	5	
	（3）开关复位后，应进行试车，且一次成功	20	
	（4）熟悉电梯的电路图，能按图样说出各开关的作用	10	
	（5）正确合理使用工具	5	
“电梯轿厢运行时，轿厢内听到摩擦声”的故障排除	（1）能分析出故障是由哪几种原因引起的： 1）导轨润滑不良 2）导靴与导轨间隙过大 3）平衡链麻绳损坏，平衡链过长拖地，与对重导轨座摩擦 4）导靴靴衬严重磨损 5）轿厢壁等部位螺钉松脱	20	（1）满分 50 分 （2）完成时间为 30 min，每超出 1 min，扣 2 分 （3）该题所占总分比例为 50%
	（2）部件调整	20	
	（3）正确合理使用工具	10	

第 2 部分　中级检修工

第五章　电力驱动与电子基础知识

第一节　变压器的构造及原理

变压器是一种静止电器。它利用电磁感应原理，将一种电压等级的交流电能变换成同频率的另一种电压等级的交流电能。

变压器是电力系统中一种重要的电气设备，它对电能的经济传输、灵活分配和安全使用具有重要的意义。此外，各种用途的控制变压器、仪用互感器等也应用得十分广泛。

一、变压器的构造

变压器几乎在所有的电子产品中都要用到，其工作原理简单，但根据不同的使用场合、不同的用途，变压器的绕制工艺会有所不同。

变压器的功能主要有电压变换、阻抗变换、隔离、稳压等。变压器主要由铁心及高压、低压绕组组成。变压器常用的铁心形状一般有 E 形和 C 形。

二、变压器的基本工作原理

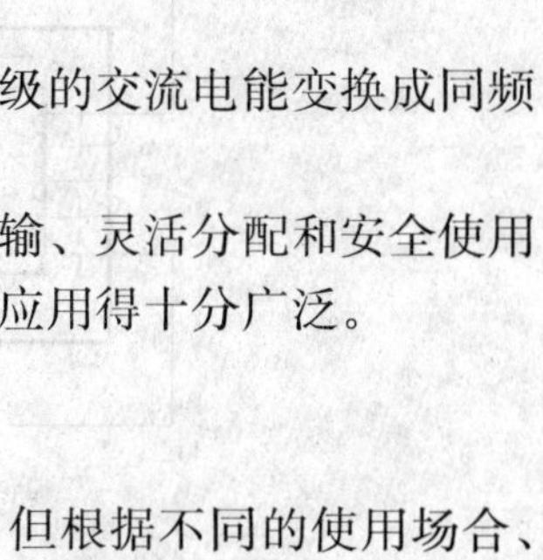

图 5—1　变压器原理示意图
1—一次绕组　2—二次绕组

由于变压器是利用电磁感应原理工作的，因此主要由铁心和套在铁心上的两个互相绝缘的绕组组成，如图 5—1 所示。通常一个绕组接交流电源，称为一次绕组；另一个绕组接负载，称为二次绕组。当在一次绕组两端加上合适的交流电源时，在电源电压 u_1 的作用下，一次绕组中就有交流电流流过，此电流在变压器铁心中将建立起交变磁通 Φ，同时通过一次、二次绕组形成磁路，于是在一次、二次绕组中产生感应电动势。它们的大小为：

$$e_1 = -N_1 \frac{\mathrm{d}\Phi}{\mathrm{d}t} \tag{5—1}$$

$$e_2 = -N_2 \frac{\mathrm{d}\Phi}{\mathrm{d}t} \tag{5—2}$$

式中　N_1、N_2——变压器一次、二次绕组的匝数。

忽略变压器绕组内部压降，$u_1 \approx e_1$，$u_2 \approx e_2$，则一次、二次侧电压之比为：

$$\frac{u_1}{u_2} \approx \frac{e_1}{e_2} \approx \frac{N_1}{N_2} \tag{5—3}$$

式（5—3）表明，变压器一次、二次绕组的电压比等于一次、二次绕组的匝数比。只要改变一次或二次绕组的匝数，即可改变输出电压的大小，这就是变压器的基本工作原理。

三、三相变压器

电力系统一般采用三相制供电，因而三相变压器得到了广泛的应用。所以对于三相变压器运行时，可以把三相变压器问题化为单相问题进行研究。

三相变压器组是由三台单相变压器组成的，如图 5—2 所示。由于三相磁通各有自己单独的磁路，彼此互不相关。当一次绕组施以对称三相电压时，各相主磁通必然对称，各相空载电流也是对称的。

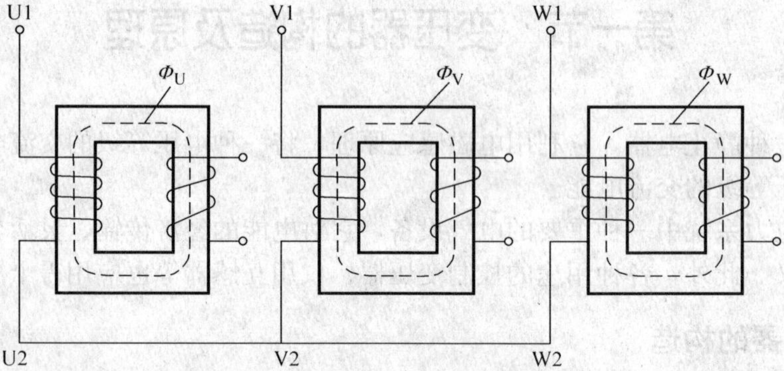

图 5—2　三相变压器组的磁路系统

四、单相变压器

单相变压器的一次、二次绕组是绕在同一个铁心柱上的，并被同一主磁通 Φ 所交连，当 Φ 交变时，在一次、二次绕组中感应的电动势有一定的极性关系，即任一瞬间，一个绕组的某一端点的电位为正时，另一个绕组必有一个端点的电位也为正。这两个对应的同极性的端点称为同名端，用符号“·”表示。同名端可能在两个绕组的相同端，如图 5—3a 所示；也可能在绕组的不同端，如图 5—3b 所示，这取决于两个绕组的绕向是否相同。

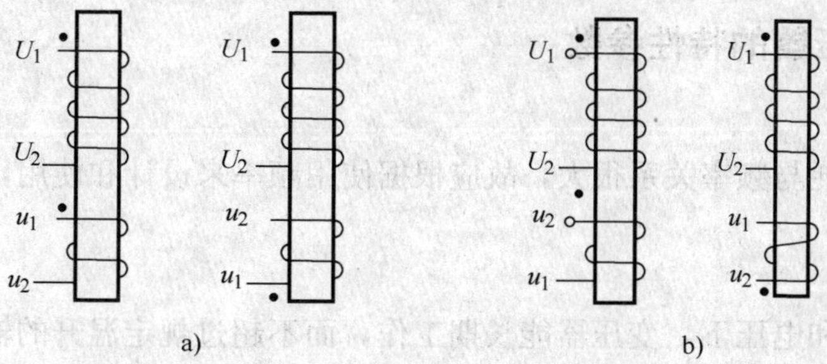

图 5—3 单相变压器的两种不同联结

a）Ⅱ0 联结 b）Ⅱ6 联结

五、变压器的主要材料

1. 铁心材料

铁心材料主要有铁片、低硅片、高硅片等，钢片中加入硅能降低钢片的导电性，增加电阻率，即可减少涡流，使其损耗减少，通常称加了硅的钢片为硅钢片。变压器的质量与所用硅钢片的质量有很大的关系，硅钢片的质量通常用磁感应强度 B 来表示，一般黑铁片的 B 值为 6 000～8 000 T，低硅片为 9 000～11 000 T，高硅片为 12 000～16 000 T。

2. 绕制变压器绕组的材料

常用的材料有漆包线、纱包线、丝包线，最常用的是漆包线。对于导线的要求是导电性能好，绝缘漆层有足够耐热性能，并且要有一定的耐腐蚀能力。一般情况下最好用 Q2 型号的高强度的聚酯漆包线。

3. 绝缘材料

在绕制变压器中，线圈框架层间的隔离、绕组间的隔离，均要使用绝缘材料，一般的变压器框架材料可用酚醛纸板制作，层间可用聚酯薄膜或电话纸作隔离，绕组间可用黄蜡布作隔离。

4. 浸渍材料

变压器绕制好后，最后一道工序就是浸渍绝缘漆，这样能增强变压器的力学强度，提高绝缘性能，延长使用寿命。一般情况下，可采用甲酚清漆作为浸渍材料。

六、变压器的损耗

当变压器的一次绕组通电后，线圈所产生的磁通在铁心流动，因为铁心本身也是导体，在垂直于磁力线的平面上就会产生感应电动势，这个电动势在铁心的断面上形成闭合回路并产生电流，好像一个旋涡，所以称为涡流。这个涡流使变压器的损耗增加，并且使变压器的铁心发热，变压器的温升增加。由涡流所产生的损耗称为铁损。另外，绕制变压器绕组需要用大量的铜线，这些铜导线存在电阻，电流流过时电阻会消耗一定的功率，这部分损耗往往变成热量而消耗，称这种损耗为铜损。所以，变压器的温升主要由铁损和铜损两部分产生。

由于变压器存在铁损与铜损，所以它的输出功率永远小于输入功率，为此引入了一个效率的参数来对此进行描述。

$$\eta = P_o / P_i$$

七、电源变压器的特性参数

1. 工作频率

变压器铁心损耗与频率关系很大，故应根据使用频率来设计和使用，这种频率称为工作频率。

2. 额定功率

在规定的频率和电压下，变压器能长期工作，而不超过规定温升的输出功率。

3. 额定电压

它是指在变压器的线圈上所允许施加的电压，工作时不得大于规定值。

4. 电压比

它是指变压器一次电压和二次电压的比值，分为空载电压比和负载电压比两种。

5. 空载电流

变压器二次开路时，一次仍有一定的电流，这部分电流称为空载电流。空载电流由磁化电流（产生磁通）和铁损电流（由铁心损耗引起）组成。对于 50 Hz 电源变压器而言，空载电流基本上等于磁化电流。

6. 空载损耗

它是指变压器二次开路时，在一次测得功率损耗。损耗首先是铁心损耗，其次是空载电流在一次线圈上产生的铜损，这部分损耗很小。

7. 效率

它是指输出功率 P_o 与输入功率 P_i 比值的百分比。通常变压器的额定功率越大，效率就越高。

8. 绝缘电阻

它表示变压器各绕组之间、各绕组与铁心之间的绝缘性能。绝缘电阻的高低与所使用的绝缘材料的性能、温度高低和潮湿程度有关。

第二节　直流电动机的启动、制动、调速

一、直流电动机的启动

1. 启动的要求

启动最初，启动电流 I_s 较大，因为此时 $n=0$，$E_a=0$。如果电枢电压为额定电压 U_N，因为 R_a 很小，则启动电流可达额定电流的 10～20 倍。这样大的启动电流会使换向器恶化，产生严重的火花；与电枢电流成正比的电磁转矩过大，对生产机械产生过大的冲击力。因此启动时，需限制启动电流的大小。

2. 启动的方法

（1）电枢回路串电阻启动。对应于启动电流 I_{s1} 的启动转矩为 T_{s1}，因 $T_{s1}>T_L$（电动机轴负载转矩），电动机开始启动。启动过程的机械特性如图 5—4 所示，工作点由启动点 Q

沿电枢总电阻为 R_{s1} 的人为特性上升，电枢电动势随之增大，电枢电流和电磁转矩则随之减小。当转速升至 n_1 时，启动电流和启动转矩下降至 I_{s2} 和 T_{s2}（图 5—4 中 A 点），为了保持启动过程中电流和转矩有较大的值，以加速启动过程。此时闭合继电器 KM 的触头 KM1，切除 r_1，这时的电流 I_{s2} 称为切换电流。当 r_1 断开后，电枢回路总电阻变为 $R_{s2}=R_a+r_2+r_3$。由于机械惯性，转速和电枢电动势不能突变，电枢电阻减小将使电枢电流和电磁转矩增大，电动机的机械特性由图中曲线 1 上的 A 点平移到曲线 2 上的 B 点。再依此断开启动电阻 r_2、r_3，电动机的工作点就从 B 点到 D 点，最后稳定运行在自然机械特性的 G 点，电动机的启动过程结束。

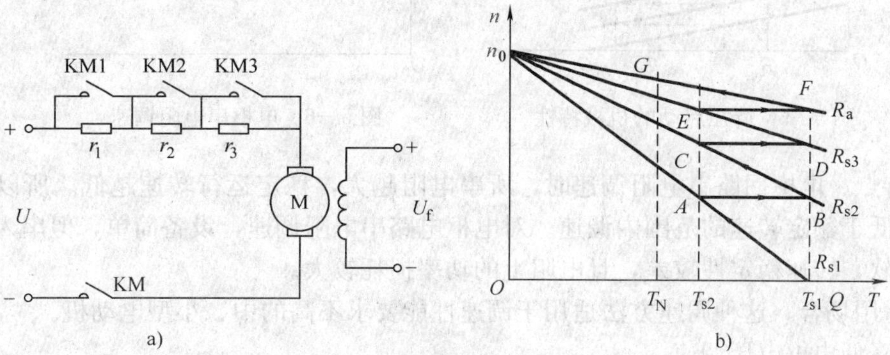

图 5—4　电枢回路串电阻启动

a）接线图　b）机械特性

（2）降压启动。当他励直流电动机的电枢回路由专用的可调压直流电源供电时，可以采用降压启动的方法，启动电流将随电枢电压降低的程度成正比地减小。启动前先调好励磁，然后把电源电压由低向高调节，最低电压所对应的人为特性上的启动转矩 $T_{s1}>T_L$ 时，电动机就开始启动。启动后，随着转速上升，可相应提高电压，以获得需要的加速转矩，启动过程的机械特性如图 5—5 所示。

二、直流电动机的调速

1. 调速及其指标

（1）调速范围（D）。它是指电动机驱动额定负载时，所能达到的最大转速与最小转速之比。

（2）静差率（δ）。它又称相对稳定性，是指负载转矩变化时，电动机的转速随之变化的程度。

（3）调速的平滑系数（ϕ）。在一定的调速范围内，调速的级数越多越平滑，相邻两级转速之比称为平滑系数。ϕ 值越接近 1 则平滑性越好。

（4）调速的经济性。它是指调速所需设备投资和调速过程中的能量损耗。

（5）调速时电动机的容许输出。它是指在电动机得到充分利用的情况下，在调速过程中所能输出的最大功率和转矩。

2. 调速方法

直流电动机主要的调速方法有电枢串电阻调速、降低电枢电压调速及减弱磁通调速。

（1）电枢串电阻调速

1）原理。在电枢中串入电阻，如图 5—6 所示。使Δn上升、n_0不变，即电动机的特性曲线变陡（斜率变大），在相同力矩下，n下降。

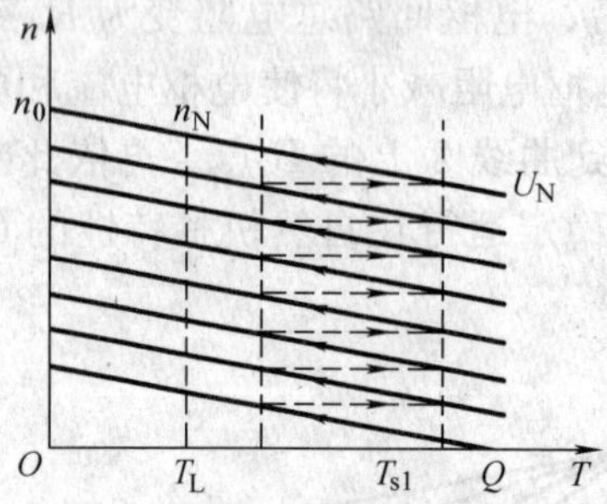

图 5—5　降压启动的机械特性

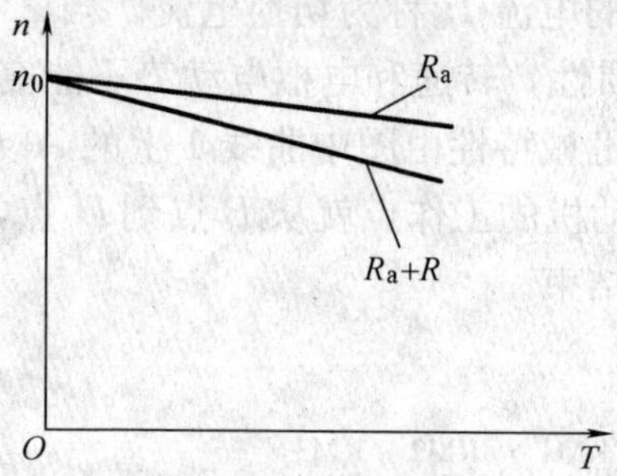

图 5—6　电枢串电阻调速

2）特点。电枢回路串电阻调速时，所串电阻越大，稳定运行转速越低。所以，这种方法只能在低于额定转速的范围内调速。对电枢电路串电阻调速，设备简单，但串入电阻后机械特性变软，转速稳定性较差，且电阻上的功率损耗较大。

3）适用场合。这种调速方法适用于调速性能要求不高的中、小型电动机。

（2）降低电枢电压调速

1）原理。由转速特性方程可知，电枢电压U和n_0变化，但斜率不变，所以调速特性是一组平行曲线，如图 5—7 所示。

2）特点

①工作时，电枢电压一定；电压调节时，不允许超过U_N（额定电压），而n与U成正比，所以调速只能向下调。

②可得到平滑、无级调速。

③调速幅度较大。

3）适用场合。这种调速方法适用于对调速性能要求较高的设备，如造纸机、轧钢机等。

（3）减弱磁通调速

1）原理。机械特性曲线如图 5—8 所示。

减弱磁通调速的工作原理是由于n和Φ有关，在U一定的情况下，改变Φ可改变n。在励磁回路中串上电阻R_f，改变R_f大小调节励磁电流，从而改变Φ的大小。

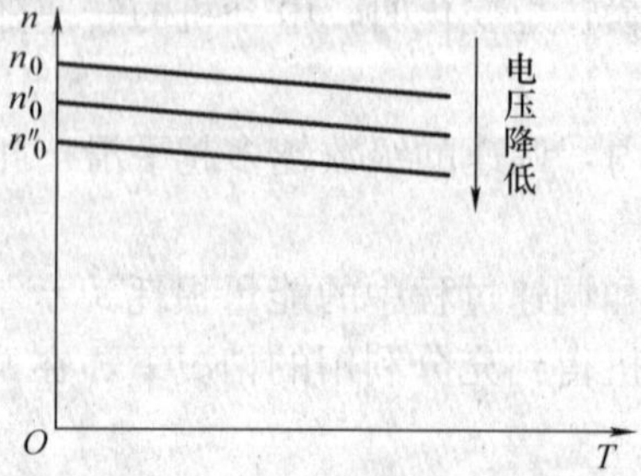

图 5—7　降低电枢电压调速

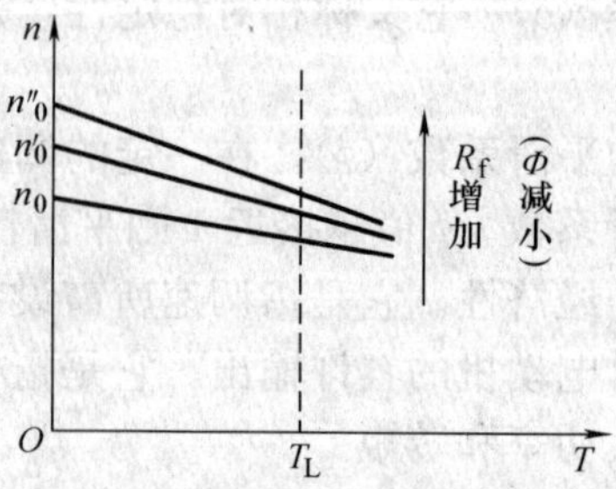

图 5—8　减弱磁通调速机械特性曲线

2）特点

①调速平滑，可做到无级调速，但只能向上调，受机械本身强度所限，n 不能太高。

②调的是励磁电流（该电流比电枢电流小得多），调节控制方便。

3）适用场合。弱磁调速只能在高于额定转速的范围内调节。

三、直流电动机的制动

直流电动机的制动方式主要有机械制动和电气制动。电气制动主要可以分为能耗制动、反接制动及回馈制动。

1. 能耗制动

能耗制动接线图如图 5—9 所示。

（1）原理。电动机停止时，电枢从电源断开，接到电阻上，这时由于惯性电枢仍保持原方向运动，感应电动势方向也不变，电动机变成发电机，电枢电流的方向与感应电动势相同，电磁转矩与转向相反，起制动作用。这种制动是把储存在系统中的动能变换成电能，消耗在制动电阻中，故称为能耗制动。

（2）特点。能耗制动的机械特性是一条电枢电压为零、电枢串电阻的人为机械特性。改变制动电阻的大小，可以得到不同斜率的特性曲线。R_z 越小，特性曲线的斜率越小，曲线就越平，制动转矩就越大，制动作用就越强。

2. 反接制动

反接制动可以分为电枢反接制动及倒拉反接制动，下面主要分析一下电枢反接制动，如图 5—10 所示。

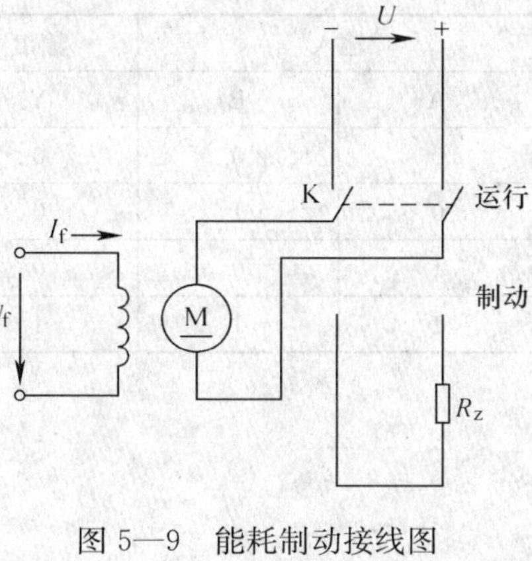

图 5—9　能耗制动接线图

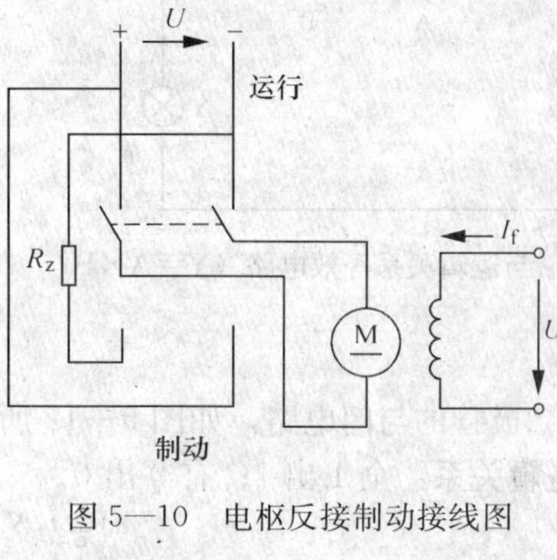

图 5—10　电枢反接制动接线图

（1）电枢反接制动原理。制动时加到电枢绕组两端的电压极性与电动机正转时相反。因旋转方向未变，磁场方向未变，感应电动势方向也不变。这时电枢电流为负值，表明其方向与正转时相反。由于电流方向改变，磁通方向未变，因此电磁转矩方向改变。电磁转矩与转速方向相反，产生制动作用使转速迅速下降。这种因电枢两端电压极性的改变而产生的制动，称为电枢反接制动。

（2）特点。电枢反接制动的最初瞬时，作用在电枢回路的电压（$U+E_a$）$\approx 2U$，因此必须在电枢电压反接的同时在电枢回路中串入制动电阻 R_z，以限制过大的制动电流。

3. 回馈制动

（1）原理。当电动机在电动状态运行时，由于某种因素，如用电动机驱动机车下坡，使电动机的转速高于理想空载转速，此时 $n>n_0$，使得 $E_a>U$，电枢电流与电动状态时相反，因磁通方向未变，则电磁转矩的方向随着 I_a 的反向而反向，对电动机起到制动作用。在电动状态时电枢电流从电网的正端流向电动机；而在制动时，电枢电流从电枢流向电网，因而称为回馈制动。

（2）特点。回馈制动时，$n>n_0$，I_a 和 T 均为负值，所以其机械特性曲线是电动状态的机械特性曲线向第二象限的延伸。电枢回路串电阻将使特性曲线的斜率增大。

第三节　电子基础知识

一、基础门电路及触发器、寄存器知识

1. 基本逻辑门电路

基本逻辑门电路有与门、或门和非门。

（1）与逻辑门

1）与逻辑关系等效电路如图 5—11 所示，与逻辑真值表见表 5—1。

将开关闭合规定为 1，断开规定为 0；灯亮规定为 1，灯灭规定为 0。

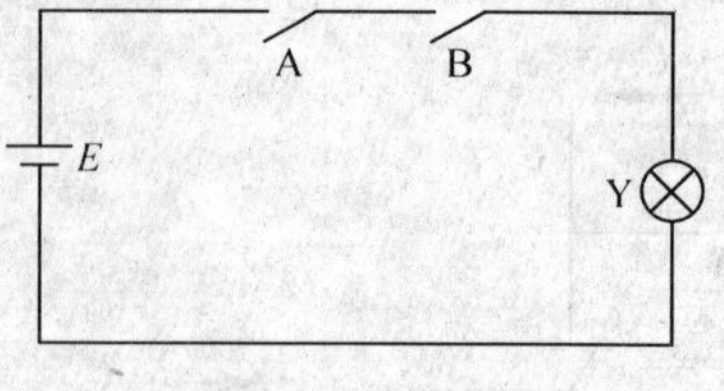

图 5—11　与逻辑关系等效电路（Y＝A×B）

表 5—1　　与逻辑真值表

输入		输出
A	B	Y
0	0	0
0	1	0
1	0	0
1	1	1

2）二极管的与门电路，如图 5—12 所示。

与逻辑关系：全 1 出 1；有 0 出 0。

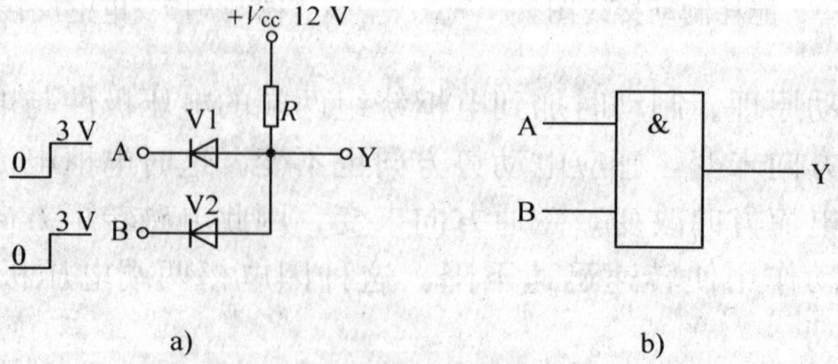

图 5—12　二极管的与门电路

a）电路　b）图形符号

（2）或逻辑门

1）或逻辑关系等效电路如图 5—13 所示，或逻辑真值表见表 5—2。

将开关闭合规定为 1，断开规定为 0；灯亮规定为 1，灯灭规定为 0。

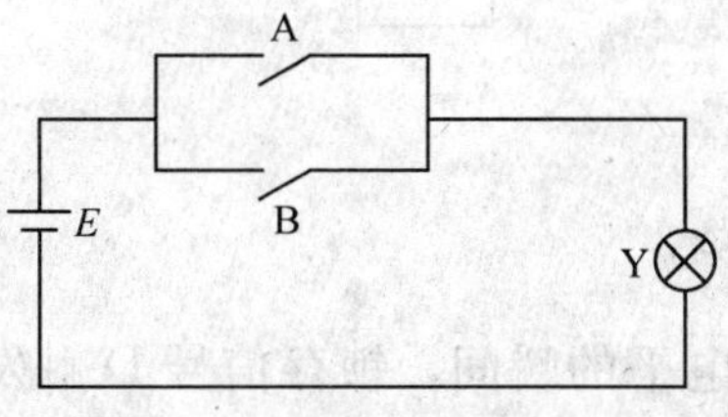

图 5—13 或逻辑关系等效电路（Y＝A＋B）

表 5—2 或逻辑真值表

输入		输出
A	B	Y
0	0	0
0	1	1
1	0	1
1	1	1

2）二极管的或门电路，如图 5—14 所示。

或逻辑关系：有 1 出 1；全 0 出 0。

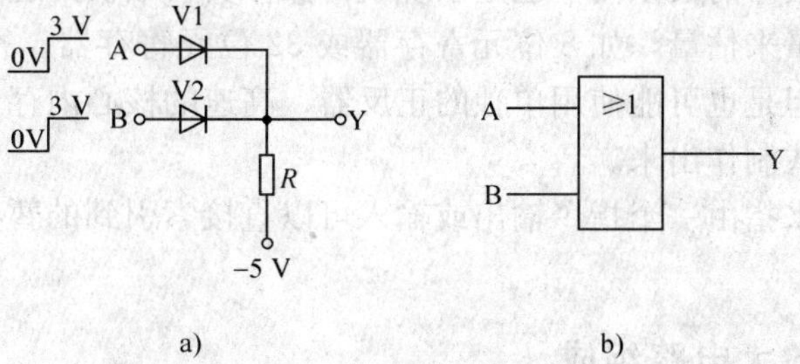

图 5—14 二极管的或门电路

a）电路 b）图形符号

（3）非逻辑门

1）非逻辑门关系等效电路如图 5—15 所示，非逻辑真值表见表 5—3。

将开关闭合规定为 1，断开规定为 0；灯亮规定为 1，灯灭规定为 0。

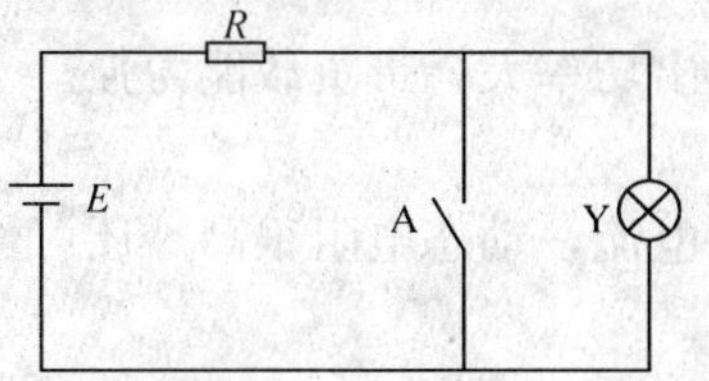

图 5—15 非逻辑关系等效电路（Y＝Ā）

表 5—3 非逻辑真值表

输入 A	输出 Y
1	0
0	1

2）三极管的非门电路，如图 5—16 所示。

2. 触发器及寄存器

（1）触发器是一种可以存储电路状态的电子元件。最简单的是由两个或非门、两个输入端和两个输出端组成的 RS 触发器。复杂一些的有带时钟（CLK）端和数据（Data）端，在

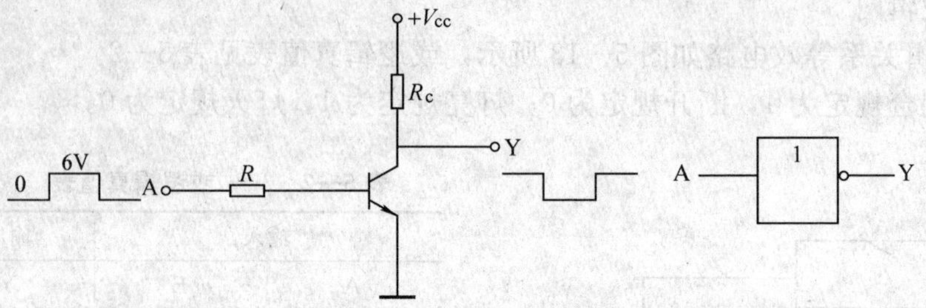

图 5—16 三极管的非门电路

CLK 端为高电平时跟随 D 端状态，而在 CLK 端变为低电平的瞬间，锁存信号 D 触发器。广泛应用于计数器、运算器、存储器等电子元件。

(2) 寄存器是中央处理器内的组成部分。寄存器是有限存储容量的高速存储元件，可用来暂存指令、数据和位址。在中央处理器的控制部件中，包含的寄存器有指令寄存器（IR）和程序计数器（PC）。在中央处理器的算术及逻辑部件中，包含的寄存器有累加器（ACC）。

寄存器是内存阶层中的最顶端，也是系统获得操作资料最快的途径。寄存器通常都是以其可以保存的位元数量来估量，如 8 位元寄存器或 32 位元寄存器。寄存器现在都以寄存器档案的方式来实现，但是也可能使用单独的正反器、高速的核心内存、薄膜内存以及在数种电子设备上以其他方式制作出来。

寄存器通常都用来指由一个指令输出或输入可以直接索引到的暂存器群组，也称为架构寄存器。

二、集成运算放大电路组成

集成运算放大电路的组成如图 5—17 所示。

1. 输入级（前置级）

一般由差放电路组成。其特点是输入电阻高，放大共模信号，抑制差模信号。

2. 中间级

一般由共射放大电路组成。其特点是电压放大倍数高。

3. 输出级

一般由互补对称电路组成。其特点是输出电阻小，输出功率大，带负载能力强。

4. 偏置级

一般由恒流源电路组成。其特点是能提供稳定的静态电流，动态电阻很高，还可作为放大电路的有源负载。

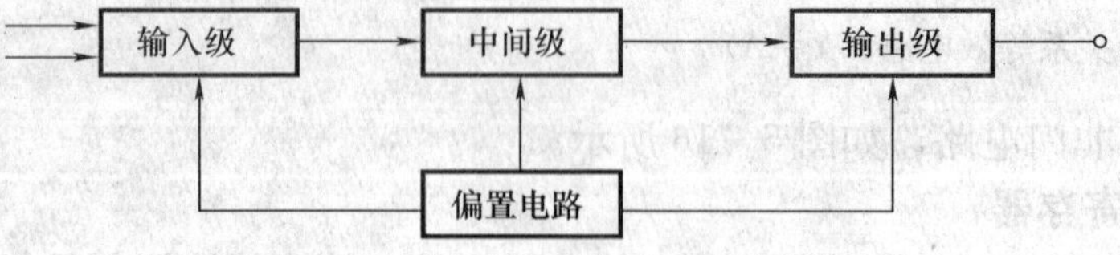

图 5—17 集成运算放大电路组成

第六章

机械知识

第一节　带传动、链传动及蜗杆传动

一、带传动

1. 带传动的类型

带传动是利用张紧在带轮上的传动带与带轮的摩擦或啮合来传递运动和动力的。带传动通常是由主动轮 1、从动轮 2 和张紧在两轮上的环形带 3 所组成。根据传动原理不同，带传动可分为摩擦传动型（见图 6—1）和啮合传动型（见图 6—2）两大类。

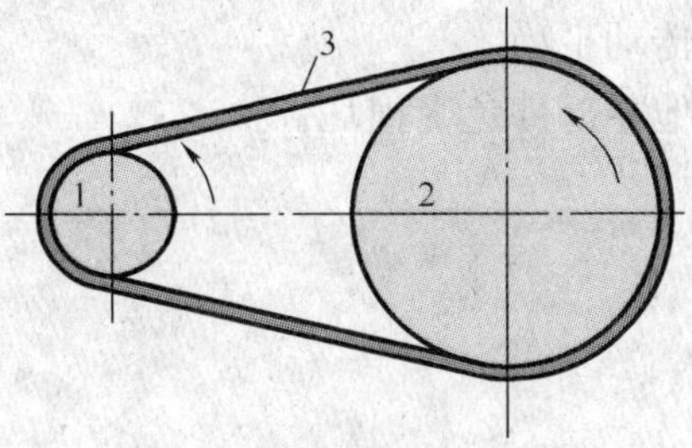

图 6—1　摩擦传动型

1—主动轮　2—从动轮　3—环形带

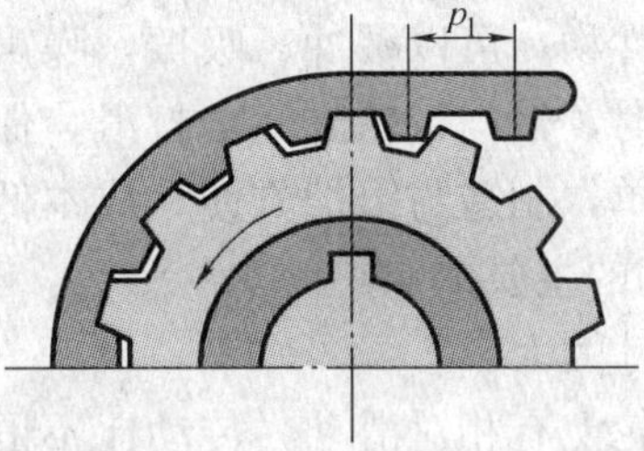

图 6—2　啮合传动型

（1）摩擦传动型。摩擦传动型是利用传动带与带轮之间的摩擦力传递运动和动力。摩擦型带传动中，根据挠性带截面形状不同，可分为以下几种：

1）普通平带传动。如图 6—3a 所示，平带传动中带的截面形状为矩形，工作时带的内面是工作面，与圆柱形带轮工作面接触，属于平面摩擦传动。

2）V 带传动。如图 6—3b 所示，V 带传动中带的截面形状为等腰梯形。工作时带的两侧面是工作面，与带轮的环槽侧面接触，属于楔面摩擦传动。在相同的带张紧程度下，V

带传动的摩擦力要比平带传动大约70%，其承载能力因而比平带传动高。在一般的机械传动中，V带传动现已取代了平带传动而成为常用的带传动装置。

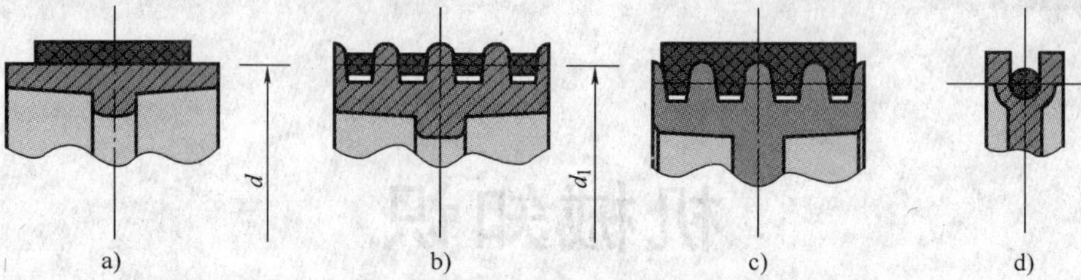

图6—3 摩擦传动型带

a）普通平带传动 b）V带传动 c）多楔带传动 d）圆带传动

3）多楔带传动。如图6—3c所示，多楔带传动中带的截面形状为多楔形，其工作面为楔的侧面，具有平带的柔软、V带摩擦力大的特点。

4）圆带传动。如图6—3d所示，圆带传动中带的截面形状为圆形，其传动能力小，主要用于带速小于15 m/s、平均传动比为0.5～3的小功率传动，如仪器和家用电器中。

5）高速带传动。带速大于30 m/s，高速轴转速为10 000～50 000 r/min的带传动属于高速带传动。

（2）啮合传动型。啮合传动型是指同步带传动，同步带传动是靠带上的齿与带轮上的齿槽的啮合作用来传递运动和动力的。同步带传动工作时，带与带轮之间不会产生相对滑动，能够获得准确的传动比，因此其兼有带传动和齿轮啮合传动的特性和优点。

2. 带传动的特点及应用

（1）带传动的主要优点

1）适用于中心距较大的场合。

2）带是挠性物，可以缓冲、吸振，噪声小，传动平稳。

3）当过载时，带与带轮之间会打滑，保护其他零部件免受损坏。

4）结构简单，制造与维护方便，成本低。

（2）带传动的主要缺点

1）外廓尺寸太大。

2）带在带轮上有相对滑动，传动比不恒定。

3）传动效率较低，使用寿命较短。

4）常需要调整张紧装置，支撑带轮的轴和轴承受力较大。

5）不宜用于高温、易燃等场所。

总的来说，带传动多用于两轴中心距较大、传动比要求不严格的中、小功率的机械中。

一般情况下，带传动传递的功率小于等于100 kW，带速为5～25 m/s，平均传动比小于等于5，传动效率为94%～97%。高速带传动的带速可达60～100 m/s，传动比小于等于7。同步齿形带的带速为40～50 m/s，传动比小于等于10，传递功率可达200 kW，效率高达98%～99%。

二、链传动

1. 链传动的结构

链传动由主动链轮 1、从动链轮 2 和跨绕在两链轮上的闭合链条 3 组成。工作时，通过链条上链节与链轮轮齿的相互啮合来传递运动和动力，如图 6—4 所示。

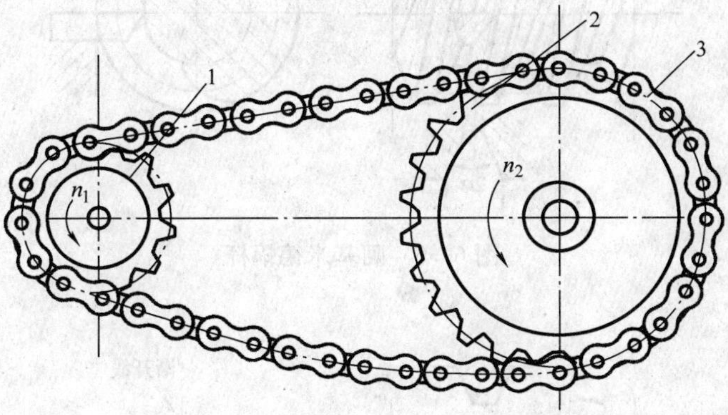

图 6—4 链传动

1—主动链轮 2—从动链轮 3—链条

2. 链传动的分类

（1）按用途区分，链传动分为传动链、起重链和曳引链等。

（2）按结构区分，链传动分为套筒链、滚子链和齿形链等。

3. 链传动的特点

与带传动相比，链传动主要有以下特点：

（1）链传动属于具有挠性件的啮合传动，能获得准确的平均传动比，适宜较大中心距的两平行轴间的传动。

（2）链传动张紧力小，作用于轴上的压力较小。

（3）链传动可在多粉尘、油污、潮湿、高温等恶劣环境中工作，对链轮齿形加工误差、链条几何形状误差要求都不高。

（4）链的瞬时速度是变化的，瞬时传动比不等于常数，因此传动平稳性较差，有冲击、振动和噪声，不适宜高速传动场合。

三、蜗杆传动

1. 蜗杆传动的类型

（1）按蜗杆形状的不同，蜗杆传动可分为圆柱蜗杆传动、圆弧面蜗杆传动和锥面蜗杆传动。其中圆柱蜗杆传动应用最广。

（2）圆柱蜗杆传动又分为普通圆柱蜗杆传动和圆弧圆柱蜗杆传动两类。

（3）普通圆柱蜗杆传动的蜗杆按刀具加工位置的不同又可分为阿基米德蜗杆（ZA 型），如图 6—5 所示；渐开线蜗杆（ZI 型），如图 6—6 所示；法向直廓蜗杆（ZN 型）等。其中阿基米德蜗杆由于加工方便，其应用最为广泛。

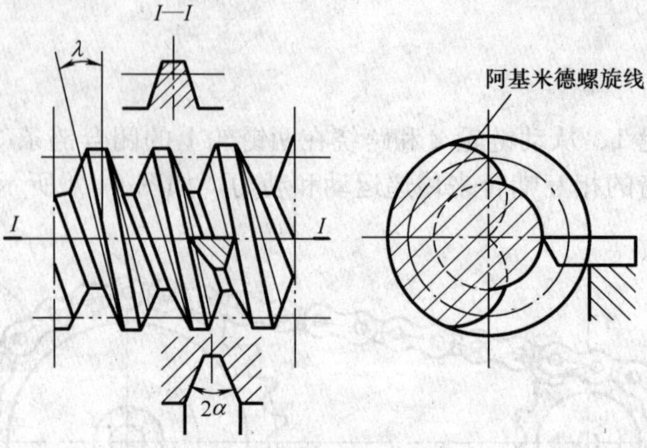

图 6—5　阿基米德蜗杆

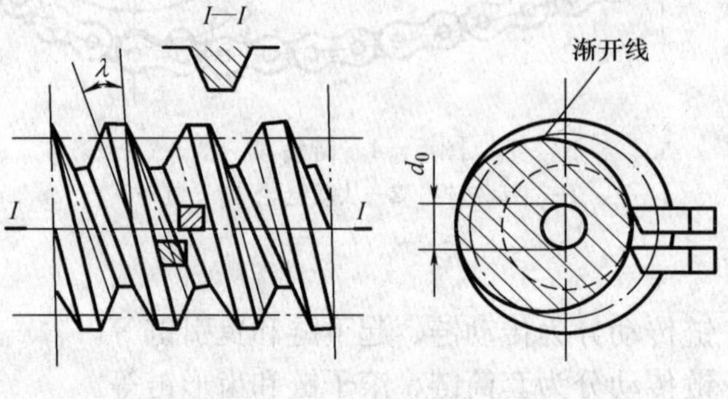

图 6—6　渐开线蜗杆

2. 蜗杆传动的特点

（1）结构紧凑、传动比大。

（2）传动平稳、噪声小。

（3）可制成具有自锁性的蜗杆。

（4）蜗杆传动的主要缺点是效率较低。

（5）蜗轮的造价较高。

第二节　齿轮、减速器

一、齿轮传动

1. 齿轮传动的分类

（1）按传动轴线相对位置和轮齿方向，齿轮传动的分类如图 6—7 所示。

（2）按工作条件可分为闭式齿轮传动和开式齿轮传动。

1）开式、半开式齿轮传动。在农业机械、建筑机械以及简易的机械设备中，有一些齿轮传动没有防尘罩或机壳，齿轮完全暴露在外边，称为开式齿轮传动。这种传动不仅外界杂

- 齿轮传动
  - 平行轴齿轮传动
    - 斜齿圆柱齿轮传动
      - 外啮合传动
      - 内啮合传动
      - 齿轮—齿条传动
    - 人字齿轮传动
      - 外啮合传动
      - 内啮合传动
      - 齿轮—齿条传动
  - 相交轴齿轮传动
    - 直齿锥齿轮传动
    - 斜齿锥齿轮传动
    - 曲齿锥齿轮传动
  - 交错轴齿轮传动
    - 交错轴斜齿圆柱齿轮传动
    - 蜗杆传动

图 6—7　按传动轴线相对位置和轮齿方向分类

物极易侵入，而且润滑不良，因此工作条件不好，轮齿也容易磨损，故只宜用于低速传动。齿轮传动装有简单的防护罩，有时还把大齿轮部分地浸入油池中，则称为半开式齿轮传动。其工作条件虽有改善但仍不能做到严密防止外界杂物侵入，润滑条件也不算最好。

2）闭式传动。汽车、机床、航空发动机等所用的齿轮传动，都是装在经过精确加工而且封闭严密的箱体内的，这称为闭式齿轮传动（齿轮箱）。其与开式或半开式的传动相比，润滑及防护等条件最好，多用于重要的场合。

（3）按圆周线速度可分为极低速齿轮传动，圆周线速度小于 0.5 m/s；低速齿轮传动，圆周线速度为 0.5～3 m/s；中速齿轮传动，圆周线速度为 3～15 m/s；高速齿轮传动，圆周线速度大于 15 m/s。

2. 齿轮传动的特点

（1）优点。能保证传动比恒定不变；适用的功率和速度范围广；结构紧凑；效率高，为 0.94～0.99；工作可靠且使用寿命长。

（2）缺点。齿轮制造需要专用的设备和刀具，成本较高；精度低时，传动的噪声和振动较大；不宜用于轴间距离大的传动。

二、减速器

减速器是指原动机与工作机之间独立封闭式传动装置，用来降低转速并相应地增大转矩。此外，在某些场合，也有用做增速的装置，称为增速器。

减速器的种类很多，应用较普遍的是齿轮传动、蜗杆传动以及由它们组成的减速器。若按传动和结构特点来划分，这类减速器有下述五种。

（1）齿轮减速器。它主要有圆柱齿轮减速器、圆锥齿轮减速器和圆锥—圆柱齿轮减速器。

（2）蜗杆减速器。它主要有圆柱蜗杆减速器、环面蜗杆减速器和蜗杆—齿轮减速器。

（3）行星齿轮减速器。

（4）摆线针轮减速器。

（5）谐波齿轮减速器。

上述五种减速器已有标准系列产品，使用时只需结合所需传动速率、转速、传动比、工作条件件和机器的总体布置等具体要求，参考产品目录或有关手册即可。齿轮传动减速器的主要类型与特点见表 6—1。

表 6—1　　齿轮传动减速器的主要类型与特点

类型	级数		传动简图	特点及应用
圆柱齿轮减速器	单级		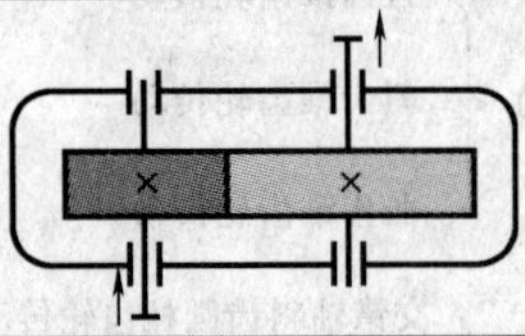	应用广泛，结构简单，精度容易保证。轮齿可做成直齿、斜齿或人字齿。可用于低速重载，也可用于高速传动
	两级	展开式	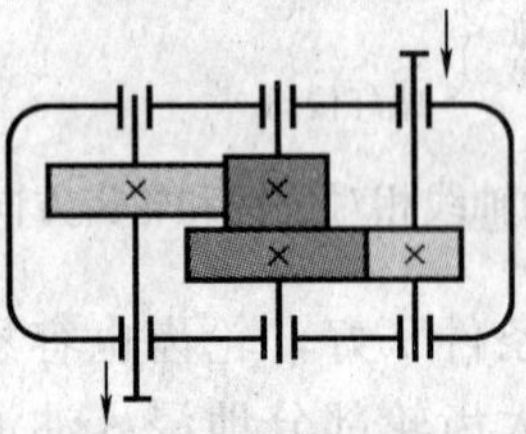	这是两级减速器中最简单、应用最广泛的结构。齿轮相对于轴承位置不对称。当轴产生弯扭变形时，载荷在齿宽上分布不均匀，因此轴应设计得具有较大刚度，并使高速轴齿轮远离输入端。淬硬齿轮大多采用此结构
		分流式	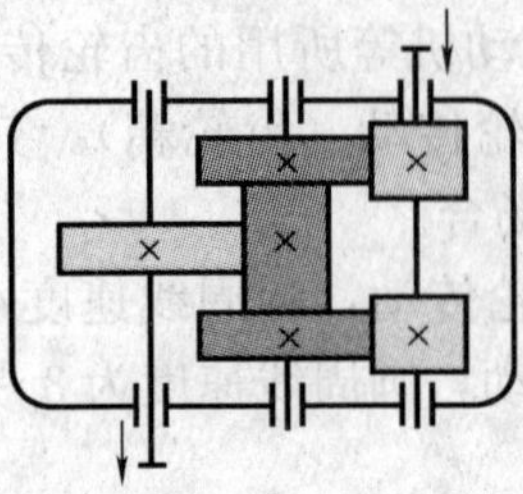	高速级为对称左右斜齿轮，低速级可为人字齿或直齿。齿轮与轴承对称布置。载荷沿齿宽分布均匀，轴承受载平均，中间轴危险截面上的转矩相当于轴所传递转矩之半。但这种结构不可避免要产生轴向窜动，影响齿面载荷的均匀性。结构上应保证有轴向窜动的可能。通常低速级大齿轮作轴向定位，中间轴齿轮和高速小齿轮可以轴向窜动
		同轴线式	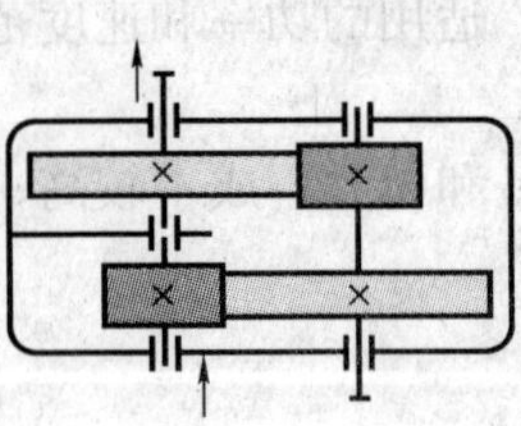	箱体长度缩小。输入轴和输出轴布置在同一轴线上，使设备布置较为方便、合理。当传动比分配适当时，两对齿轮浸油深度大致相同。但轴向尺寸较长，中间轴较长，其齿轮与轴承不对称布置，刚度差，载荷沿齿宽分布不均匀
		同轴分流式	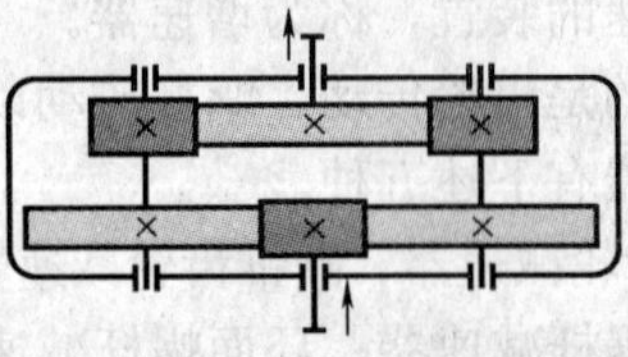	从输入轴到输出轴的功率分左右两股传递，因此啮合轮齿仅传递一半载荷。输入轴和输出轴只受转矩，中间轴只受全部载荷的一半。故可缩小齿轮直径、圆周线速度及减速器尺寸。一般用于重载齿轮。关键是要采用合适的均载机构，使左右两股分流功率均衡

续表

类型	级数		传动简图	特点及应用
圆柱齿轮减速器	三级	展开式	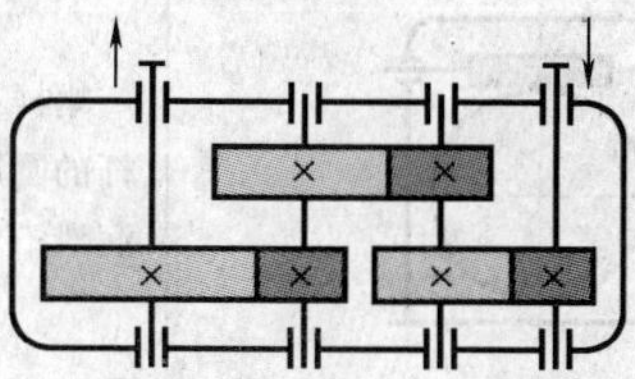	同两级展开式
		分流式	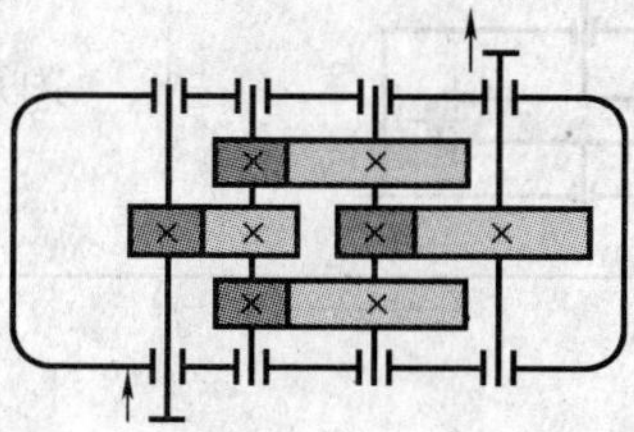	同两级分流式
圆锥、圆锥—圆柱齿轮减速器	单级		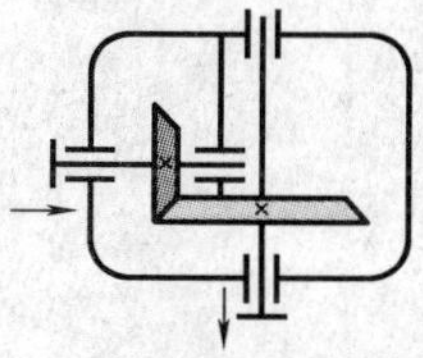	轮齿可制成直齿、斜齿或曲线齿。适用于输入轴和输出轴两轴线垂直相交的传动中。可分为水平式或立式。其制造安装复杂，成本高，仅在设备布置必要时才采用
	两级		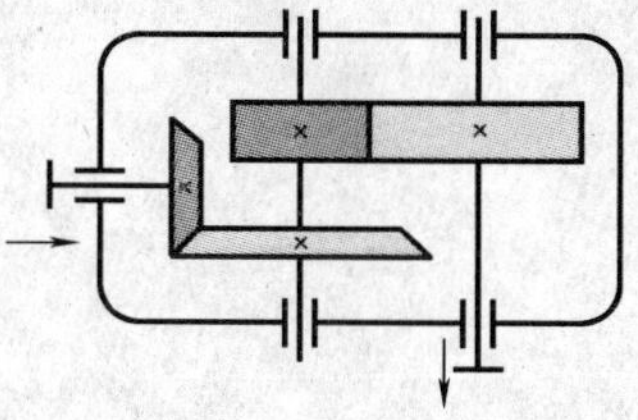	特点同单级圆锥齿轮减速器。圆锥齿轮应在高速级，使圆锥齿轮不致太大，否则加工困难。圆柱齿轮可为直齿或斜齿
	三级		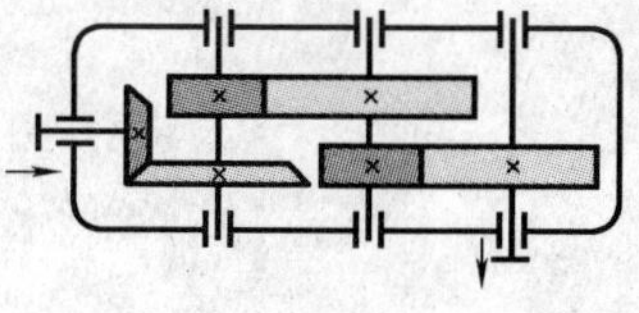	特点同两级圆锥—圆柱齿轮减速器
蜗杆、蜗轮—蜗杆减速器	单级	蜗杆下置式	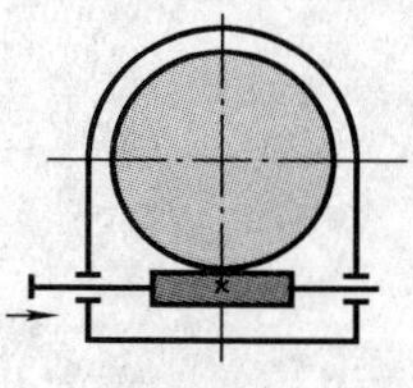	蜗杆布置在蜗轮的下方，啮合处的冷却和润滑较好，蜗杆轴承润滑也方便。但当蜗杆圆周速度太大时，油的搅动损失较大，一般用于蜗杆圆周线速度小于 5 m/s

续表

类型	级数	传动简图	特点及应用
圆锥、圆锥—圆柱齿轮减速器	蜗杆上置式	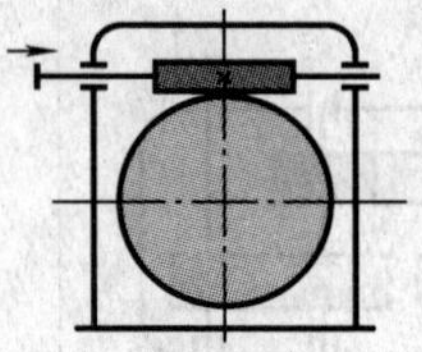	蜗杆布置在蜗轮的上方，装拆方便，蜗杆的圆周线速度允许高一些，但蜗杆轴承润滑不方便
	蜗杆侧置式	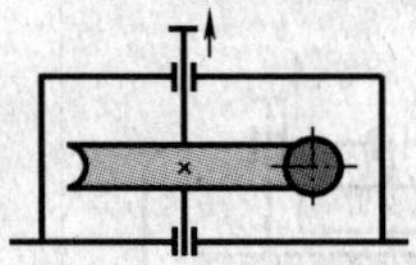	蜗杆放在蜗轮的侧面，蜗轮轴是竖直的

第七章

电梯技术要求与安装

第一节　电梯技术要求

城市轨道交通中垂直电梯、自动扶梯、楼梯升降机的技术要求一般较高。

一、垂直电梯

现以奥的斯 GEN2 型无机房电梯为例进行介绍。

1. 工作条件

（1）适合盲人、坐轮椅者等残疾人和行动不便者使用，也适合普通人员使用。

（2）能用于运送货物。

（3）每天工作 20 h，每周 7 天连续工作，每小时平均启动次数不大于 150 次。

2. 产品基本要求

（1）产品应符合 GB 7588—2003《电梯制造和安装安全规范》、GB/T 10058—1997《电梯技术条件》、GB/T 10059—1997《电梯试验方法》等电梯相关标准的要求。

（2）对 GB 7588—2003 未作明确规定的内容，可参照企业标准执行。

（3）特殊性结构按全国电梯标准化技术委员会制定的“GB 7588—2003《电梯制造与安装安全规范》同等安全性检查”进行检查。

3. 主要技术参数

（1）额定载重。1 000 kg（13 人）。

（2）额定速度。1 m/s。

（3）轿厢内尺寸。宽×深×高为 1 600 mm×1 400 mm×2 300 mm。

（4）厅门及轿厢门。中分两扇密封自动门。

（5）开门尺寸。宽×高为 1 000 mm×2 100 mm。

（6）控制方式。单台集选控制。

（7）电气控制类型。计算机控制。

（8）驱动方式。交流无齿曳引机驱动，曳引机安装在井道顶部。

（9）供电系统。（380±38）V，50 Hz；（220±22）V，50 Hz。

4. 整机技术性能

（1）速度偏差。−8%～5%（在50%额定载重下行时）。

（2）运行中轿厢内噪声。不大于55 dB（A）。

（3）开、关门过程噪声。不大于65 dB（A）。

（4）机房噪声。在距主机1 m处不大于75 dB（A）。

（5）平层准确度。不大于±5 mm。

5. 基本功能

（1）安全保护功能。电梯除具备符合GB 7588—2003《电梯制造与安装安全规范》规定的安全装置外，还应有如下安全保护功能：

1）应急照明。当电梯在运行中发生故障电源被切断或中途停电时，应急照明自动启动，照明时间不小于1 h。

2）安全停靠。当电梯发生故障停止在非停靠位置时，能自动进行故障诊断，并以慢速运动至最近层站，开门撤离乘客。

3）门光幕保护。以装在轿门上的红外线光幕作为关门安全保护。

4）超载保护和满载直驶。轿厢超载时电梯不能启动，并在轿厢操纵箱上以声光信号提示；当轿厢以满载运行时，不再应答层门信号。

5）三方两两通话。可实现轿厢内和车站控制室两方通话，还可实行控制柜与轿厢间的通话。轿厢内的对讲电话是按钮式，装在控制箱上，主、副控制箱上都有。车站控制室的对讲电话应是壁挂式的。

6）警铃。按下轿厢内的警铃开关，安装在井道的警铃鸣响。

7）超载保护。电梯应有灵敏的称重装置，当工作载荷到达100%时，电梯处于满载直驶状态；当载荷到达110%时，电梯会发出声、光警示，电梯不能关门及运行，直至载荷降至合适为止。

（2）控制和操作功能。电梯除具有自动平层、自动开关门、顺向截停、层站召唤、轿厢内层站登记等集选控制电梯一般运行控制操作功能外，还应有如下功能：

1）再平层。平层偏差大于10 mm时，在开门前自动以低速找正至不大于5 mm。

2）按钮开门。按下轿厢操纵箱上的开门按钮，能使正在关的门转为开门；或按住门按钮能使电梯（在一定时间内）保持开门状态。

3）按钮关门。按下操纵箱上的关门按钮，能使门提前关闭。

4）外呼再开门。按下厅门上的召唤按钮，能使正在关的门重开。

5）自动回基站。电梯无指令且闲梯5 min，自动回基站，基站均为站厅层。

6）火灾停运。当发生火灾时，电梯接受车站监控系统（EMCS）指令，能自动行驶至基站，开门放人后停运，直至火灾指令去除。

6. 显示功能

（1）轿厢内运行信息显示。在轿厢内操纵箱上能显示电梯运行方向和位置（层楼数）信息。

（2）层站运行信息显示。在各层召唤盒上能显示电梯运行方向和位置。

（3）语音报站。轿厢到站时，在开门前能对层站和轿厢内发出报站声音。

（4）自动开关门功能。电梯具有平层自动开门，预设定时间自动关门等集选控制电梯一般自动开关门功能。

（5）开、关门受阻保护。当正在开或关的门受到外力阻止时，门自动转为反向运动，或保持静止待修。门往复推动 3 次，如仍不能克制开、关门的阻力，门复位保持静止待修。

（6）开门故障自救。电梯到站平层后门打不开时，自动运行至下一层站开门撤离人员。

7. 主要部件

（1）轿厢门、轿厢及其附属装置

1）全透明轿厢。侧壁和后壁用（5＋5）mm 夹层安全玻璃制造，前壁用发纹不锈钢制造。透明轿厢门用发纹不锈钢门框，镶（5＋5）mm 夹层安全玻璃。

2）正面透明轿厢。一面透明配用正面透明轿厢。发纹不锈钢轿壁，透明轿厢门，发纹不锈钢门框，镶（5＋5）mm 夹层安全玻璃。

3）不透明轿厢。全部轿壁为发纹不锈钢。

4）轿厢护栏。轿厢沿厢壁三面设置的护栏。护栏杆用发纹不锈钢制作，应尽量少占空间。

5）轿厢内操纵箱。在轿厢门两侧各设 1 个操纵箱，为主、副控制箱。副控制箱供轮椅者使用，离地高度应较低。操纵箱上设有各种按钮，均应适应残疾人使用（包括轮椅和盲人，盲文应符合有关规定）。主、副控制箱上都应有警铃按钮和对讲机，对讲机与车站控制室可通话。

6）轿厢内运行信息显示。有电梯运行方向和层楼数显示，显示器可安装在操纵箱上，也可安装在门楣上。

7）轿厢顶。轿厢有吊顶，两侧各设一台风机，风机的运转噪声不应导致轿厢内噪声超出限制值。

8）轿厢底。轿厢底应能适应载货时的集中载荷。轿厢底盘面板厚为不小于 3 mm 的钢板，表面敷设防滑、阻燃、无毒的橡胶板。

9）轿顶。设有用发纹不锈钢制作的安全护栏。顶上设检修箱，检修箱应有如下设置：

①手旋复位的红色停止按钮。

②检修开关。

③带护罩的 36 V 检修照明灯。

④维修用插座（220 V，三孔）。

⑤检修运行按钮。

（2）层门召唤箱

1）召唤箱应有电梯运行方向和层楼数显示，每层的召唤箱上均应有钥匙开关，该开关用以接通控制电源。

2）召唤箱上的按钮为带光环的不锈钢按钮，并带有盲文。

3）召唤箱安装在层门门套立柱上。

（3）层门与门套

1）透明或半透明轿厢

①透明层门，发纹不锈钢框架，镶（5＋5）mm 夹层安全玻璃。

②发纹不锈钢宽型门套，层门召唤箱能安装在门套立柱上。

2）不透明轿厢

①发纹不锈钢层门。

②发纹不锈钢宽型门套，层门召唤箱能安装在门套立柱上。

（4）电线和电缆

1）所有电线和电缆均为阻燃型，且低烟无毒。阻燃特性试验应符合 IEC332-2 标准要求；低烟试验应符合 IEC1034-2（1991）标准要求；无毒特性试验应符合 IEC754-2 标准要求。这也可采用相应标准，但应将标准提供给买方确认。

2）除 1）项要求外，所有电线和电缆还应符合 GB 7588 中第 13.5 条的电气配线要求。

（5）曳引机

1）以交流永磁同步电动机为动力的无齿曳引机，安装在井道上部。

2）功率配置应按全透明轿厢考虑，按 GB 10060—1993《电梯安装验收规范》的规定进行运行试验和超载试验，曳引机的工作应正常。

3）曳引机应为本型号电梯专用配置，由本品牌工厂制造。

（6）电控柜

1）采用计算机控制系统，有故障显示装置。

2）电控柜的位置在井道内上方。

3）主控计算机应是本品牌产品。

（7）自动开门机

1）采用计算机控制，交流变频调速。

2）自动开门机应是本品牌产品。

（8）井道

1）全透明井道。井道四面透明，用钢架为主体，四面镶（5＋5）mm 夹层安全玻璃。钢架应采用圆管制造，表面喷奶白色油漆。

2）三面透明井道。井道背面是墙体，正面和两侧透明，用钢架为主体，三面镶（5＋5）mm 夹层安全玻璃。钢架应采用圆管制造，表面喷奶白色油漆。

3）局部一面、二面、三面或不透明组合井道。属全透明井道类型，但其中某层井道是一面、二面、三面或四面都不透明。用钢架为主体，透明部分镶（5＋5）mm 夹层安全玻璃。钢架应采用圆管制造，表面喷奶白色油漆。

4）一面透明井道。井道只有正面是透明的，透明部分以钢架为主体，镶（5＋5）mm 夹层安全玻璃。钢架应采用圆管制造，表面喷奶白色油漆。

5）凡透明的井道面周边，应设有金属保护栏。高度约 200 mm，用 ϕ80 mm×3 mm 发纹不锈钢管制造，由卖方供货与安装。

6）透明井道的设计应考虑城市轨道交通站的工作特点。

7）全封闭井道。井道为钢筋混凝土结构。

（9）装饰与防腐处理

1）全部钢制件应作可靠的防腐蚀处理，应有不低于 20 年的抗锈能力。

2）轿厢、厅门及门套采用同一种发纹不锈钢板。

3）轿厢设计和井道四壁设计应美观、透视性好。

8. 主要安全装置

（1）缓冲器。采用耗能式缓冲器，有国家认定资质专业检测机构的有效检测报告。

（2）安全钳。采用渐进式安全钳，有国家认定资质专业检测机构的有效检测报告。

（3）限速器。安装在井道上部，动作后能在井道外部复位，有国家认定资质的专业检测机构有效检测报告。

二、自动扶梯

现以广州日立 1200EX—BPG（A）型为例进行介绍。

1. 自动扶梯工作条件

（1）工作环境条件

1）室内型梯。在车站内的站台至站厅或至转换层工作。

2）室外型梯。在出入口工作，能直接承受日晒、雨淋和风沙侵袭，能适应地区自然环境条件全天候工作。

（2）工作制度。每天工作 20 h，每年 365 天连续工作。

（3）载荷条件

1）在任何 3 h 间隔内，持续重载时间不少于 1 h，其载荷达到 100%即制动载荷。

2）允许手拉行李箱和小型手拉行李车随人上扶梯。

3）能作为固定楼梯使用。

2. 产品基本要求

（1）产品符合 GB 16899—1997《自动扶梯和自动人行道的制造与安全规范》的要求。并满足 GB 16899—1997 规范中对公共交通型自动扶梯的全部规定。

（2）第（1）条规定的工作条件，正常使用维护下，整机大修周期不小于 20 年。

3. 基本技术要求

（1）主要技术参数

1）额定速度。0.65 m/s。

2）维修速度。0.13 m/s。

3）节能速度。同维修速度，当自动扶梯上无乘客时，自动转入节能速度。

4）倾角 30°。

5）水平梯级数量。上、下各四块（水平长度不小于 1.6 m）。

6）梯级名义宽度。1 000 mm。

7）上、下导轨转弯半径见表 7—1。

表 7—1 **上、下导轨转弯半径** mm

项目	提升高度	
	小于等于 9.1 m	大于 9.1 m
上导轨转弯半径	2 700	3 600
下导轨转弯半径	2 000	2 000

(2) 主要结构参数

1) 自动扶梯主要外形结构参数符合设计图要求。端部支撑、中间支撑、起重吊钩的设置也符合设计图要求。

2) 中间支撑数量见表7—2。

表7—2 中间支撑数量

提升高度	支撑数
小于等于5.5 m	不设
大于5.5 m而小于等于12 m	设一个
大于12 m	设两个

(3) 控制方式与基本功能

1) 自动扶梯正常情况下只能就地启动和停车。车站控制室装设有急停控制箱，特殊情况下，在车站控制室可按压自动扶梯急停开关，使整个车站的自动扶梯全部停止工作。

2) 扶梯采用计算机监控方式。计算机系统对扶梯的运行状态进行实时监控，一旦扶梯发生故障，计算机对故障进行分类及判断，并马上显示其分类的故障代码，直至故障被消除并经确认为止。

3) 扶梯向车站设备监控系统（EMCS）发出扶梯上行、下行，故障停梯，左、右扶手带对梯级的速度偏差和地板防盗等6种监视信号。

4) 室外梯的上、下地板有防盗监视功能。当地板被非正常打开时，安装在车站控制室的警铃报警。

5) 节能速度由变频器实现。低速运行速度设计为0.13 m/s。在无人乘梯时，扶梯自动转入低速节能运行方式，节约能源，减少机器的磨损。扶梯两端设有转换开关，节能速度可通过转换开关方便地切断和接通。速度转换时的加减速度不大于0.1 m/s^2。

在扶梯上、下水平段，设置光电传感器，以判断有无乘客，其作用范围可调，设计在离梳齿板1.5 m左右时起作用。

采用旁路变频，扶梯正常运行时采用电网供电，转为节能速度时由变频器供电。转换开关的工作寿命不低于变频器的工作寿命。变频器的工作寿命为10年以上，变频器的功率不小于电动机功率。转换开关的规格指标如下：

机械寿命为1×10^7次，操作频率为3 000次/h，电气寿命为5×10^6次，电气开断频率为600次/h。

(4) 电力供应

三相五线：(380±38) V，50 Hz；

单　　相：(220±22) V，50 Hz。

4. 整机技术性能

(1) 在供电符合要求的条件下，实际运行速度和额定速度之间的允许最大偏差为±5%。

(2) 扶手带的运行速度相对于梯级的速度允差为0～2%。

(3) 空载运行时，在梯级及地板上方1 m处噪声值不大于65 dB (A)。

（4）空载运行时，在梯级面上测得的垂直和水平振动加速度不大于 0.5 m/s^2。

（5）速度符合第（1）条的要求时，在无载或带制动负载（120 kg/级）下行时，制动距离为 0.3～1.3 m。

（6）在正常使用和维修保养情况下，自动扶梯在运行中的故障每台每年平均不多于 3 次。

三、楼梯升降机

现以蒂森的 Radius 楼梯升降机为例进行介绍。

1. 工作条件

（1）工作环境条件

1）全部楼梯升降机都按露天条件设计，能在全天候条件下工作。

2）楼梯升降机能沿着楼梯做直线型、转角型、螺旋型的上升及下降，运行倾角不大于 35°。

3）楼梯最小处净高为 2.3 m。

（2）工作制度。应适应城市轨道交通每年工作 365 天、每天 20 h 的工作制度。每台楼梯升降机不间断连续运行能力（来回次数）不小于 5 次（载质量为 250 kg 时导轨运行长度 35 m 以内，150 kg 时长度 43 m 以内）。

2. 产品采用标准

设备的制造和安装必须全面符合但不限于下述标准的要求：ISO/DIS 9386—2《供坐、站立或使用轮椅者使用的斜面电动升降机》。

3. 产品型号、主要技术参数和技术性能

（1）产品型号。Radius 合同产品的主要技术参数、结构、功能等符合标准型产品的基本描述。

（2）定员。1 名坐带动力轮椅的乘客。

（3）额定载质量。250 kg。

（4）额定速度。0.15 m/s。

（5）平台尺寸（宽×长）。800 mm×1 000 mm，满足 1 名坐带动力轮椅的乘客安全使用，不使用时能折叠放置。

（6）电源

1）供电电源。220 V，50 Hz，电压波动小于或等于±10%。

2）驱动电源。免维护蓄电池。

（7）升降机采用拉线式控制器操作，既能由乘客在轮椅平台上自行操作，又可由陪同人员在升降机外操作。

（8）在升降机的起端（上端）和终端（下端）均设有对讲机（立柱式），乘客按下对讲按钮，可与车站控制室通话。车站控制室内的对讲设备是挂壁式电话机。

第二节 电梯安装

一、垂直电梯的安装

1. 电梯安装前准备工作

（1）安装施工组织及安装开工报批手续。电梯的安装和调试是决定电梯投用后能否正常运行的重要环节。电梯安装工程一般以现场施工组织为单位进行，根据不同用途电梯的技术要求、规格参数、层站数、自动化程度等因素来确定所需劳动力及其技术工人等级。通常每台电梯由3～4人组成安装队组，参加安装的电梯技工都必须持有电梯作业人员资格证书。在安装过程中，尚需适时配备一定人数的架子工、木工、泥工、电焊工和起重工。

电梯安装施工组织应由取得相应安装资质的安装单位指定一安装现场施工负责人，并派出相应的质量管理人员进行质量管理工作。安装负责人要向安装成员介绍有关电梯的基本情况、施工现场、电源、警报、医疗、工作周期等事项，并做必需的安全教育。

电梯安装前，使用单位必须持施工方案等相关资料到所在地特种设备安全监察机构申报，具体申报材料应具备以下内容：申报报告、安装合同、营业执照、产品制造安全认可证（复印件）、安装安全认可证（副本）、安装人员名单及其上岗操作证、施工方案（包括施工组织、安装设备与检测手段、施工进度、保证工程质量和安全的具体措施）、电梯安装开工告知手续。质量技术监督行政主管部门应当自收到上述申报材料之日起10日内审核完毕，对符合条件的作出批准同意开工安装的书面意见。这样安装施工单位方可进行施工安装。

（2）电梯安装工程施工进度的安排。施工进度的安排通常是将机械和电气两部分内容按同时进行的原则来安排。

（3）电梯设备的开箱验收及资料准备工作

1）电梯的机械设备和电气装置一般在出厂时已包装成箱。安装人员开始安装前，应会同用户及制造单位的代表一起开箱，开箱后认真清点核对随机技术文件，如安装说明书、使用维护说明书、电气原理说明书、电气电路图、电气安装接线图、安装平面布置图、产品合格证、电梯润滑汇总图表和电梯功能表、装箱单等，同时清点机件规格、型号、数量，如果有随机工器具的也应一并检查有无缺少，并认真做好记录。发现不符之处应及时反映，以便尽早处理。清点后，应由制造单位、安装单位、用户单位、监检单位签字确认。

2）安装人员应熟知我国电梯安装、验收的国家标准，地方法规，企业标准和本单位的安装质量，控制程序要求、方法及内容，该电梯安装维修操作要点，并严格执行。同时要认真调阅所安装电梯的井道、机房土建图，电梯平面布置图，电梯电气控制电路图，电梯安装用图册以及电梯安装调试使用维护说明书等资料。

3）电梯安装人员应熟读这些技术资料和图样，详细了解电梯的类型、结构、控制方式和安装技术要求，进行充分的准备，保质保量地完成任务。

（4）机房与井道土建状况的勘察。电梯安装人员进入安装工地后，应立即根据 GB 7025.1～7025.3—1997《电梯主参数及轿厢、井道、机房的型式与尺寸》标准和所提供的电梯井道、机房土建图尺寸和要求进行查核。

1）进入机房的通道及机房内进行环境检查，并核对机房位置尺寸及楼板预留孔。

2）核对井道平面的内净尺寸。

3）在井道纵剖面图中，核对顶层净高、底坑深度、导轨架预留孔位置及尺寸和各层层门框位置等。

4）对因建筑需要在底坑下方有人可能通过的地方设置防护措施后，方可进行检查。

向土建单位了解底坑地面的设计计算是否满足至少为 5 000 N/m^2 的均布载荷，并且应将对重缓冲器安装在一直延伸到坚固地面上的实心墩上，或在对重上装设安全钳装置。

2. 电梯安装的基本程序

由于现阶段国内各厂商电梯品种、型号、规格繁多，而各梯种甚至各规格电梯在安装方法、安装工艺上或多或少有差别，但其安装的基本程序如图 7—1 所示。

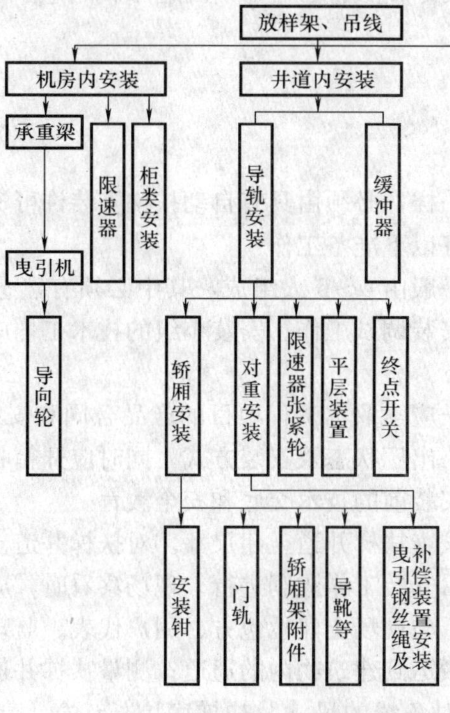

图 7—1　电梯安装程序

一般各公司销售的电梯都附有详细的电气接线图样，按照配线图和接线图认真接线，避免接错、接触不良、断线等现象。注意机房内连接各电气装置的电线、电缆要在线槽内走线，动力线、信号线分开敷设，线槽要布置得合理、美观，确保良好的接地。在确认接线正确后方可送电调试。电梯各电气装置的主要接线如图 7—2 所示。

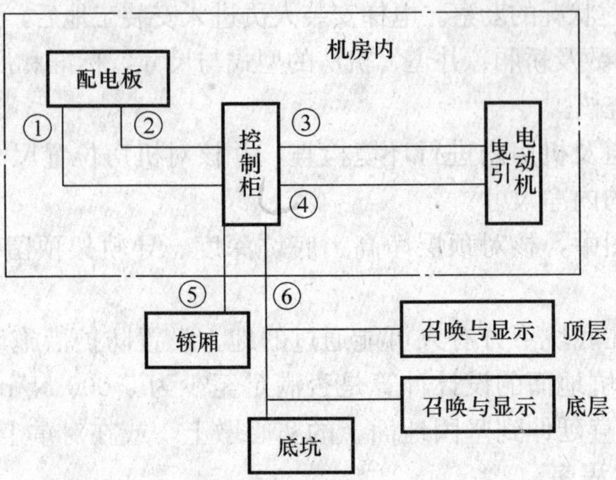

图 7—2 主要电气接线

①—三相动力电源 AC380 V（电线连接） ②—单相照明电源 AC220 V（电线连接） ③—控制柜输出到三相曳引电动机（电线连接） ④—编码器脉冲信息反馈（电线连接） ⑤—控制柜与轿厢的连接（控制电缆连接） ⑥—控制柜与层站召唤的连接（控制电缆连接）

二、自动扶梯的安装

1. 安装前的准备工作

自动扶梯的安装与电梯的安装一样，必须由具有自动扶梯安装许可资质的单位实施安装作业。在安装自动扶梯之前，需做好以下准备工作：

（1）组织安装小组。安装小组一般由 4～6 人组成，其中必须有熟悉扶梯产品的钳工和电工各 1 名，以便全面负责扶梯的安装调试工作。安装小组的技术工均应持有特种设备作业人员上岗操作资格证。

（2）熟悉技术文件。安装小组长应索取本工程项目的产品合同和安装文件合同复印件，了解产品的规格和参数、技术性能、出厂状态及安装方式。同时应开箱收取和熟悉该产品的随机文件，并对小组全体人员进行安装前的技术交底和安全教育。

（3）察看施工现场周围环境，核查扶梯井道土建尺寸。对扶梯井道土建尺寸的再次核查应该认真、细致、精确，确保进场后安装工作顺利进行。现场察看时，应观察井道周围环境是否影响到扶梯桁架的搬入及拼接；与现场土建承包方、用户代表、监理方等充分协调，确定扶梯到工地后的堆放，以及扶梯驳运到建筑物内的通道；测量扶梯井道的提升高度、跨度尺寸、上下开口部的宽度尺寸和其对角线的尺寸及扶梯底坑长、宽、高的尺寸是否符合要求；检查上、下支撑是否有预埋钢板等。

（4）确定施工方案。结合用户工期要求，编制符合现场实际的施工方案，合理安排人力资源、文明施工。在安全施工的前提下，确保施工周期和安装质量，同时注意施工现场的环境保护。

（5）清查或购置安装工具及必要设备。

（6）办理开工申报手续。按国家和地方政府的要求，准备好有关材料，在当地政府部门办理开工申报手续，经同意开工后，安装小组方可正式实施安装工作。

（7）自动扶梯开箱及验收。

（8）安装小组人员应遵守的作业守则。安装施工时应遵守政府部门以及用户单位的有关安全规则，正确规范地使用劳保用品，凡进行带电操作需有 2 人以上同时在场。进行电焊、气割等有一定危险性的作业时，操作人员必须持证上岗，同时应办理动火申请手续。在落实好现场预防措施及动火申请批准后，方可动火，动火时应有 1 人在场进行监护施工，以免发生意外。

2. 自动扶梯的安装

自动扶梯安装的基本程序如图 7—3 所示。

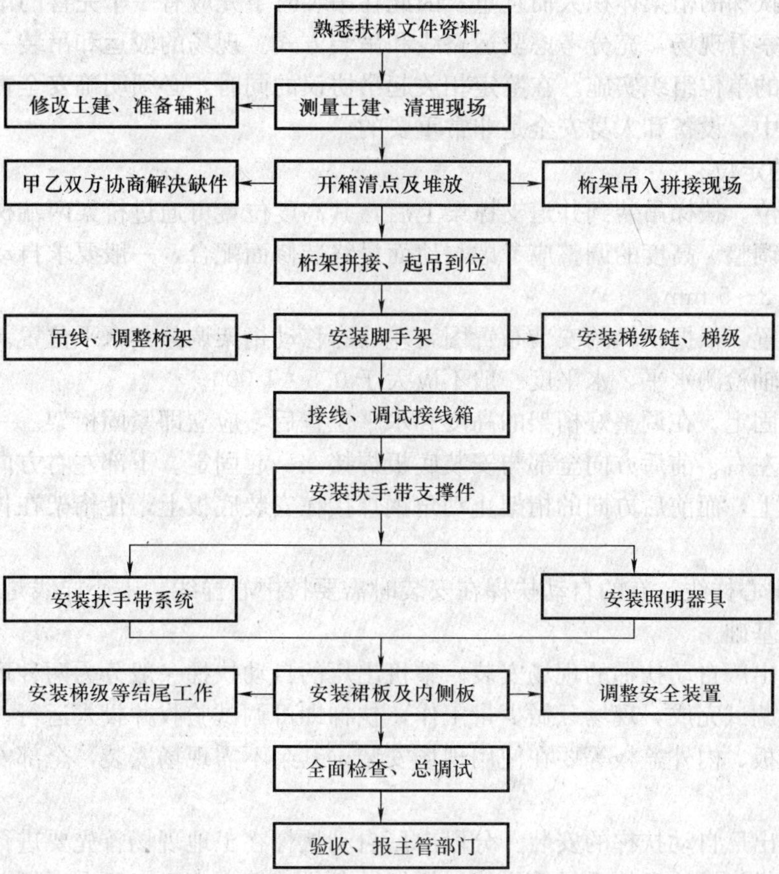

图 7—3　自动扶梯的安装程序

（1）起吊就位

1）驳运。自动扶梯从建筑物外运到井道能够起吊位置的整个过程称为自动扶梯的驳运。驳运路线上的空间净高度和宽度应该能满足自动扶梯顺利通过的要求，驳运通道的地面应该能承受该自动扶梯自重及驳运设备的载荷。在驳运过程中，受力点只能在自动扶梯两端的支撑角钢、起吊螺栓或吊装脚上，严禁冲撞或拖吊扶梯其他部位。在安装起吊就位前，应将工厂装箱发运时摆放在桁架内的全部零部件取出并保管，避免零部件窜动而损坏。

2）起吊顺序。在一个建筑物内有多台自动扶梯安装时，应依据产品订货合同中扶梯的规格参数（主要是倾斜角和提升高度），确定起吊的先后顺序，而且必须从最上一层的一台逐层向下起吊到位。

3）吊装。自动扶梯的吊装分为整机吊装和分段吊装两种方式。

①整机吊装。提升高度较小的扶梯，制造厂一般在工厂已完成装配和调试，有的扶栏也已装好，整机运到工地，直接吊装到井道上即可。因扶梯运输和吊装允许长度的限制，整机吊装的扶梯提升高度一般在 6 m 以下。

②分段吊装。对不能整机吊装的扶梯，一般在工厂装配调试好后，分为几段运到工地。现场拼接可在地面进行，也可在空中对接，然后放置到预定位置。

由于自动扶梯的桁架体积大而且重，因此在吊装时事先应有一个完善的吊装方案。在吊装前，应仔细察看现场，充分考虑驳运路线和吊装方式。现场的驳运和吊装一般都委托给有专业起重资质的单位组织实施。在鉴定相关起吊协议的同时，必须明确安全责任，因为在驳运和吊装过程中，设备和人身安全是非常重要的。

4）桁架的定位

①高度定位。扶梯吊装到井道支撑梁上后，其高度位置可通过桥架两端梯头上的调整螺栓或垫片加以调整。高度的调整应考虑与地面最终装修面配合，一般要求自动扶梯的盖板高出最终完成面 2～5 mm。

②水平位置。依据扶梯的安装布置图，左、右移动桁架调整其水平位置。在调整时，还需要对主驱动轴检测水平，水平度一般不应大于 0.5∶1 000。

③桁架的固定。在调整好桁架的高度和水平位置后，应立即紧固桁架。一般自动扶梯的桁架上部实行左右、前后方向全部与安装底板焊接在一起固定。下部左右方向的桁架止动角钢焊接在底板上，而前后方向的桁架止动角钢焊接在安装底板上，使桁架在长度方向有伸缩余地。

5）放置中心样线。有的自动扶梯在安装时需要拉中心样线，中心样线是安装调整导轨、扶手等部件的基础。

(2) 整机出厂自动扶梯的现场安装。整机出厂的自动扶梯一般分为两种形式：一种是工厂已全部安装调试完成，现场只做少量工作，扶梯即可调试验收并投入运行；另一种是除扶手系统、围裙板、内外盖板等要在使用现场安装，其余不需现场安装，全部安装后方可通电调试运行。

(3) 分段出厂自动扶梯的安装。分段出厂自动扶梯在工地现场首先要进行拼接，其中包括桁架拼接、梯级导轨和扶手导轨拼接、梯级链条拼接等。由于工厂在出厂前已安装调试运行正常后，再分段拆开运送到工地，因此在拼接处的每个接合面上都有冲印线。在现场拼接时，应充分调整左右、上下位置，使冲印线对齐，再在连接面的间隙处插入相应的垫片，然后再穿入高强度螺栓，用力矩扳手拧紧螺栓。拼接完成并吊装在井道支撑梁上之后的安装与整机出厂自动扶梯的现场安装类似。

(4) 安全保护装置的安装调整。为确保乘客和设备本身的安全，自动扶梯设置了一系列安全保护装置，因此在现场安装时，一定要精心安装调整，避免意想不到的事故发生。现场安装时，应按生产厂家提供的安装说明书中的安装技术要求调整好机械动作间隙和连接好安全开关配线，确保起到安全保护的作用。

三、楼梯升降机的安装

1. 蒂森 T80 型的安装

(1) 检查现场条件是否具备，如拆除栏杆、清理斜坡、除去有碍运行的扶手、电源供给等。

(2) 为避免损坏设备，只有需要安装的部件才能拆开包装。未拆包装的部件应放置于发运的泡沫材料上。在搬运平台的过程中，尽可能抓住护栏的端部。搬运座椅式和站立式平台的方法是用（直径×壁厚）ϕ40 mm×3 mm 适当长的钢管穿入平台的上滚轮，搬运时抓住钢管。

(3) 如果采用立柱式安装，按照设计图样定位最下端的第一个立柱并打入膨胀螺栓。用铅垂线检查其垂直度。

(4) 将滚轮转至适合导轨倾斜状况的角度，如图 7—4 所示。

(5) 平台安装

1) 按照图样调整平台。

2) 将第一段导轨（即最下端的导轨）插入平台滚轮内（导轨部件上已经用小铁片依次编号），注意旁通开关的滚轮应用手事先压住，并适时将手抽回，以免擦伤。

3) 导轨段顺利进入平台滚轮后，校正驱动链条的两滚柱应垂直，将松闸杆向上抬起，同时转动松闸手轮向上移动平台（手轮上已经标明转动方向）。这样一来，链条滚柱就可以向下移动，导轨也就可以更进一步地移入。

4) 首段导轨着地以前，切记将导轨盖帽套上。

5) 导轨必须顺利插入直至接触地面。

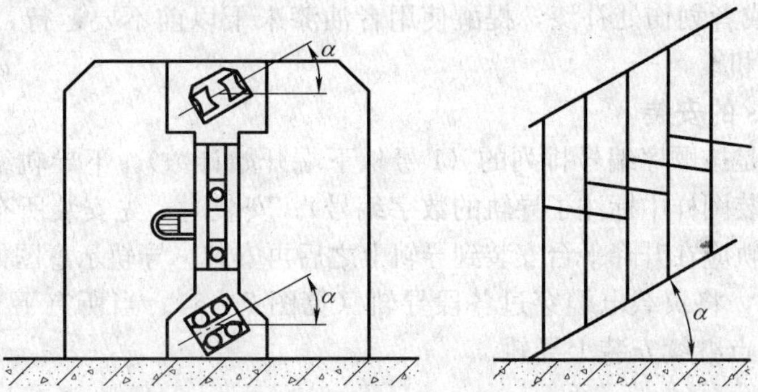

图 7—4 适合导轨倾斜状况的角度

(6) 若采用立柱安装，立柱有时需要在楼梯梯级或者墙上额外固定，必要时应切除过长的支架。

(7) 主电源盒（对三相交流驱动）和保护地线的安装。将主电源盒固定于墙上，连接电源线，再连接电源供给线。如果有电缆盘，参考该盘上所附接线图接线。将准备好的保护地线连接到导轨上。

对于直流驱动，也需连接保护地线。

考虑到维护需要，导轨周围需要照明电源，从主电源盒到导轨的距离最大为 4 m。

(8) 调整最下面的部件（限位开关、螺杆等）。

（9）根据图样安装、调整、固定其他的立柱。立柱可能由几部分组成，出厂时已经编号，这需要在现场连接。立柱在焊接或者打磨的过程中，应防止对设备造成损坏。导轨连接处的导向管要预先涂上黄油，紧固导轨和螺栓。采用立柱安装时，需用连接板将支撑架连接起来，将导轨的其他部件固定在立柱或者墙上。

（10）试运行之前，清理轨道。将平台驶到最后安装的导轨末端，必要时做局部的调整和校正，注意不要让平台驶离导轨。

（11）重复第（9）和（10）项的工作，直到整段导轨安装完毕。

（12）根据图样固定召唤盒并通过同主电源盒接线。通过线槽召唤盒的位置要考虑能观察到导轨，注意召唤盒的位置和主电源盒的位置应该遵照有关方面的规定。所有召唤盒必须紧固。

（13）直流驱动升降机。连接充电装置的电源线，电源线套上塑料管装接上扁平接线耳，并与正负触头连接起来，测试其功能。只有在平台充电刷位于充电装置内时才能进行该测试。充电装置应该位于使用者能够看得见其发光LED的位置。

（14）固定安全防护栏或防护管。在直线导轨段可用钢条代替防护管，可用支架固定在立柱上。

（15）在螺栓、立柱、圆管上套上防护盖。

（16）安装完成后以最大载荷测试运行，检测所有的安全保护和功能（包括限速器）。以125%的载荷测试限速器时，将限速器的弹簧从固定销中拔出，向下运行，直到限速器摆块卡住平台并切断电气回路。测试完成后，压下抱闸并转动手轮，向上移动平台使限速器摆块复位。测试完毕后将弹簧插入固定销中。

（17）对脱漆或者划伤处补漆，提醒使用者油漆未干以前不要运行，或者由于相关规定其不适合操作升降机。

2. 蒂森Radius的安装

（1）各段导轨是按顺序编号排列的（1号从下端开始计数）。下导轨编号为奇数，上导轨编号为偶数（在安装图样中标注了导轨的数字编号）。安装时，先安装所有下导轨，最低处的第1段和第2段导轨应在升降平台安装到导轨上之后再安装。导轨示意图如图7—5所示。

（2）在安装前，将负载电缆穿过各段导轨（见图7—6）。当所有下导轨安装完毕以后，可以从同样的基准点继续安装上导轨。

图7—5　导轨示意图

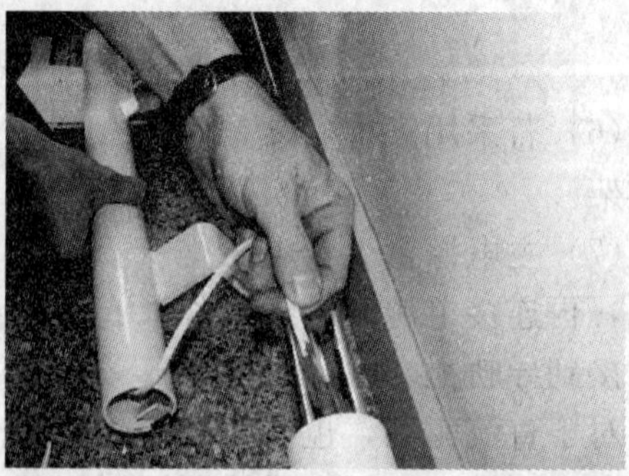

图7—6　将负载电缆穿过各段导轨

（3）支柱是从底部开始编号的，1号是最低处的一根。根据安装图样将支柱安装在正确的台阶上，轻轻地固定好所有支柱的垂直部分。指定的支柱应固定在基准点。图样上的测量距离是指从台阶到必须安装的第一段导轨的支架孔中心的距离。

（4）连接充电触头。充电触头必须用M3螺钉紧固在外壳的后侧。

（5）紧固所有连接处。

第八章

电梯维修保养与故障处理

第一节　电梯的维修保养

一、垂直电梯

1. 层门、轿门和自动门机构维修保养工艺

(1) 层门、轿门安全技术检查

1) 要求层门、轿门应平整垂直，启、闭轻便灵活，无跳动、摆动和噪声，门滑轮的滚动轴承和其他摩擦部位及所有运动部分都应润滑。

2) 层门应设置自动关闭装置，当轿厢在开锁区域以外时，确保层门自动关闭。

3) 层门门锁应灵活可靠，在层门关闭上锁时，必须保证不能从外面开启。

4) 层门和轿门的电路控制回路应灵敏可靠。电梯只能在门锁闭上、触头闭合接通的情况下才能运行。当层门、轿门开启，电路触头断开时，电梯应不能启动。

5) 安全触板或光幕应反应灵敏，安全可靠。

6) 各门锁钩、锁臂及动触点动作灵活，形式为直接式的电气机械连锁。在电气安全装置动作之前，锁紧元件的最小啮合长度为 7 mm，关门时无撞击声，接触良好。

(2) 层门、轿门维护保养和调整

1) 层门地坎的不水平度误差不应超过 2∶1 000。地坎应高出装修地面 2～5 mm，并形成 1∶100～1∶50 的过渡斜坡。

2) 各层层门地坎至轿门地坎的水平偏差均不应超过±30 mm。

3) 层门套立柱的不铅垂度和横梁的不水平度偏差均不应超过 1/1 000。

4) 层门框架立柱的不铅垂度和横梁的不水平度偏差均不应超过 1/1 000。

5) 层门轨道与地坎槽在导轨两端和中间三处间距的偏差不应超过±1 mm，即导轨与地坎槽尽可能保持平行。

6) 层门导轨滑轮接触面（即顶面）与地坎槽底部的不平行度偏差不应超过 1 mm，即导轨与地坎槽不能倾斜。

7）层门导轨不能扭斜，其不铅垂度偏差不应超过 0.5 mm。

8）对于直分式层门导轨，其接头处允许有不大于 10 mm 的间距。

9）调整滚轮架上的偏心挡轮与导轨下端面间的间隙，使其不大于 0.5 mm，为使门扇在运行时平稳无跳动现象。

10）门扇未装联动机构前，在门扇的中心处，沿导轨水平方向，任何部位牵引时其阻力应小于 3 N，即用手移动门应当轻便灵活。

11）层门的门扇与门套、门扇与门扇间的间隙，客梯为 1～6 mm，货梯为 1～8 mm。

12）中分式门的门扇在对口处的不平度偏差不应大于 1 mm，门缝的尺寸在整个可见高度上均不应大于 2 mm。

13）调整各层层门门扇。在开、闭 100 mm 和行程的 1/2 时，其开门力的差值不超过 5%。

14）有的电梯层门门扇上安装有强迫关门装置，当轻微用手扒开门缝时，该装置应使门闭合严密。

15）折叠式门扇的快门与慢门之间的重叠部位为 20 mm。

16）开门刀与各层层门地坎和各层机械电气连锁装置的滚轮与轿厢地块间的间隙均应为 5～10 mm。

17）轿厢门要求与层门相同。

18）轿门和层门都是电梯安全保护装置，防止人员坠入井道，或与井道相撞受伤，造成事故。

（3）自动门机构维修保养和调整

1）自动门机构动作应灵活可靠，各拉杆连接部位定期用薄油润滑，孔内不许有脏物。

2）传动带张力的调整。因传动带传动噪声小，而在自动门减速机构中广泛应用，在使用一段时间后，传动带有结构性伸长，使张力降低，引起打滑，传动乏力，其调整方法可将电动机位置进行精调。

3）关门缝隙的调整。若关门缝隙过大或过小，应调整曲柄在轮槽中的位置，在门的自闭位置松开曲柄与轮的紧固螺栓，移动曲柄在腰形槽的位置，使门关闭到位再拧紧螺栓。

4）门转动平稳的调整。自动门机构横梁两端有调整螺杆，旋进或旋出螺杆，可以使横梁安装水平，只有在安装合格的情况下，各个门扇移动才会均匀无颠簸，否则会造成门移动、抖动或卡死现象。

5）检查电动机接线。清除电动机上灰尘，每季用薄油润滑轴承。当电动机调速不好，或门移动冲击现象严重时，应检查限位开关有无移位，触点是否灵活，接线有无脱落或松动。

6）检查限位开关的作用。当曲柄轮在一个方向转 180°时使门开启，而在相反方向转 180°时使门关闭，数个限位开关位置分布在半个圆周上，由固定在曲柄轮上的挡块来分别按序地产生作用。

7）检查拨动层门的刀片有无松动，刀片尖部是否损坏。

（4）安全触板维修保养和调整

1）安全触板能使正在关闭的轿门碰到障碍物时，不仅停止关闭，而且迅速开启。要求定期在各杠杆铰接部位用薄油润滑一次。

2）调整触板与中心线平行度。调整触板平行度可以改变门缝夹持乘客宽度。

3）调整微动开关触点。在正常情况下，应使开关触头与触板端部螺栓头刚好接触，在弹簧的作用下处于准备动作状态，只要触板摆动，触头便立即动作。为此可旋进或旋出螺栓，使螺栓头部与开关触头保持接触。

2. 限位开关维修保养工艺

（1）限位开关动作应灵活可靠。其作用是防止轿厢超越端站撞顶或蹾底时的第一级保护装置，若失效，则轿厢超越端站仍上升，直至极限位置，此时要靠极限开关起第二级保护作用。

（2）顶站限位开关安装在距顶端站平层位置以上 50 mm，底站限位开关安装在距底端站平层位置以下 50 mm，即轿厢到达上端或下端站时，由安装在轿厢架上的碰板来撞动开关触头，切断电源，电梯自动停止。

（3）为保证限位开关始终处于良好工作状态，使轿厢架上碰板超过开关碰头 1～5 mm，安装位置在靠近端站的井道壁上。

（4）轿厢架上碰板应垂直，有足够长度，标准是在碰板与开关作用后，开关沿碰板不致反向脱离。

（5）限位开关与碰板作用时应全面接触，沿碰板运行过程中，开关触头必须可靠动作并不使受压过紧，以防损坏。并应注意限位开关碰轮安装方向，否则会损坏开关。

3. 极限开关维修保养工艺

（1）极限开关装置是轿厢越层最后一级保护，和安全钳一样，在长期使用中虽极少动作一次，但必须加强维护和认真检查。

（2）检查动作是否灵活可靠，各活动部位应定期加润滑油。由于电梯因限位开关失效或其他原因不能在上、下端站及时停止，而继续行驶时，在超越楼面所规定的距离内（50～200 mm 处），缓冲器动作之前极限开关应起作用，切断驱动电动机电源，使电梯停止。

4. 曳引钢丝绳

（1）钢丝绳安全要求

1）电梯用的钢丝绳，在悬挂前必须经过试验，一般情况，产品出厂已出具合格证书，可不经试验。

2）新绳悬挂前，发现其中拉断、弯曲不合格钢丝绳面积占钢丝总截面积达到 6%时即不能使用。

3）换新绳应符合原设计要求，如用其他型号替代，则要重新计算，除绳直径符合原要求外，破断拉力也不低于原要求。

（2）钢丝绳的检查方法。人在机房，电梯慢车行驶，细心检查绳的表面是否有麻斑、断股、干燥、锈蚀及是否受力均匀。

在机房检查完毕，应到井道检查钢丝绳，人站在轿顶上，电梯行驶到轿顶与对重平齐，检查钢丝绳的轿厢与对重连接部分，再启动电梯慢速运行，使轿厢从井道顶部移到底部，并每隔 1.5 m 停止一次，检查对重上部的钢丝绳。

最后，仔细检查钢丝绳的连接装置，零件不允许锈蚀，紧固螺母不能松动，压紧弹簧不能有永久变形和裂纹。方法如下：用小锤轻轻敲击被查部位，观察松动情况，若敲击有嘶哑声，表明存在裂纹，应予以更换。

（3）钢丝绳的使用和维护

1）钢丝绳不允许有接头。

2）每根钢丝绳受力必须均等。

3）备用钢丝绳应存放在干燥、通风室内，绳面涂防腐剂，每年检查一次，存放5年以上再使用时要进行拉力试验。

4）钢丝绳锈蚀破坏性极大，外层容易锈蚀并会向内蔓延，谨防隐蔽破坏。

5）电梯运行中，导轨不直或接头不平，导靴与导轨间隙过大会引起钢丝绳在运行时振动。

二、自动扶梯

1. 梯级运行安全开关

（1）开关设定

1）开关打板应处于压紧导轨的缺口中央，如图8—1所示。

2）开关打板位置尺寸参见表8—1。

3）打板的高度应测量 h_1，h_2 位置。

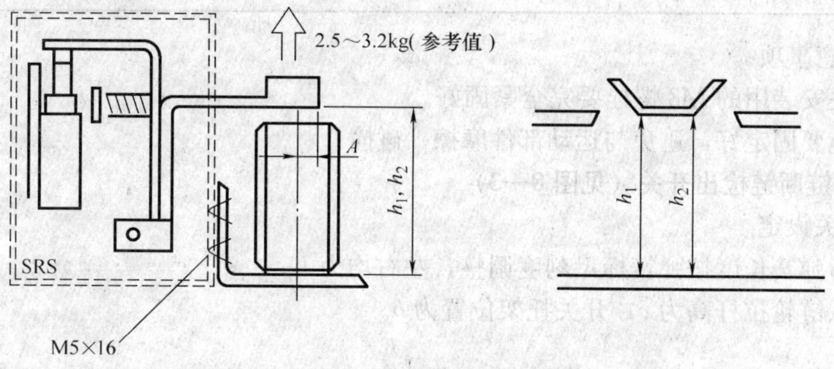

图8—1 梯级运行开关

表8—1 开关打板位置尺寸 mm

位置 / 尺寸	上部	下部
h_1、h_2	86～87	87～88

（2）注意事项

1）开关安装用的M5沉头螺栓要完全紧固，螺钉头不能凸出导轨面。

2）电缆要可靠固定，避免与运动部件摩擦、碰撞。

3）打板面应超出梯级后轮中心位置（A）。

2. 梯级塌陷保护开关（后轮）

（1）开关设定

1）碰杆的位置如图 8—2 所示。

2）b 的测定点为 A、B、C 三点。尺寸要求见表 8—2。

3）d 的测定，由于检测杆离开导轨，所以要用 15 cm 左右的直尺作正确测定。

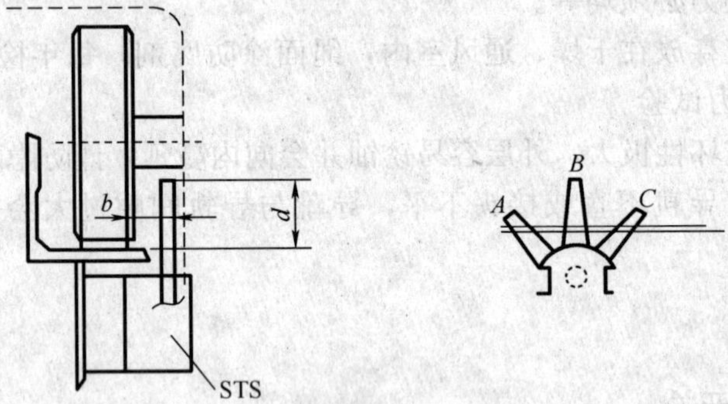

图 8—2　梯级下陷开关

表 8—2　　**开关尺寸**　　mm

型号	b	d
1 200 型	5±1	24.5±1

（2）注意事项

1）开关安装用的 M8 螺栓要完全紧固好。

2）电缆要固定好，避免与运动部件摩擦、碰撞。

3. 梯级链断链检出开关（见图 8—3）

（1）开关设定

1）张力弹簧长度按弹簧标尺刻度调整，左右均为 L。

2）确认链轮拉杆高为 c，开关托架位置为 b。

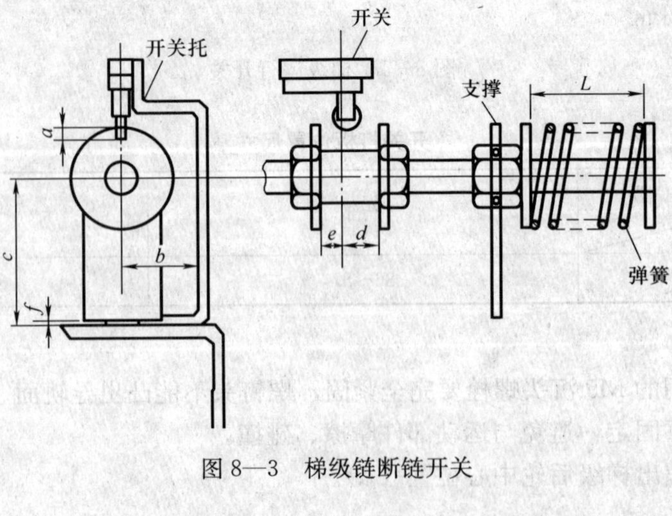

图 8—3　梯级链断链开关

3）支撑板与梯架间隙为 f。

4）开关安装尺寸见表 8—3。

表 8—3 开关安装尺寸 mm

链	a	b	c	d	e	f	L
C-16S	2～2.5	36～37	77～78	18	11	0.5～1.0	188～193
C-24S	2～2.5	36～37	77～78	18	11	0.5～1.0	165～170
C-39S	2～2.5	36～37	102～103	18	11	0.5～1.0	178～183

4. 扶手带出入口安全装置（见图 8—4）

（1）扶手压紧导承的设定应参照规定。

（2）开关应在正常运转（8 h 以上）结束后确认。

（3）扶手带与开关的间隙，上、下运行均设定为 1.5～4 mm。

（4）在压力确认点开关 OFF 的压力应为 10～30 N。

（5）开关整个表面动作自如。

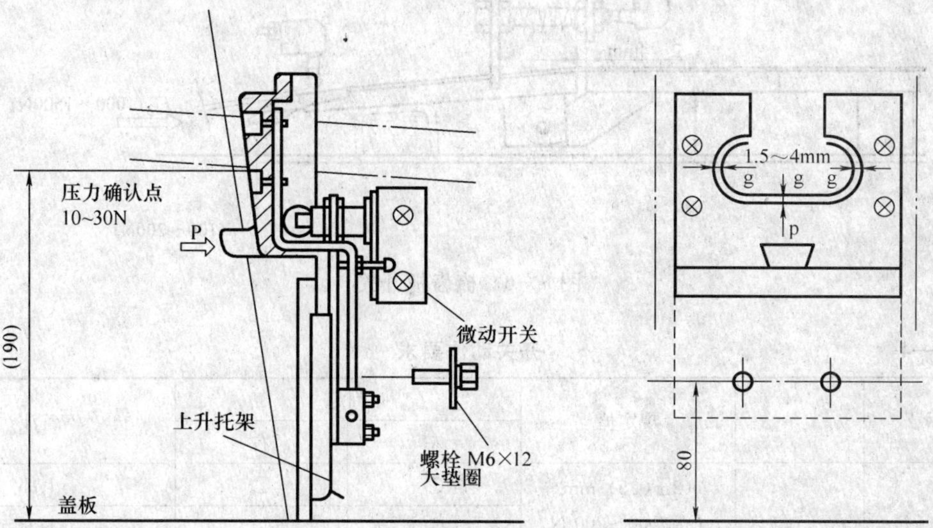

图 8—4 扶手带出入口安全装置

5. 裙板安全开关（见图 8—5）

（1）裙板与梯级间隙为 0.5～3 mm。

（2）微动开关的顶端与裙板表面的标记一致。

（3）用压力装置（500 N）按压裙板表面，开关要动作。维修保养管理极限值为 500～700 N。

（4）微动开关的方向要正确。

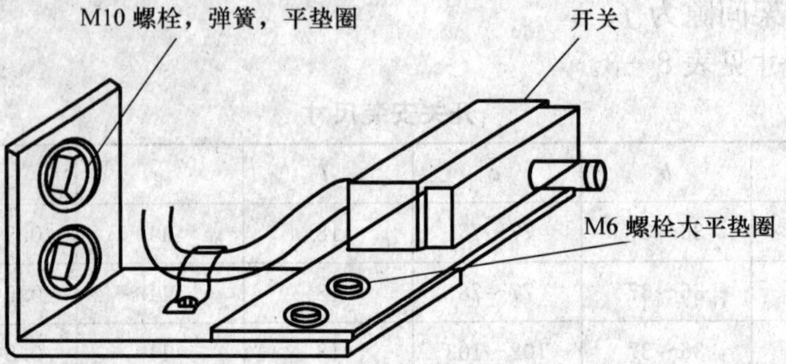

图 8—5　裙板开关

6. 梳齿板开关（见图 8—6）

开关动作要求见表 8—4。

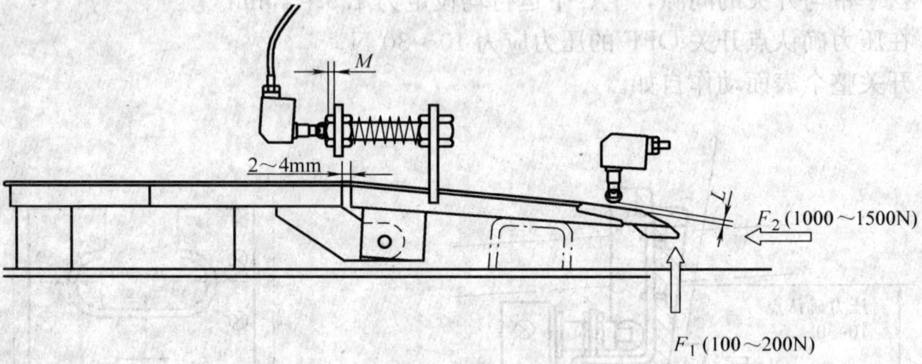

图 8—6　梳齿板开关

表 8—4　　开关动作要求

表示标号		规定值	判定		备注
			左	右	
GMS	L	（2±0.5）mm F_1：100～200 N	○	○	上部
			○	○	下部
	M	1～2 mm F_2：100～200 N	○	○	上部
			○	○	下部

7. 驱动链断链开关（见图 8—7）

（1）安装位置见表 8—5。

表 8—5　　驱动链断链开关安装位置　　mm

表示标号	符号	规定值
DCS-A DCS-B	S_a	17.5～19.5
	S_b	6.5～7
	S_c	6～9

（2）动作要求见表 8—6。

表 8—6　　**驱动链断链开关动作要求**

表示标号	判定标准	
DCS	当 $25\leqslant\delta\leqslant50$ 时，DCS-B 动作	工作制动器动作
	当 $70\leqslant\delta$ 或驱动链断裂时，DCS-B、DCS-A 同时动作	工作制动器动作和辅助制动器同时动作

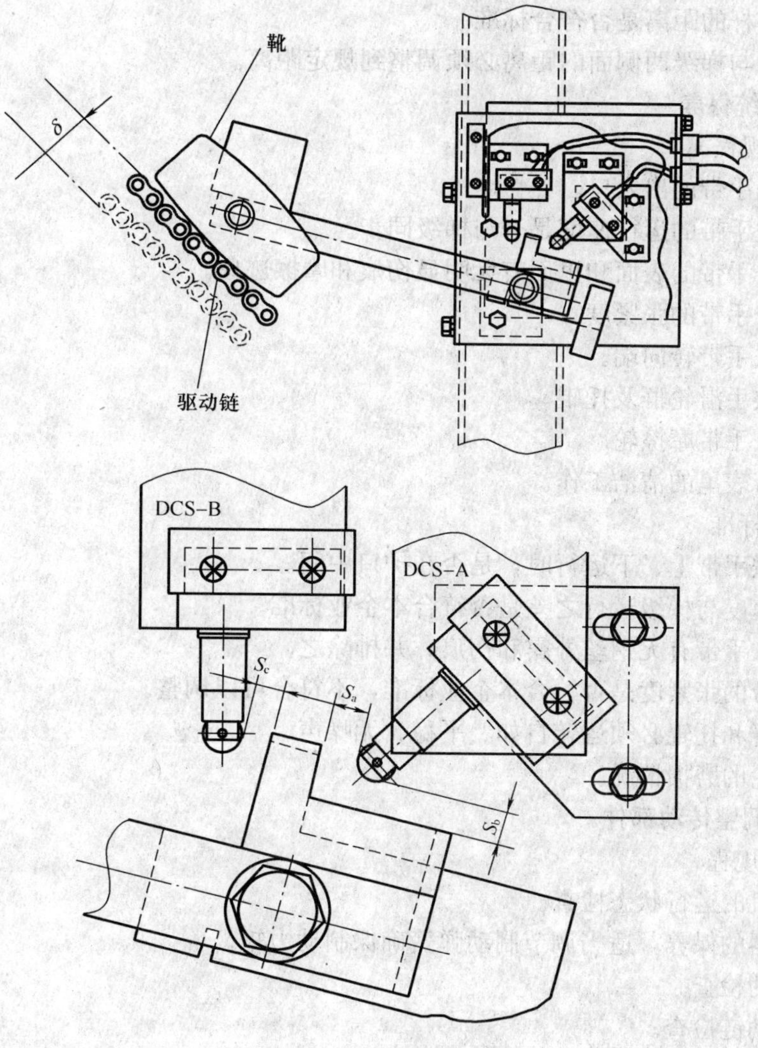

图 8—7　驱动链断链开关

8. 梯路系统保养

（1）技术规程

1）拆掉 3 只检修梯级。

2）观察梯级导轨。

3）检查梯级链条及张紧度。
4）逐个检查梯级。
5）查看梯级下陷保护装置。
6）检查梯级两侧与挡轮间隙。
（2）检验标准
1）运行时平稳，无异常噪声。
2）梯级出入梳齿板时能对准中心，梳齿啮入梯槽内深度符合标准。
3）检查立杆的距离是否符合标准。
4）防偏轮与梯级两侧面的距离必须调整到规定距离。

9. 扶手系统保养

（1）技术规程
1）检查扶手带的出入口。
2）检查扶手带的运行速度是否与梯级同步。
3）检查扶手带的表面和里面有无明显伤痕和摩擦迹象。
4）检查扶手带的张紧度。
5）检查扶手带转向端。
6）检查扶手滑轮群及托辊。
7）检查扶手带摩擦轮。
8）扶手带表里的清洁工作。
（2）检验标准
1）观察扶手带上、下运行时，是否在护口中间。
2）运行速度与梯级运行之差是否符合本企业标准。
3）检查扶手带有无钢丝外露和伤痕，并排除之。
4）扶手带的张紧度是否符合本企业标准，不符合可以调整。
5）滑轮群和托辊必须运转自如、平稳、无噪声。
6）摩擦轮的磨损情况。

10. 保养调整传动部件

（1）技术规程
1）减速机的运行状态检查。
2）制动器的保养，适当调节制动弹簧确保制动力矩。
3）链轮的检查。
4）主传动链检查。
5）扶手传动链的保养。
（2）检验标准
1）减速机是否平稳。
2）有无异常噪声。
3）制动器的闸瓦带磨损度检查。
4）主动链轮和被动链轮的磨损。

5）主动传动链的张紧度。

6）插销是否齐全，有无脱落。

7）扶手传动链的张紧是否符合标准。

第二节　电梯故障处理

一、垂直电梯

垂直电梯部分故障及处理方法见表8—7。

表8—7　　**电梯故障及处理方法**

故障现象	故障原因	排除方法
开关门时冲击声很大	开关门粗调电阻器调整不当	调整电阻器电环位置
	开关门细调电阻调整不当或电环接触不良	调整电阻环位置或调整其接触压力
关门后电梯不能启动	厅、轿门连锁开关接触不良或损坏	检查修复连锁开关
	电源电压过低或缺相	检查并修复
	制动器抱闸未松开	调整制动器
	直流电梯励磁装置故障	检查并修复
电梯启动困难或运行速度减慢	电源电压过低或缺相	检查并修复
	制动器抱闸未松开	调整制动器
	直流电梯励磁装置故障	检查并修复
	曳引电动机轴承润滑不良	补油或清洗更换润滑油脂
	曳引机减速器润滑不良	补油或更换润滑油脂
电梯平层准确度差	轿厢过载	严禁超载
	制动器制动力过大或过小	调整制动器
	制动器闸瓦磨损严重	更换制动器闸瓦
	平层感应器与隔磁板相对位置发生变化	调整两者的相对位置
电梯运行未到站突然减速停车	门刀与门轮发生碰撞	调整门刀与门轮间隙
	电梯超速，限速器动作	处理超速故障，恢复安全装置
	厅门或轿门突然被打开	检查厅门或轿门
	外电网投入停电或换电	如果时间较长且轿厢有人，做紧急救援
	因某种原因，总电源开关跳闸或熔丝烧断	查处原因，处理后更换熔丝或重新合上总电源开关
	其他安全装置动作	调查安全装置动作原因，并可靠恢复
电梯运行忽快忽慢	测速装置反馈信号有问题	检查测速电动机、码盘等并做必要调整
	电磁制动器电压不正常	检查并修复

续表

故障现象	故障原因	排除方法
电梯运行忽快忽慢	直流电梯励磁装置有故障	检查并修复
	电梯选层器信号不正常	检查选层器并修复

二、自动扶梯

自动扶梯部分故障及处理方法见表8—8。

表8—8　自动扶梯故障及处理方法

故障现象	可能的故障原因	排除方法
扶手带脱落或与梯级运行速度不同步	扶手带伸长	重新张紧扶手带，如果扶手带的伸长量超过允许值，则应更换扶手带
	摩擦轮轮毂磨损	重新张紧扶手带或压带，如果摩擦轮轮毂的磨损量已超过许可值，则应更换摩擦轮
	压带磨损、松弛	重新调整压带的张紧度，如果压带已磨损过量，则更换压带
梯级运行开关动作	有异物卡住	清理异物
梯级下陷开关动作	梯级有断裂或破损	更换梯级
	梯级辅轮或牵引链滚轮损裂或过度磨损	更换滚轮，并复位安全开关
扶手带断带开关动作	扶手带伸长	重新张紧扶手带，如果扶手带的伸长量超过允许值，则应更换扶手带
	扶手带断开	更换扶手带
	开关未调整到位	重新调整开关

第三节　电梯与其他系统的接口

一、垂直电梯与EMCS的接口

城市轨道交通车站里的垂直电梯与EMCS（设备监控系统）有接口，当车站EMCS运行火灾模式，车站里的垂直电梯能与EMCS实现联动，自动运行火灾模式，电梯接受车站监控系统（EMCS）指令，能自动行驶至基站，开门放人后停运，直至火灾指令去除后才恢复正常使用。

二、自动扶梯与EMCS的接口

EMCS能监控自动扶梯的上、下行运行状态，左、右扶手带超速报警状态和一般故障状态，室外扶梯还有防盗盖板报警状态。自动扶梯与EMCS接线端子的排列如图8—8所示。

公共端	上行	下行	一般故障	左扶手带故障	右扶手带故障	盖板防盗报警

图 8—8　自动扶梯与 EMCS 接线端子图

自动扶梯提供干性无源触点到 EMCS 模块箱，电源由 EMCS 模块箱提供，为 DC24 V。当自动扶梯处于上行或下行时，其相应的状态继电器吸合，此时公共端与上行或下行端子导通，将相应的状态反映在 EMCS 系统上。其他状态与上下行状态的工作原理一致。

三、自动扶梯与主控系统的接口

主控系统主要是为了实现车站控制室内 IBP 盘上的急停功能，以及对室内扶梯上、下行运行状态的监视。室内扶梯在 IBP 盘上是单台急停的，即每台室内扶梯在 IBP 盘上都有一个急停按钮；而出入口扶梯只有一个总急停按钮，即按下总急停按钮，所有出入口扶梯都能够停止运行。

自动扶梯与主控 IBP 盘的接线是由自动扶梯在车控室的防盗报警箱接到 IBP 盘，采用硬线连接。自动扶梯到车控室防盗报警箱也直接采用硬线连接，扶梯到报警箱的接口端子如图 8—9 所示。

电源 +	电源 −	急停端子	急停端子	防盗报警

图 8—9　自动扶梯与车控室报警箱接线端子

IBP 盘上直接连接到防盗报警箱的两个急停端子上，当车控室 IBP 盘上按下急停按钮时，两个急停按钮导通，给电梯控制系统发出急停指令，电梯紧急停止。

第四节　维修工具及仪表

一、链条葫芦及千斤顶

1. 链条葫芦

链条葫芦（又称倒链）是一种不需要底部铺垫固定，且可将重物在空间中升到任何一个需要的位置上的小型起重工具，使用携带均很方便，不仅可以用于中装，也可用做收紧缆绳及庞大设备运输时的固定，还可以用于对口、找正等。

链条葫芦使用时应注意以下问题：

(1) 使用的链条葫芦必须是正式厂家的合格产品。

(2) 对用过的、旧的链条葫芦，使用前应做详细检查，如吊钩、链条等是否完好，起重链根部销子是否合乎要求，传动部分是否灵活，起重链是否错扭，自锁是否有效，各部件是否有裂纹、变形、严重磨损等。

(3) 使用时如发生卡链，应将重物垫好后，方可检修。

(4) 链条葫芦在任何方向作用时，手拉链的方向应与链轮的方向一致，拉链条时用力要均匀，不得突然猛拉。

(5) 操作时，葫芦下方不得站人。

(6) 严禁超负荷使用。操作中应根据葫芦起重能力的大小决定拉链的人数，一般起重能力在 5 t 以下的允许 1 人拉链，5 t 以上的允许 2 人拉链，拉不动时要查明原因，以防物体卡阻或机件失灵发生事故。

(7) 吊物如需要在高处停留一段时间，应将手瓣链牢固地拴在起重链上进行保险，并要有安全绳，以防自锁失灵。

(8) 链条葫芦不得用于高处寄存重物或设备。

(9) 链条磨损达 15%以上严禁继续使用。

(10) 切勿将润滑油渗入摩擦片内，以防自锁失效。

2. 千斤顶

由于千斤顶顶升重物时不需要辅助设备，且顶升缓慢、均匀、稳定，又适用于校正设备安装偏差和物件变形等，因而在安装施工中广泛应用，但由于千斤顶与顶升重物接触点较小，且依赖底座的平整、坚实及与重物接触良好，所以使用时要注意以下几个问题：

(1) 因千斤顶种类较多，型号繁杂，使用前必须熟知千斤顶的性能、特点及使用方法。

(2) 保持千斤顶的清洁，应放在干燥、无尘处。切不可在潮湿、污垢、露天处存放，使用前应将千斤顶清洗干净，并检查活塞升降以及各部件是否灵活可靠，注入的油是否干净。

(3) 使用油压千斤顶时，禁止工作人员站在千斤顶安全栓的前面，安全栓有损坏的不得使用。

(4) 千斤顶应与顶物垂直且接触面良好。

(5) 千斤顶顶升重物不能长时间放置不管，更不能做寄存物件用。

(6) 千斤顶使用时的放置处应平整、坚实，如在凹凸不平或土质松软地面，应铺设具有一定强度的垫板。为保持千斤顶与重物接触面稳固，其接触面间应垫以木板。

(7) 不得在千斤顶的摇把上套接管子，或用其他任何方法加长摇把的长度。

(8) 千斤顶顶升高度不得超过限位标志线，如无标志线者，不得超过螺杆或活塞高度的 3/4。螺旋螺纹或齿条磨损达 20%严禁使用。

(9) 要注意千斤顶顶升过程的安全操作。顶升重物时，应先将重物稍微顶升一些，然后检查其千斤顶底部是否稳固平整，稍有倾斜必须重新调整，直至千斤顶与重物垂直、平稳、牢固时，方可继续顶升。

(10) 千斤顶下降时应缓慢，不得猛开油门使其突然下降，齿条千斤顶也应如此，以防止突然下降造成摇把跳动而打伤人。

（11）数台千斤顶同时顶升一个重物时，应有专人指挥，以保证升降同步进行，防止受力不均，物体倾斜而发生事故。

二、转速计

转速计又称测速仪、转速表，用来测量物体旋转的速度。

转速计按其测量的方式可分为接触式和非接触式转速计。非接触式的转速表又称激光转速表。

转速计的测量原理如下：

接触式转速计利用离心力的原理，速度越高作用于弹簧的离心力越大，指针偏移越多，再通过传感器转换，换算成转速并通过 LED 数码管显示出来。传感器主要有各种速度计，运用电磁、霍尔、光栅式等技术。

非接触式转速计是在被测旋转轴上贴一片铝箔作为反光体，当反光体转到光电传感器的正前方时，光电传感器发出的红外光束被反射回来，同时被光电传感器上的红外接收管接收，产生一个脉冲信号，利用这个信号的边沿触发单片机内部的高精度定时器进行计时，精度可达 1 μs，当反光体再次转到光电传感器的正前方时，利用光反射信号的边沿停止单片机计时。这样转轴的旋转周期就被精确地测量出来了，然后单片机把周期换算成转速并通过 LED 数码管显示出来。

第五节 作业安全

一、概述

（1）电梯安装工必须经过岗位技术培训和安全操作培训，经过有关部门考核合格，持有岗位资格证，方可上岗操作。

（2）电梯工必须熟悉掌握起重、电工、钳工、电梯驾驶等理论知识和实际操作技术，熟悉高空作业、防火和电焊、气焊的安全知识，熟悉电梯安装工艺的要求。

（3）非电梯工严禁操作电梯，不得单独进行电梯的维修保养、更新改造、安装操作。

（4）对违反规程的人，根据其违反规程的性质及后果，追究其经济上、行政上直至法律上的责任。

二、电梯检修基本规程

（1）电梯工接到任务单，必须会同有关人员到现场，根据下达的施工要求和实际情况，采取切实可行的安全措施后，方可进入工地施工。

（2）施工场地必须保持清洁和畅通，材料杂物必须堆码整齐、稳固，以防倒塌伤人。

（3）操作时，必须正确使用个人劳保用品，严禁穿汗衫、短裤、宽大笨重衣服和硬底鞋进行操作。集体备用的防护用品，必须做到专人保管，定期检查，使之保持完好状态。

（4）电梯层门安装前，必须在层门上设置安全护栏，并挂有醒目的标志，在未放置障碍物之前，必须有专人看管。

(5) 进入轿厢、轿顶必须思想集中，看清轿厢的具体位置，方可用正确的方法进出，轿厢未停稳不准进出，严禁电梯层门一打开就进去，以防踏空下坠。

(6) 安装曳引机组、轿厢、对重、导轨，或调换钢丝绳时，必须由工地负责人统一指挥，使用安全可靠的设备工具，做好人员力量的配备，严禁冒险违章操作。

(7) 电梯在调试过程中，必须有专业人员统一指挥，严禁载客。

(8) 施工过程中如需离开轿厢必须切断电源，关上内外门并挂上“禁止使用”的警示牌，以防他人开用电梯。

(9) 进行电梯维修保养必须落实相应的安全措施，每个维修保养人员必须正确使用个人劳保用品，进入现场时必须有2个人以上。维修保养人员必须熟悉该台电梯的机械结构和电气原理。

(10) 在电梯机房内进行检修和清洁工作时，应首先切断电梯总电源，并挂上“有人工作，请勿合闸”的警示牌。如必须带电操作或检修设备时，操作者应穿好绝缘防护用品和使用绝缘工具，同时应有人在旁边监护。登高作业应系好安全带，其挂钩处应安全可靠，人员站立处应安全稳固。

(11) 在施工中严禁站在电梯轿门地坎和层门地坎之间进行操作或进行检修，以防电梯失控发生危险。

(12) 在维修保养检查时，必须使用36 V以下的安全电压照明。使用的电工工具和移动电具必须绝缘良好，绝缘电阻必须大于2 MΩ。移动电具必须有良好的接地，引线外皮不能破损，长度不超过5 m。

(13) 在未切断有关电源前，不得更换一切电气元件和插拔电子线路板。更换的电气元件必须与原器件的规格相同。

(14) 检修需要断、送电时，应通知到每一个参加检修的人员，待有回答并全部撤离至安全处后，方可实施。

(15) 检修时无关人员不准擅自进入现场，检修人员离开机房必须随时锁住机房门。

(16) 严禁井道上下方同时进行维修作业。在井道或底坑有人作业时，作业人员上方不得进行任何其他操作，机房内也不得进行操作。

(17) 进行检修时，必须在各层楼层门口和轿厢内操纵箱壁处挂贴“维修、暂停”的字样标牌。维修结束，可以恢复使用时，应将所挂标牌全部取回。

(18) 需要动用明火时，必须征得有关安全部门同意，并做好消防准备工作。

(19) 当需要拆换整体对重装置，更换曳引钢丝绳，拆修蜗轮、蜗杆时，应将轿厢升到顶层，对重装置用足够强度的木柱在底部顶住，轿厢用抗拉强度大于空轿厢自重的钢丝绳和合格的手拉葫芦，将轿厢吊在机房承重梁上，轿底用足够强度的木梁托住。这一操作需周密慎重，安全因素占很重要的地位，否则，将发生轿厢坠落的严重恶性事故。

(20) 电梯厅门拆除后或安装前，必须在厅门前设置牢固可靠的安全护栏，并挂有醒目的标志“门已拆除，小心坠落”，在未设置障碍物之前，必须有专人看管。

(21) 当门锁发生故障，应及时修复，严禁采用短接门锁的方法继续使用电梯。如果为了维修电梯的需要，必须临时短接门锁，则应该断开开门电路，不使厅门、轿门自行打开，始终处于关闭状态。

（22）在运转的绳轮两旁清洗钢丝绳，必须用长柄刷操作，清洗时必须开慢车进行，并注意电梯的运行方向。

（23）在手动移动轿厢前，必须断开轿厢总电源开关，用手动松闸装置松闸。不允许采用拆卸制动器弹簧的方法来松闸。

（24）检修结束后，在试车前应彻底判明井道内、轿厢、底坑中、机房里确实无人，清点齐全所用工具、物品，人处在安全地方时，方可试车运行。在试车过程中严禁载客。

（25）在轿顶进行维修保养时，当电梯失去控制，按下急停按钮也无法制止时，应保持冷静，切勿打开层门企图跳出轿顶。应保持身体下蹲，踮起脚尖，用手拉住可靠稳固的物体。

三、安全用电规程

（1）电梯工必须严格遵守电工安全操作规程。

（2）进入机房检修时必须先切断电源，并挂有“有人工作，切勿合闸”警示牌。

（3）在清理放电机、切换器的控制开关时，不得用金属工具清理，应用绝缘工具进行操作，手持电动工具应符合安全规定。

（4）施工中如需使用临时线操作电梯时必须做到：

1）所使用的装置应有急停开关。

2）临时线必须完好，不能有接头，具有足够的长度和强度，能承受一定的拉力。同时具有一定的导线截面，有足够的安全载流量。

3）使用过程中应注意盘放整齐，不能用铁钉或铁丝扎住临时线，并避开锐利的物体边缘，以防损伤临时线。

4）如使用临时线操纵电梯，在控制电梯上、下运行按钮前，必须有电源开关，以防按钮失控。

5）不允许短接电梯的安全保护电路及门锁电路。

四、井道作业规程

（1）在施工时必须戴好安全帽，登高作业应系好安全带，工具应放在紧扣的工具袋内，大工具要用保险绳扎好，妥善放置。

（2）安装导轨或龙门架等强度大的工作，必须配备好人力，由专人负责统一指挥，做好安全防护措施。

（3）井道作业施工人员必须上下呼应，密切配合，井道内必须用36 V的低压照明行灯，并具有足够的亮度。

（4）在轿顶检修或进行保养时，应用正确的方法进入轿顶。用三角撬门钥匙打开层门时应小心，看清轿厢的位置，打开轿顶照明，按下轿顶急停按钮后才能进入轿顶。当要退出轿顶时，维修人员应先退出轿顶，然后松开急停按钮。在关上层门后，应检查确认层门锁是否已经可靠合上。

（5）在轿顶进行维修、保养、调试时，必须做到：

1）轿厢内一定要有检修人员或有熟悉操作的电梯驾驶员配合，并听从轿顶上检修人员的指挥。检修人员要思想集中，密切注意周围环境的变化，下达正确的口令。当驾驶人员离开岗位时必须切断电源，关闭内外门，并挂好“有人工作，禁止使用”的警示牌。

2）应尽量使用轿顶检修操纵箱的控制按钮，轿内人员必须思想集中，注意配合。

3）电梯在将到达最高层时要注意观察，随时准备采取紧急措施。在导轨加油时，必须注意左右电梯上下运行情况，严禁将身体和手脚伸到正在运行的电梯井道内。

4）轿顶检修操作电梯运行时，严禁开快车，运行前检修人员应密切配合，互相呼应后方可启动电梯。运行中人员和工具均不得超出轿厢外沿，以防发生危险。

5）电梯工在设备、金属结构安装过程中必须严格遵守机修工和钳工的安全操作规程。

6）使用梯子等常用工具设备时，必须严格遵守常用工具设备的安全操作规程。

7）进入底坑工作前，打开层门后，应先打开底坑照明，按下底坑急停按钮。用梯子进入底坑，不准攀附轿厢随行电缆进入底坑。若发现底坑有积水应及时排清，待干燥后，再开始底坑维修工作。

五、吊装作业规程

（1）使用吊装工具设备，应仔细检查，确认完好方可使用。在吊装前必须充分估计质量，选用相应的吊装工具设备。

（2）正确选择手拉葫芦的位置，使其具有承受足够吊装负载强度。施工人员必须站在安全位置上进行操作，使用手拉葫芦时，如拉不动不准硬拉，必须查明原因，采取措施，确保安全后放开进行操作。

（3）井道和场地吊装区域下面和底坑不能有人操作或行走。

（4）起吊轿厢时，应用相应的保险钢丝绳将起吊后的轿厢进行保险，确认无危险后方可松开手拉葫芦，在起吊有补偿绳及衬轮的轿厢时，应注意不能超过补偿绳或衬轮的允许高度。

（5）钢丝绳扎头只准放两根相同规格的钢丝绳扎在一起，严禁扎三根或不同规格的钢丝绳，绳扎头规格必须与钢丝绳相符，扎头方向和间距应符合安全要求。

（6）吊装机器，应使机器底座处于水平位置平稳起吊。抬、扛重物应注意用力方向及用力的一致性，防止滑杠脱手伤人。

（7）顶撑对重应选用大口径铁管或大规格木材，变质材料严禁使用，操作时支撑要垫稳，不能歪斜，做好保险措施。

（8）放置对重块，应用链条葫芦等设备吊装，在人力搬装时应有两人共同配合，防止对重坠落伤人。

（9）拆除旧电梯时，严禁先拆除限速器、安全钳，有条件的应搭脚手架，如无脚手架必须落实可靠的安全措施后方可拆卸，并注意相互配合。

（10）电梯工在吊装起重设备和材料时，必须严格遵守高空作业和起重工安全操作规程。

六、工具和人员防护用品要求

1. 工具

电梯安装应选择合适的工具，包括手工工具、便携电气工具和各种专用工具。所配备的工具在每次开工前应作一次全面严格的检查，将已经失效和损坏的工具贴上专用标签后剔除，换上安全可靠合格的工具，以免在施工中因工具损坏而发生事故。所有工具应妥善保管，经常清点，以免丢失。

2. 劳动防护用品

施工操作时，每个电梯安装维修人员都必须正确地使用个人的劳动防护用品。严禁穿汗衫、短裤，或宽大笨重的衣服和硬底鞋进行操作。集体备用的防护用品，应有专人保管，定期检查，使之保持完好状态。进入井道施工时必须戴好安全帽，登高作业应系好安全带（超过 1.30 m 以上）。当用手搬拿材料或干粗活时，必须戴上手套。当在转动的机械附近工作，或在受载荷的滚筒转轴下工作时切勿戴手套。当钻、凿、磨、切割、浇注巴氏合金，焊接、用化学品或溶剂，及在空气中含有尘屑较多的地方工作时，必须戴上规定的护目眼镜和口罩。

七、防火措施规程

（1）各种易燃物品必须贯彻用多少领多少的原则，当天用剩的易燃物品必须妥善保管在安全的地方。

（2）施工中凡需动明火的，必须通知使用单位，重点单位应通知保卫安全部门，施工前做好防火措施，施工过程中必须由使用单位专人值班，每班明火作业后，应仔细检查现场，消除火苗隐患。

（3）焊接、切割必须严格遵守电焊工安全操作规程。使用喷灯必须严格遵守喷灯的安全操作规程。

中级工理论知识考核模拟试题

考试时间 90 分钟

一、填空题（将正确答案填在空格内，每小题 2 分，共 30 分）

1. 电梯机械安全装置部分主要由________、________、________组成。

2. 缓冲器是位于行程端部用来吸收轿厢或对重动能的一种缓冲安全装置，包括______和________两种。

3. ______是一种能在瞬间完全夹紧在导轨上的安全钳，适用于额定速度小于等于 0.63 m/s 的轿厢或小于等于 1 m/s 的对重上。

4. 对于曳引绳的根数我国规定：乘客电梯、载货电梯和医用电梯钢丝绳根数不少于______，静载安全系数不小于______。杂物电梯钢丝绳根数不少于______，静载安全系数不少于______。

5. 通常在提升高度大于______的电梯中，需加装轿厢的补偿装置。

6. 中间驱动装置的一大特点是有可能进行自动扶梯的________。

7. 自动门锁的主要功能是________、________。

8. 为了确保限速器起到应有作用，一般规定：限速器钢丝绳直径不应小于____mm，安全系数不小于______。

9. ______将与上分支辅轮导轨和下分支辅轮导轨相连接。

10. 安全钳调整时，利用水平拉杆和垂直拉杆上的________的位置，使每个楔块和导轨间的间隙保持在 2～3 mm，然后使拉杆的张紧接头定位。

11. 直流电动机的调速方法有______、______和________。

12. 变压器主要由______及______、________组成。

13. 自动扶梯梯级可以分为________和分体式两种，分体式梯级由______、______和________等部分拼装组合而成。

14. 当电梯运行进入平层区域时，由井道内固定在导轨背面的________插入固定在轿厢架上的感应器而发出信号，使电梯自动平层。

15. 自动扶梯的驱动装置主要由________、________、________、传动链条及驱动主轴等组成。

二、判断题（下列判断正确的请打“√”，错误的打“×”，每小题 1 分，共 15 分）

1. 制动器在通电时松闸，断电抱闸。（ ）

2. 控制柜动力回路绝缘电阻应大于 0.5 MΩ。（ ）

3. 制动器抱闸间隙不得超过 0.7 mm，且应均匀。（ ）

4. 载荷应尽可能放在轿厢中间，以免运行中倾斜。（ ）

5. 安全电压是指电源电压不大于 50 V，电源和线路与其他电气系统和大地隔绝的特低电压电源。（ ）

6. 交流电电动机调速方法有调频、改变磁极对数、改变转差率。（ ）

7. 悬挂轿厢和对重的曳引钢丝绳公称直径应不小于 8 mm。（ ）

8. 当轿厢超过极限工作行程 200～350 mm 时极限开关起作用。（　）

9. 电梯一般每两年由市劳动局检测一次。（　）

10. 对电动机回路熔丝的额定电流应为该电动机额定电流的 1.5～2.5 倍。（　）

11. 电梯超载试验，应符合轿厢应载的额定起重量的 115%。（　）

12. 电梯的接地和电气设备的绝缘强度，应每年检查一次。（　）

13. 当电梯紧急故障困人时，乘客可打开安全窗逃出。（　）

14. 电梯作业人员，在进行检修工作时，必须使用 48 V 以下安全电压行灯。（　）

15. 电气设备的灭火要采用二氧化碳、四氯化碳、1211 和干粉等不导电灭火器材。（　）

三、单项选择题（下列每题的选项中，只有 1 个是正确的，请将其代号填在横线空白处，每小题 2 分，共 30 分）

1. 在下端站极限工作位置时，由于端站限位开关失效而使轿厢超过极限工作行程______mm 时，极限开关就应动作，切断电梯的主电源而停住轿厢。

A. 100～200　　B. 50～200　　C. 50～150　　D. 100～150

2. 除载货电梯外，常用电梯轿厢的内部净高度应大于______m。

A. 1.8　　B. 2.5　　C. 2　　D. 2.4

3. 导轨的材料应是______，其强度极限为 370～520 N/mm²。

A. 45 钢　　B. Q235 钢　　C. 铸铁　　D. 不锈钢

4. 当电梯速度≥______m/s 时，采用有张紧装置的补偿绳，并设有防止该装置越程的限位开关。

A. 2　　B. 1.5　　C. 0.63　　D. 1.63

5. 限速器应在轿厢向下运行速度超过额定速度______时动作。

A. 120%　　B. 115%　　C. 110%　　D. 105%

6. 扶手带的带速与梯级的速度应保持同步，按规定，允差为______。

A. 0～2%　　B. −2%～2%　　C. 0～1.5%　　D. 0～3%

7. 电梯运行速度失控时，______装置可以使电梯强行制停，不使其坠落。

A. 缓冲器　　B. 限速器—安全钳　　C. 超载保护　　D. 极限开关

8. 制动器电磁铁的可动铁心与铜套间可加入______润滑。

A. 机油　　B. 黄油　　C. 石墨粉　　D. 油脂

9. 自动扶梯的倾角应不超过______；但如提升高度不超过 6 m，运行速度不超过 0.5 m/s 时，倾角最大可增至 35°。

A. 30°　　B. 27°　　C. 20°　　D. 35°

10. 自动扶梯导轨在工作分支的上、下水平区段处，导轨侧面与______侧面的间隙要求小于 0.5 mm，以保证梯级能顺利通过梳齿板。

A. 梯级辅轮　　B. 梯级主轮　　C. 梯级边缘　　D. 梯级链

11. 上端站越位保护开关自上而下的顺序排列是______。

A. 强迫缓速、极限、限位　　B. 极限、强迫缓速、限位

C. 极限、限位、强迫缓速　　D. 强迫缓速、限位、极限

12. 限速器安全钳联动试验后，应将电梯以______速度恢复运行状态。

A. 快车向上　　B. 检修向上　　C. 检修向下　　D. 快车向下

13. ______开关动作应切断电梯快速运行电路。

A. 极限　　B. 强迫缓速　　C. 限位　　D. 急停

14. 发现建筑物出现跑水现象并可能已流入井道时，电梯维修人员应______。

A. 无论轿厢在哪一层，立即锁梯

B. 立即组织人员修理排水设施

C. 轿内人员全部放出后，把轿厢停在高层锁梯

D. 把轿厢停在最低层锁梯

15. 电梯导轨接头处的台阶不大于______mm，如超过应修平。

A. 0.05　　B. 0.1　　C. 0.15　　D. 0.5

四、简答题（每小题 5 分，共 15 分）

1. 简述自动扶梯维修安全注意事项。
2. 简述垂直电梯导轨的作用。
3. 电梯平层准确度差的原因有哪些？并简述其处理方法。

五、问答题（10 分）

请简述液压电梯困人时的应急救援步骤。

中级工技能操作考核模拟试题

一、无机房电梯轿顶检修模式操作。（50 分）

二、日立自动扶梯（室内）与 EMCS 点对点测试（扶梯机房所有状态线处于未接状态或对调状态，需一人负责在模块箱或 EMCS 界面配合，限时 40 min）。（50 分）

中级工理论知识考核模拟试题答案

一、填空题

1. 限速器　安全钳　缓冲器　2. 液压　弹簧　3. 瞬时式安全钳　4. 4　12　2　10　5. 30 m　6. 多级驱动　7. 锁住厅门　通过微动开关控制电梯控制回路的接通和断开　8. 6　10　9. 转向壁　10. 调整楔块　11. 电枢串电阻调速　降低电枢电压调速　减弱磁通调速　12. 铁心　高压绕组　低压绕组　13. 整体式　踏板　踢板　支架　14. 平层感应钢板（也称为遮磁板）　15. 电动机　减速器　制动器

二、判断题

1. √　2. √　3. √　4. √　5. ×　6. √　7. √　8. ×　9. ×　10. √　11. ×　12. √　13. ×　14. ×　15. √

三、单项选择题

1. B　2. C　3. B　4. A　5. B　6. A　7. B　8. C　9. A　10. B　11. C　12. B　13. B　14. C　15. A

四、简答题

1. 答：

（1）维修保养前，必须先设置安全栏杆和“自动扶梯正在维修，禁止使用”的牌子，上、下各一个。（1.5分）

（2）维修保养中必要时可切断电源总开关，并在开关上挂上“正在维修，禁止合闸”的牌子。（1.5分）

（3）如果检修的梯级已从扶梯上拆下，只允许用检修盒以检修速度操作扶梯点动，梯级上不准站人。（1分）

（4）维修保养结束，必须检查扶梯内不得遗留任何杂物和工具。（1分）

2. 答：

（1）为轿厢和对重在垂直方向运动时导向，限制轿厢和对重在水平方向的移动。（2分）

（2）安全钳动作时，导轨作为支撑副，支撑轿厢或对重。（1.5分）

（3）防止由于轿厢的偏载而产生的倾斜。（1.5分）

3. 答：

轿厢过载	严禁超载	（1分）
制动器制动力过大或过小	调整制动器	（1分）
制动器闸瓦磨损严重	更换制动器闸瓦	（2分）
平层感应器与隔磁板相对位置发生变化	调整两者的相对位置	（1分）

五、问答题

答：

（1）把电梯主电源拉断，防止电梯意外启动，但必须保留轿厢照明。（2分）

（2）设法弄清电梯轿厢的位置。（1分）

（3）电梯有对讲电话时，可充分利用其与乘客联络，并安慰乘客不要惊慌，耐心等待救援，保证乘客的安全。（1分）

（4）当电梯停在距某平层位置±50 cm范围的位置时，维修人员可以在该平层的厅门外使用专用的厅门钥匙打开厅门，并用手拉开轿厢门，然后协助乘客安全撤离轿厢。（2分）

（5）当电梯停在非上述的位置时，则必须用手动控制装置使轿厢上升或下降。（1分）

（6）用手动控制装置救人步骤如下：轿门应该保持关闭，如轿门已拉开，则要求乘客把轿门手动关上。通知被困乘客要静待轿内，不要乱动，并告知电梯会有启动和急停。（1分）

（7）电梯故障时，在机房将开关打在检修位置，利用红色手动下降按钮将轿厢慢慢下移至平层位置，用三角撬门钥匙打开厅门放出乘客。（2分）

中级工技能操作考核模拟试题答案

一、无机房电梯轿顶检修操作

（1）做好防护工作，在每层设置维修停用警示牌，需要2个以上的人员操作。（5分）

（2）打开基站的检修操作盒，把电梯运行模式打到检修位置，用检修模式运行电梯，轿顶到达门槛附近，方便进入轿顶操作，打开井道照明。（7分）

（3）用三角撬门钥匙打开电梯层门，进入轿顶之前首先按下急停按钮，进入轿顶后，关好层门。（5分）

（4）打开轿顶照明，在轿顶把电梯运行模式打到检修，然后要求配合人员将外部检修盒的运行模式恢复到正常位置。（5分）

（5）当要运行电梯时，先松开急停按钮，用操作盒操作电梯上下行，运行电梯前要严格执行呼答制度，电梯运行过程中，身体任何部位不能超出轿顶的安全范围。（10分）

（6）当需要停梯作业时，第一时间按下急停按钮。（5分）

（7）作业完毕后，将电梯轿顶运行到门槛附近，按下急停按钮，打开层门，清理出轿顶所有杂物及工具，将轿顶运行模式设为正常，关掉轿顶照明，最后松开急停按钮，关好层门。（8分）

（8）试运行电梯，正常后，关掉井道照明，锁好检修盒，撤出防护。（5分）

二、日立自动扶梯（室内）与EMCS点对点测试

（1）工器具齐全，正确穿戴劳保用品。（5分）

（2）利用专业工具打开机房盖板及控制柜盖板，进入机房时按下急停按钮。（5分）

（3）确认6条状态线的端子排线。（5分）

（4）查找出中性线。（5分）

（5）查找出上行状态。（5分）

（6）查找出下行状态。（5分）

（7）查找出左扶手带故障状态。（5分）

（8）查找出右扶手带故障状态。（5分）

（9）查找出一般故障状态。（5分）

（10）接好各条状态线，清理现场。（5分）

第 3 部分　高级检修工

第九章

可编程控制器与微型计算机基础知识

第一节　可编程控制器基础知识

由于可编程控制器（PLC）具有体积小、价格低、功能强、运行稳定可靠等特点，且集电控、电仪、电传于一体，所以在工业控制的各个领域得到了广泛的应用。对于要求 I/O 点数较多，且控制点比较分散的控制系统，可以通过 PLC 网络实现控制要求。

一、结构及工作原理

1. 基本结构

一般由中央处理器、存储器、输入输出组件、编程器及电源五部分组成。图 9—1 所示是其内部结构框图。

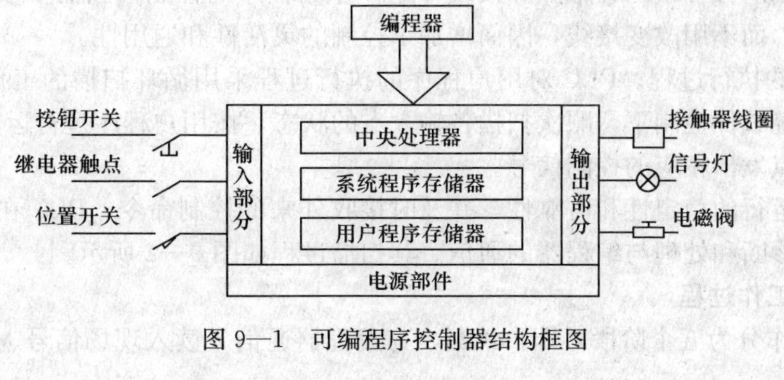

图 9—1　可编程序控制器结构框图

（1）存储器。存储器是可编程序控制器的重要组成部分。有了存储器，可编程序控制器才能有记忆功能，才能预先把待解决问题的每一步操作用命令的形式——即若干条指令保存起来。实现一定功能的若干条指令组成一个程序，根据程序作用的不同，可编程序控制器的存储器分为系统程序存储器和用户程序存储器两种。

系统程序存储器主要存储系统管理和监控程序，并能对用户程序作编译处理。系统程序要永久保留在可编程序控制器中，不因关机、停电或其他部分出现故障等而改变其内容。因此，这部分程序根据各种可编程序控制器的功能，制造厂家在出厂前已固定下来，作为机器的一部分提供给用户，用户不能改变。

用户程序存储器用来存储由编程器或磁带输入的用户控制程序，用户控制程序是根据生产过程和工艺要求编制的，可以通过编程器修改或增删。

（2）中央处理器。中央处理器简称 CPU，是可编程序控制器的大脑。其主要用途是处理和运行用户程序，针对外部输入信号作出正确的逻辑判断，并将结果输给有关部分，以控制生产机械按既定程序工作。另外，CPU 还对其内部工作进行自动检测，并协调可编程序控制器各部分工作，如有差错，即能立即停止运行。

（3）输入、输出部分。这是将可编程序控制器与被控设备连接起来的部件。用户设备需要输入可编程序控制器的各种控制信号，如位置开关、按钮、传感器等，通过输入部件将这些信号转换成中央处理器能接收和处理的数字信号。输出部件将中央处理器送出的弱电信号转换成现场所需要的电平强电信号输出，以驱动电磁阀、接触器等被控设备的执行元件。

（4）编程器。编程器是开发、维护可编程序控制器自动控制系统不可缺少的外部设备。可编程序控制器需要用编程器输入、检查、修改、调试用户程序，也用以监视可编程序控制器的工作情况。

2. 工作原理

（1）PLC 的等效电路。PLC 可以看成一个执行逻辑功能的工业控制装置。其等效电路可分为三部分：输入部分、内部控制电路、输出部分。

输入部分用来收集被控设备的信息或操作命令。内部控制电路由用户根据控制要求编制的程序所组成，其作用是按用户程序的控制要求，对输入信息进行运算处理，判断哪些信号需要输出，并将得到的结果输给负载。输出部分的作用是驱动外部负载。

继电—接触器控制是将各自独立的器件及触点以固定接线方式实现控制要求，而 PLC 将控制要求以程序的形式（软件编程）存储在其内部。送入存储器中的程序内容就相当于继电—接触器控制的各种线圈、触点和接线。这种存储程序的控制，当需要改变控制要求时，只需改变程序，而不用改变接线，因而增加了控制的灵活性和通用性。

（2）PLC 的执行过程。PLC 对用户程序的执行过程采用循环扫描的工作方式。这种工作方式是在系统软件控制下，顺次扫描各输入点的状态，按用户程序进行运算处理，然后按顺序向各输出点发出相应的控制信号。

为了提高运行的稳定性和可靠性，并及时接收外来的控制命令，PLC 在每次扫描期间，还进行故障自诊断和处理与编程器的通信。其扫描过程如图 9—2 所示。

3. PLC 的工作过程

PLC 的工作分为五个阶段，即自诊断、与编程器通信、读入现场信号、执行用户程序、输出控制信号。

图 9—2　PLC 的工作过程

（1）自诊断。PLC 在每次扫描用户程序以前，都先执行故障自诊断程序。自诊断内容一般包括输入输出部分、存储器、CPU 等部分的故障诊断。一旦发现异常，PLC 立即启动关机程序，保留现场的工作状态，把所有输出点置成“OFF”状态后停机，并发出报警信号和显示出错误信号。若自诊断正常，则继续向下扫描。

（2）与编程器通信。自诊断后，如果没有发现故障，PLC 即检查是否有编程器等的通信请求，若有则进行相应处理。

（3）读入现场状态、数据。完成与外界通信后，PLC 立即开始扫描各输入点，读入各点的状态和数据，并把这些数据按顺序写入存储器的输入状态表中，供执行用户程序时使用。这一阶段也称为输入采样阶段。

（4）执行用户程序。一般是从用户程序存储器的最低地址所存放的第一条程序指令开始执行。在无中断和跳转控制的前提下，按存储器地址递增的方向依次执行（扫描）用户程序。直到用户程序结束或用户程序的末地址为止。这种工作方式每扫描一次，所有的用户程序都被执行一次。

（5）输出控制信号。PLC 在执行用户程序的同时更新输出缓冲区的内容。程序执行完毕，CPU 立即发出信号，把缓冲区的内容按规定的次序，通过输出模块把内部逻辑信号变换成与执行机构相适应的电信号输出，驱动生产现场的执行机构完成控制任务。

在依次完成上述五步操作之后，PLC 又从自诊断开始进行下一次扫描。PLC 就是这样不断反复循环，完成生产的连续控制，直到接收到停止操作指令、停电、出现故障等才停止工作。

PLC 经过这五个阶段的工作过程，称为一个扫描周期。由于 PLC 采用了反复扫描的工作方式，使之与工业现场的机器需要反复执行一系列操作的工作方式相似。因此，PLC 的程序可以与机器的动作一一对应，直观明了，易于编写和修改。

二、指令系统

PLC 是按照用户控制要求编写的程序来工作的。程序的编制就是用一定的编程语言把一个控制任务描述出来。程序的表达方式有梯形图、指令表、逻辑功能图和高级语言。这里主要介绍梯形图和指令表编程。

梯形图是一种图形语言，其沿用了继电器的触点、线圈、串并联等术语和图形符号，并增加了一些继电器、接触器控制没有的符号。梯形图比较形象、直观，对熟悉继电接触器表达方式的人来说容易接受。如图 9—3a 所示。

指令就是采用功能名称的英文缩写字母作为助记符号，表达 PLC 各种功能的命令。由指令构成的完成控制任务的指令组合起来就是指令表。每一条指令一般由指令助记符和作用器件编号两部分组成。与梯形图对应的指令如图 9—3b 所示。

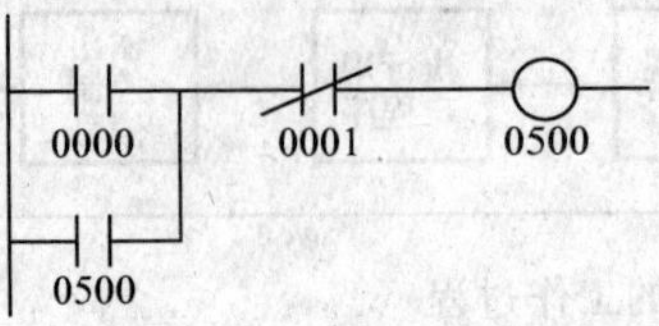

a)

步序	指令	器件号
1	LD	0000
2	OR	0500
3	AND-NOT	0001
4	OUT	0500
5	END	

b)

图 9—3　两种编程方式

a）梯形图程序　b）指令程序

1. 基本指令

C 系列 P 型机使用梯形图和指令表两种编程语言，彼此对应。PLC 的基本指令见表 9—1。

表 9—1　　PLC 的基本指令

指令	符号	助记符　数据	数据内容
LD	—| |—	LD 器件号	器件号 0000 to 1907 HR 000 to 915 TLM/CNT 00 to 47 TR 0 to (LD)
LD-NOT	—|/|—	LD NOT 器件号	
AND	—| |—	AND 器件号	
AND-NOT	—|/|—	AND NOT 器件号	
OR	—| |— (并联)	OR 器件号	器件号 0000 to 1907 HR 000 to 915 TLM/CNT 00 to 47 TR 0 to (LD)
OR-NO	—|/|— (并联)	OR NOT 器件号	
AND-LD		AND LD	
OR-LD		OR LD	
OUT	—( )—	OUT 器件号	器件号 0000 to 1907 HR 000 to 915 TR 0 to (LD)
TIM	—( )—	TIM 定时器号 设定值	定时器号 计数器号 TLM/CNT 00 to 47 设定值 #0000 to 9999
CNT	CP— CNT R—	CNT 计数器号 设定值	

(1) LD、LD-NOT、OUT 指令

LD：常开触点与用线连接指令。

LD-NOT：常闭触点与用线连接指令。

OUT：线圈驱动指令。

(2) AND、AND-NOT 指令

AND：串联常开触点指令。

AND-NOT：串联常闭触点指令。

(3) OR、OR-NOT 指令

OR：并联常开触点指令。

OR-NOT：并联常闭触点指令。

(4) OR-LD 指令

OR-LD：电路块并联连接指令。

(5) AND-LD 指令

AND-LD：电路块串联连接指令。

(6) TIM 指令

TIM：实现导通延时操作的定时指令。

(7) CNT 指令

CNT：为预置计数器，完成减计数操作。

2. 专用指令

(1) END (FUN01)：表示程序结束的指令。

本指令总是程序的最后一条指令，表示程序的结束。

(2) IL 和 ILC 指令

IL (FUN02)：表示电路有一个新的分支起点。

ILC (FUN03)：表示电路分支结束。

如果一个电路分支到多个输出时，需要成对使用 IL 和 ILC，否则在程序检查过程中会出现错误。

(3) JMP (FUN04) 和 JME (FUN05) 指令

JMP (跳转) 和 JME (跳转结束) 指令配合使用。其功能是根据当时的条件来决定是执行两者之间的命令还是跳过两者之间的命令。

(4) SFT (FUN010) 指令

SFT 指令的功能是把一个指定通道的 16 位数据按位移位，也可以把几个通道连起来一起移位，但首通道和末通道必须是同类型的继电器。

(5) KEEP (FUN11) 指令

KEEP (锁存) 指令可以用来形成一个锁存继电器。编程时，必须按照置位输入电路 (S)、复位输入电路 (R) 和锁存继电器线圈的顺序输入。

(6) DIFU (FUN13) 和 DIED (FUN14) 指令

前沿微分 (DIFU) 和后沿微分 (DIED) 用于满足条件时产生一个扫描周期的脉冲。

(7) CMP (FUN20) 指令

CMP 指令用于对一个通道的内容与另一个通道的内容或四位 16 进制常数进行比较。

三、步进顺控指令的运用

采用步进指令可对较复杂的顺序控制进行编程。

所谓顺序控制，就是按照生产工艺所要求的动作规律，在各个输入信号的作用下，根据内部的状态和时间顺序，使生产过程的各个执行机构自动、有秩序地进行操作。任何一个顺序控制过程都可以分解成为若干步骤，每一工步就是控制过程的一个状态，每一个状态都由一个控制元件来控制该状态是否动作，所以顺序控制的动作流程图也称为状态流程图。状态流程图就是用状态来描述控制过程的流程图。

每一个状态都由一个控制元件来控制该状态是否动作，保证在顺序控制过程中，任意时刻只能处在一个状态，使生产过程有序地按步骤进行，所以顺序控制也称为步进控制。

1. 步进指令

步进指令有两条：STL 指令和 RET 指令。

STL 指令称为“步进接点”指令。其功能是将步进接点接到左母线。该指令的操作元件是状态继电器 S。

RET 指令称为“步进返回”指令。其功能是使副母线返回到原来左母线的位置。RET 指令没有操作元件。

2. 步进指令使用说明

(1) 步进接点与左母线相连时，具有主控和跳转作用。

(2) 状态继电器只有在使用 SET 指令以后才具有步进控制功能，提供步进接点。同时，状态继电器还可提供普通的常开触点和常闭触点。

(3) 状态继电器也可以作为普通的辅助继电器使用，功能和辅助继电器完全相同，但这时不提供步进接点。

(4) 在状态转移过程中，会出现在一个扫描周期的时间内两个状态同时动作的可能。因此，在两个状态中不允许同时动作的负载之间必须有连锁措施。

(5) 状态继电器使用时可以按编号顺序使用，也可以任意选择使用，但不允许重复使用。

(6) 步进触点之后的电路块中不允许使用主控 MC/MCR 指令。

3. 步进指令的编程方法

采用步进指令编程时，一般需要下面几个步骤：

(1) 分配 PLC 的输入和输出点，画出 PLC 的接线图，列出输入和输出点分配表。

(2) 根据控制要求或加工工艺要求，画出顺序控制的状态流程图。

(3) 根据状态流程图，画出相应的梯形图。

(4) 用编程器输入程序。

(5) 调试程序。

四、程序流程控制指令和传送、比较指令

1. 程序流程控制指令

程序流程控制指令共有10条，分别为条件跳转指令（CJ）、子程序调用指令（CALL）、子程序返回指令（SRET）、中断返回指令（IRET）、允许中断指令（EI）、禁止中断指令（DI）、主程序结束指令（FEND）、监视定时器刷新指令（WDT）、循环开始指令（FOR）、循环结束指令（NEXT）。

2. 传送、比较指令

传送和比较功能指令共10条，分别为CMP比较、ZCP区间比较、MOV传送、SMOV BCD码数码移位、CML取反传送、BMOV成批传送、FMOV多点传送、XCH变换传送、BCD-BIN-BCD变换传送、BIN-BCD-BIN变换传送。

五、四则运算、I/O设备指令

1. 四则运算指令

四则运算指令分别为加法（ADD）、减法（SUB）、乘法（MUL）、除法（DIV）。

2. I/O设备指令

外部I/O设备功能指令有TKY十进制键入、HKY十六进制键入、DSW数字开关分时读出、SEGD七段译码、SEGL七段分时显示、ARWS方向开关控制、ASCⅡ码变换、PR ASCⅡ码打印、FROM读特殊功能模块。

六、编程的基本原则

（1）输入输出继电器、内部辅助继电器、定时器等器件的触点可多次重复使用，无须用复杂的程序结构来减少触点的使用次数。

（2）梯形图的每一行都是从左母线开始，线圈接在最后边。触点不能放在线圈的右边。

（3）线圈不能直接与左母线相连。如果需要，可以通过一个没有使用的内部辅助继电器的常开触点或常闭触点，专用内部辅助继电器1813常开（ON）连接。

（4）同一编号的线圈在一个程序中使用两次称为双线圈输出，双线圈输出容易引起误操作。应避免线圈重复使用。

（5）梯形图必须符合顺序执行，即从左到右、从上到下地执行。不符合顺序执行的电路不能直接编程。

（6）在梯形图中，串联触点和并联触点使用的次数没有限制，可无限次使用。

（7）两个或两个以上的线圈可以并联输出。

第二节　微型计算机知识

将传统计算机的运算器和控制器集成在一块大规模集成电路芯片上的中央处理部件，简称微处理器。微处理器诞生于20世纪70年代初，是大规模集成电路发展的产物，也是微型

计算机的核心。微型计算机由微处理器、存储器、接口电路等芯片构成。微处理器具有体积小、质量轻、价格低廉、可靠性高、结构灵活、适应性强和应用面广等一系列优点，是现代电子控制设备的基本构件。

一、基本结构

微型计算机是在大规模集成电路技术基础上发展起来的计算机，其组成原理和一般的计算机既有许多共性，也有其特殊性。一台完整的微型计算机系统包括硬件和软件两大部分，其组成结构如图 9—4 所示。

- 微型计算机系统
  - 硬件
    - 微型计算机
      - 微处理器
        - 算术逻辑单元
        - 控制器
        - 寄存器阵列
      - 内存储器
        - ROM
        - RAM
      - I/O 接口电路
        - 并行 I/O
        - 串行 I/O
      - 系统总线
        - 数据总线
        - 地址总线
        - 控制总线
    - 外围设备
      - 外部设备
        - 输入 / 输出设备
        - 外存储器
      - 过程 I/O 通道
        - 模拟量 I/O
        - 开关量 I/O
  - 软件
    - 系统软件
      - 监控系统
      - 操作系统
      - 编辑系统
      - 解释程序
      - 编译程序
      - 诊断程序
    - 程序设计语言
      - 机器语言
      - 汇编语言
      - 高级语言
    - 应用软件、软件包、数据库

图 9—4　微型计算机系统组成结构图

其中，硬件系统是由电子部件和机电装置所组成的计算机实体，包括主机和外围设备；其基本功能是存储计算机程序，并在程序的控制下完成数据输入、数据处理和输出结果等任务。软件系统是指为了方便用户使用和充分发挥计算机性能的各种程序的总称，可保证计算机硬件的功能得以充分发挥，并为用户提供一个宽松的工作环境。计算机的硬件和软件两者缺一不可，否则不能正常工作。

二、微型计算机的主要组成模块

1. 中央处理器

中央处理器是微型计算机的核心部件，包括运算器、控制器、寄存器组以及总线接口等部件的一块大规模集成电路芯片。其中的运算器承担对数据的加工与处理，主要包括对数值数据的算术运算以及对逻辑数据的逻辑运算等。控制器是计算机的神经中枢，其指挥全机各部件自动、协调地工作，即控制计算机执行程序的指令系列。控制器由程序计数器、指令寄存器以及控制单元等几部分组成。程序计数器用来存放将要执行的下一条指令的地址，除非遇到转移指令，中央处理器在每次从内存取出指令后，总是向程序计数器加上一个增量，以顺序地取下一条指令。从内存读取的指令装入中央处理器的指令寄存器，指令以二进制代码的形式存在，其规定了中央处理器将要执行的动作。控制单元用来分析当前指令所需要完成的操作，并发出各种微操作命令序列，用于控制所有被控对象，以完成指令的功能。中央处理器除了以上功能外，通常还有若干个寄存器用于临时存储常用的操作数和中间结果。

2. 主存储器

主存储器是微型计算机中存储程序、原始数据、中间结果和最终结果等各种信息的部件。按其功能和性能又可分为随机存储器和只读存储器，两者共同构成主存储器。通常所说的微机内存容量，主要是指随机存储器，不包括只读存储器。

3. 系统总线

控制器发出的控制信号有三种类型，分别是数据信号、地址信号和控制信号。各个部件直接用系统总线连接，信号通过总线相互传送。系统总线是中央处理器与其他部件之间传送数据、地址和控制信号的公共通道，根据传送内容的不同可以分为数据总线、地址总线、控制总线。

4. 输入/输出接口电路

它也称为I/O电路，即适配器、适配卡或接口等，是微型计算机与外部设备之间进行信息变换和信息传递的桥梁，主机通过接口完成对外部设备的控制。常用的接口有两种：一种是光电隔离器；另一种是施密特触发器。后者主要是提高门槛电压，使弱信号不能通过而有效信号则能畅通无阻。

5. 主机板

微型计算机是由中央处理器、随机存储器、只读存储器、I/O接口电路及系统总线组成的计算机装置，简称主机。主机板是主机的主体，也称为系统主板。

6. 外存储器

目前微型计算机使用的外部存储器大都是磁盘存储器，分为软磁盘、硬磁盘和光盘。

三、数制

按进位的原则进行计数，称为进位计数制，简称数制。数制是一种利用符号计数的科学方法，在日常生活中经常要用到数制，通常以十进制进行计数，除了十进制计数以外，还有许多非十进制的计数方法。例如，60 分钟为 1 小时，用的是 60 进制计数法；每星期有 7 天，是 7 进制计数法；每年有 12 个月，是 12 进制计数法。当然，在生活中还有许多其他各种各样的进制计数法。

在微型计算机系统中采用二进制表示数据和命令，其主要原因是由于电路设计简单、运算简单、工作可靠、逻辑性强。不论是哪一种数制，其计数和运算都有共同的规律和特点。

1. 逢N进一

N是指数制中所需要的数字字符的总个数，称为基数。

例如，十进制数用0、1、2、3、4、5、6、7、8、9等10个不同的符号来表示数值，10就是数字字符的总个数，也是十进制的基数，表示逢十进一。

2. 位权表示

位权是指一个数字在某个固定位置上所代表的值，处在不同位置上的数字符号所代表的值不同，每个数字的位置决定了它的值或者位权。

位权与基数的关系是：各进位制中位权的值是基数的若干次幂。因此，用任何一种数制表示的数都可以写成按位权展开的多项式之和。

如十进制数“634.28”可以表示为：

$$(634.28)_{10}=6\times10^{2}+3\times10^{1}+4\times10^{0}+2\times10^{-1}+8\times10^{-2}$$

位权表示法的原则是：数字的总个数等于基数；每个数字都要乘以基数的幂次，而该幂次是由每个数所在的位置决定的。排列方式是以小数点为界，整数自右向左依次为0次方、1次方、2次方等，小数自左向右为负1次方、负2次方、负3次方等。

第十章

零件图测绘知识

一、测绘零件图

根据已有的零件，不用或只用简单的绘图工具，用较快的速度，徒手目测画出零件的视图，测量并注上尺寸及技术要求，得到零件草图。然后参考有关资料整理绘制出供生产使用的零件工作图。这个过程称为零件测绘。

零件测绘对推广先进技术、改造现有设备、技术革新、修配零件等都有重要作用。因此，零件测绘是实际生产中的重要工作之一，是工程技术人员必须掌握的制图技能。

二、分析零件

为了把被测零件准确完整地表达出来，应先对被测零件进行认真的分析，了解零件的类型、在机器中的作用、所使用的材料及大致的加工方法。

三、确定零件的视图表达方案

一个零件，其表达方案并非是唯一的，可多考虑几种方案，选择最佳方案。

四、目测徒手画出零件草图

零件的表达方案确定后，便可按下列步骤画出零件草图：

（1）确定绘图比例。根据零件大小、视图数量、现有图纸大小，确定适当的比例。

（2）定位布局。根据所选比例，粗略确定各视图应占的图纸面积，在图纸上作出主要视图的作图基准线、中心线。注意留出标注尺寸和画其他补充视图的地方，如图 10—1 所示。

（3）详细画出零件的内外结构和形状，如图 10—2 所示。注意各部分结构之间的比例应协调。

（4）检查、加深有关图线。

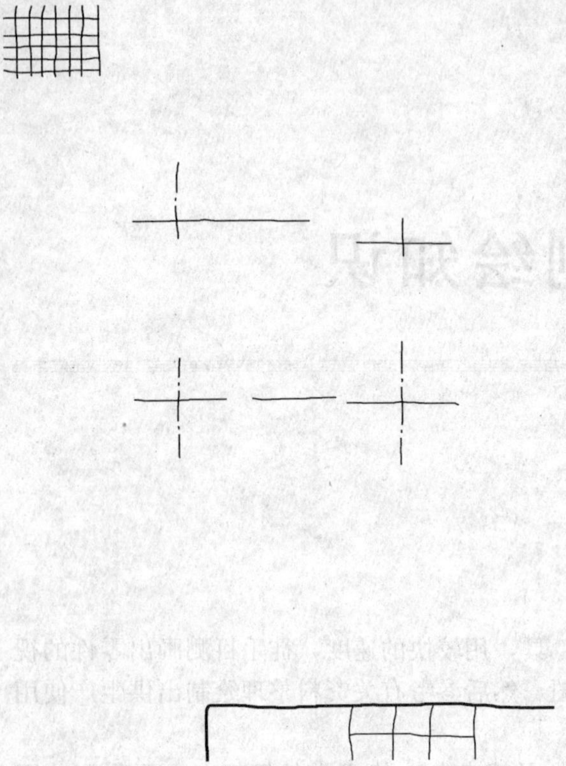

图 10—1　布置视图、画中心线、对称中心线及主要基准面轮廓线

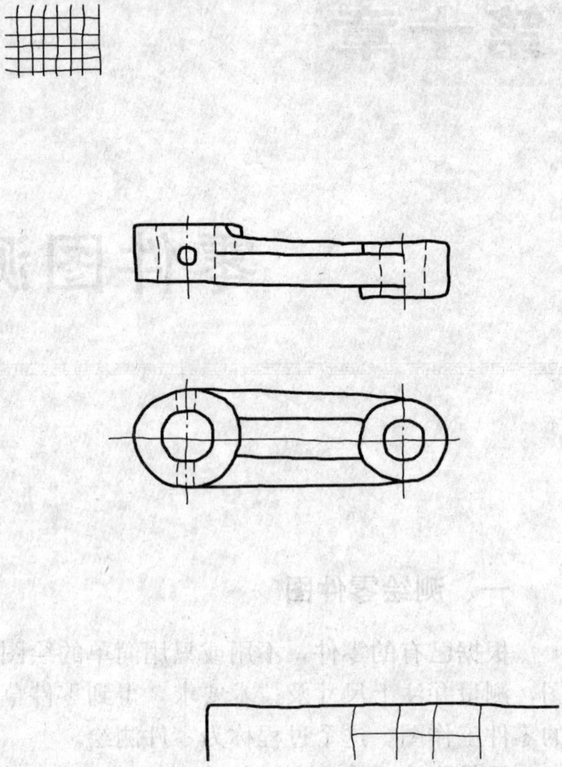

图 10—2　画各视图的主要部分

(5) 画尺寸界线、尺寸线，将应该标注的尺寸界线、尺寸线全部画出，如图 10—3 所示。

(6) 集中测量、注写各个尺寸。注意最好不要画一个、量一个、注写一个。这样不但费时，而且容易将某些尺寸遗漏或注错。

(7) 定图并注写技术要求：根据实践经验或用样板比较，确定表面粗糙度；查阅有关资料，确定零件的材料、尺寸公差、形位公差及热处理等要求，如图 10—4 所示。

(8) 最后检查、修改全图并填写标题栏，完成草图。

五、画零件工作图

由于绘制零件草图时，往往受地点条件的限制，有些问题可能处理得不够完善，因此在画零件工作图时，还需要对草图进一步检查和校对，然后用仪器或计算机画出零件工作图，经批准后，整个零件测绘的工作即完成。

1. 测量工具及零件尺寸的测量

在零件测绘中，常用的测量工具、量具有直尺、内卡钳、外卡钳、游标卡尺、内径千分尺、外径千分尺、高度尺、螺纹规、圆弧规、量角器、曲线尺、铅丝和印泥等。

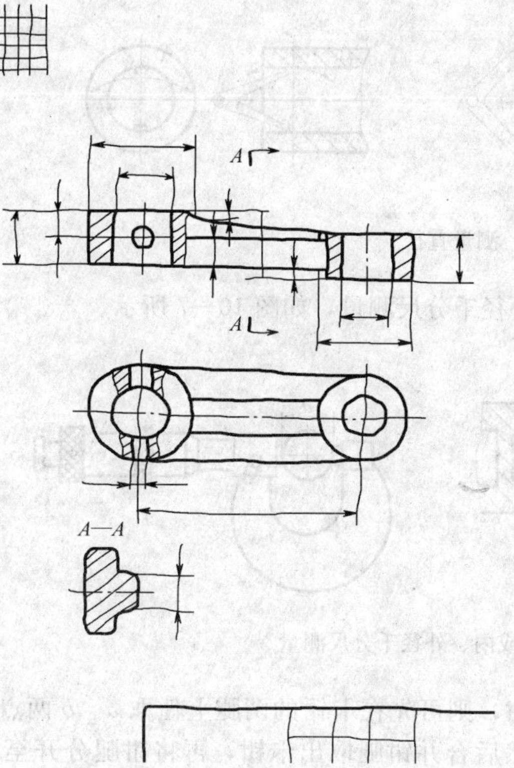

图 10—3　取剖视，画出全部细节，
并画出尺寸界线、尺寸线

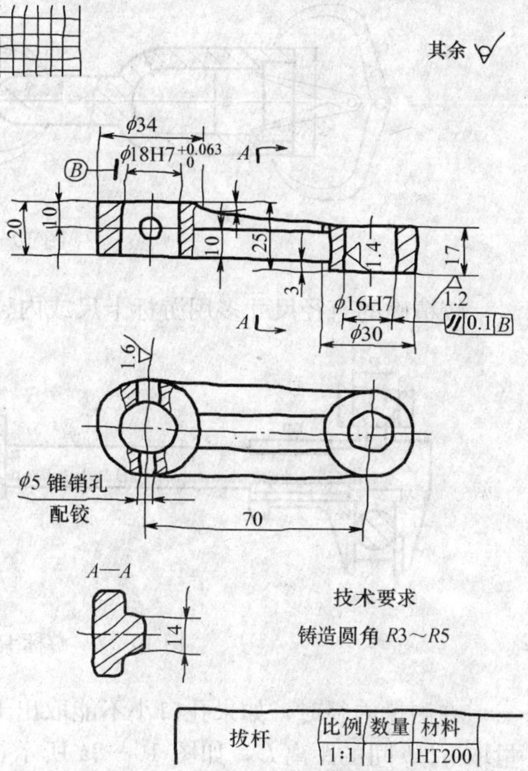

图 10—4　标注尺寸和有关技术要求，
填写标题栏并检查

对于精度要求不高的尺寸，一般用直尺、内外卡钳等即可，精确度要求较高的尺寸，一般用游标卡尺、千分尺等精确度较高的测量工具。特殊结构一般要用特殊工具，如螺纹规、圆弧规、曲线尺来测量。

下面介绍几种常见的测量方法：

（1）长度尺寸的测量。长度尺寸一般可用直尺或游标卡尺直接量得读数，如图 10—5 所示。

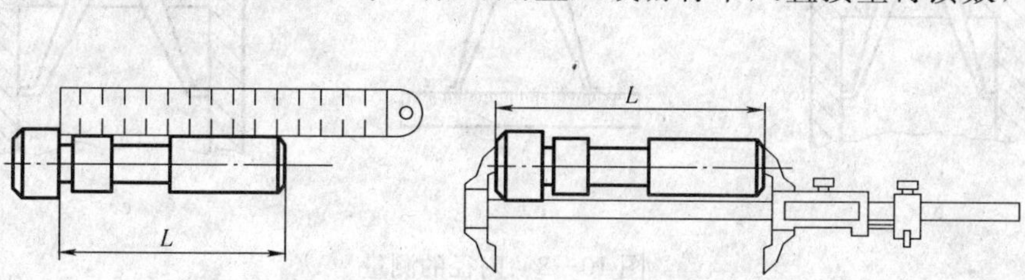

图 10—5　长度尺寸的测量

（2）测量直径。一般直径尺寸，内、外卡钳和直尺配合测量即可，如图 10—6 所示。

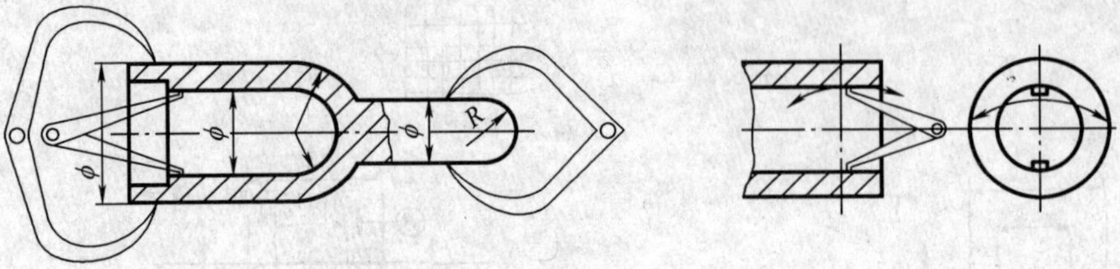

图 10—6 测量直径

较精确的直径尺寸多用游标卡尺或内、外径千分尺测量，如图 10—7 所示。

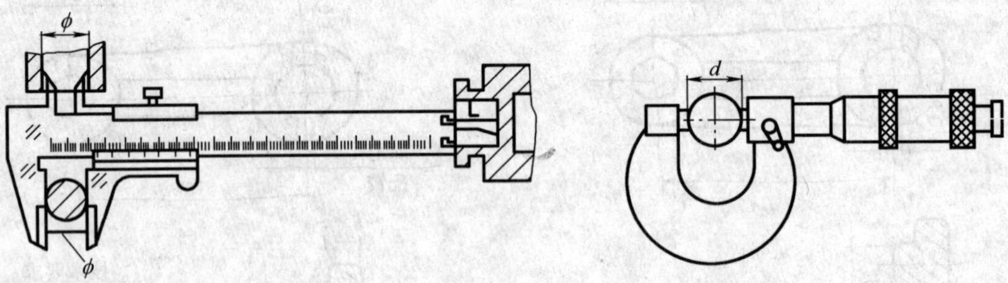

图 10—7 游标卡尺或内、外径千分尺测量

在测量内径时，如果孔口小不能取出卡钳，则可先在卡钳的两腿上任取 a、b 两点，并量取 a、b 间的距离 L，如图 10—8a 所示，然后合并钳腿取出卡钳，再将钳腿分开至 a、b 间距离为 L，这时在直尺上量得钳腿两端点的距离便是被测孔的直径，如图 10—8b 所示。也可以用如图 10—8c 所示的内外同值卡钳进行测量。

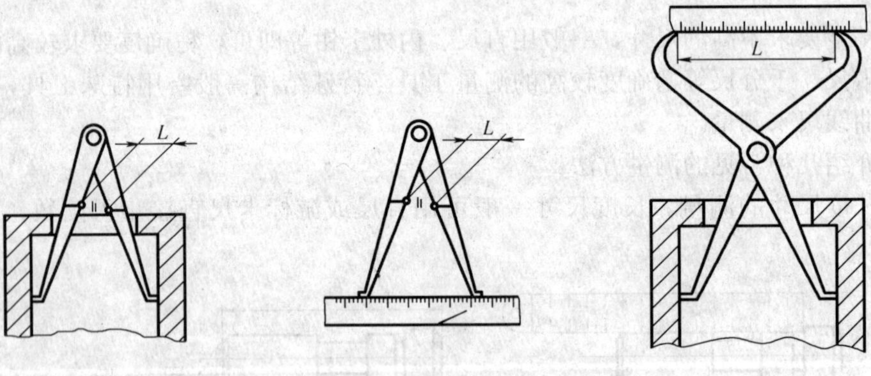

a） b） c）

图 10—8 内径的测量

（3）测量壁厚。若遇用卡钳或卡尺不能直接测出的壁厚时，可采用图 10—9 所示的方法测量计算得出壁厚。

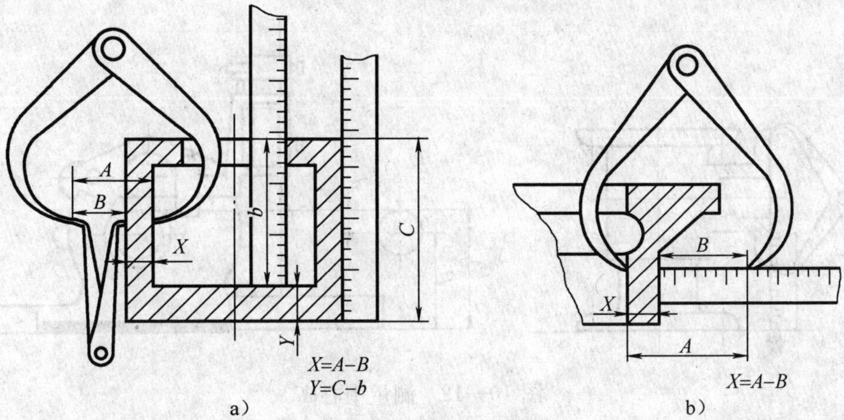

图 10—9　测量壁厚

（4）测量深度。深度尺寸可用游标卡尺或直尺进行测量。如图 10—10 所示。也可用专用的游标深度尺测量。

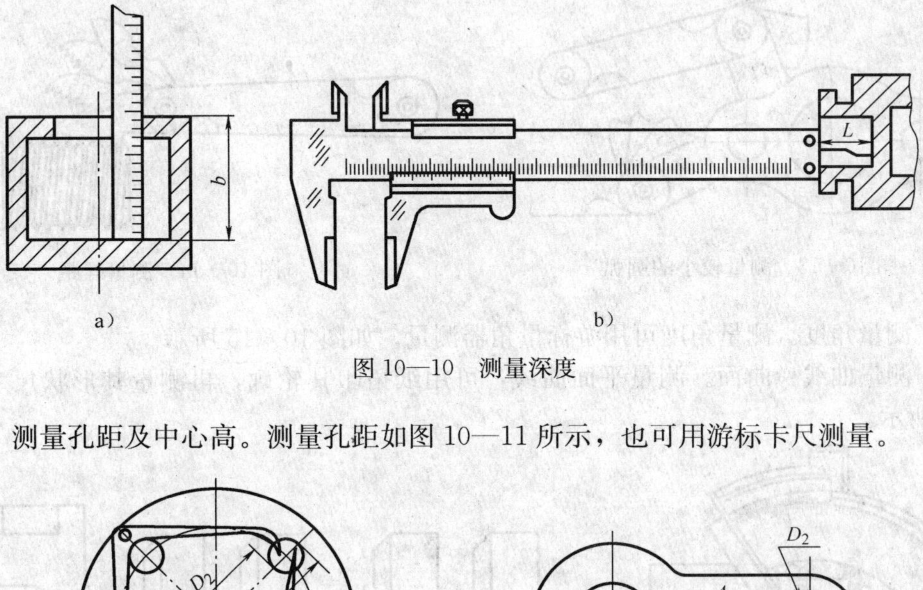

图 10—10　测量深度

（5）测量孔距及中心高。测量孔距如图 10—11 所示，也可用游标卡尺测量。

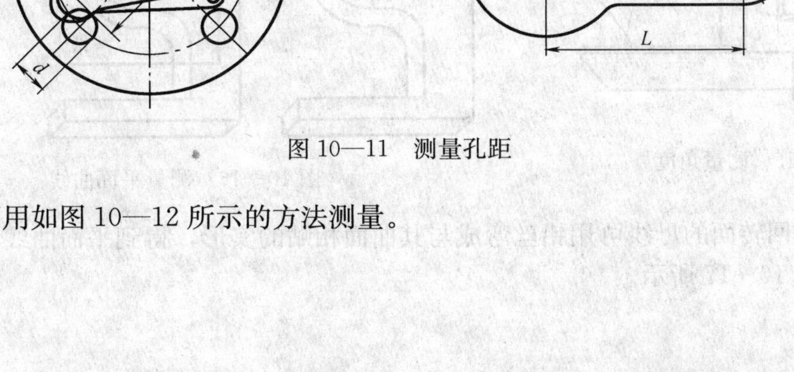

图 10—11　测量孔距

中心高可用如图 10—12 所示的方法测量。

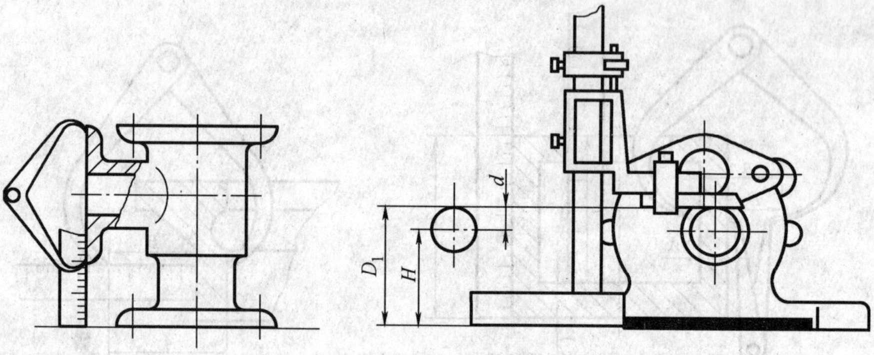

图 10—12　测量中心高

（6）测量圆弧及螺距。测量较小的圆弧，可直接用圆弧规，如图 10—13 所示。测量大的圆弧，可用拓印法、坐标法等方法。

测量螺距可用螺纹规直接测量，如图 10—14 所示。也可用其他方法测量。

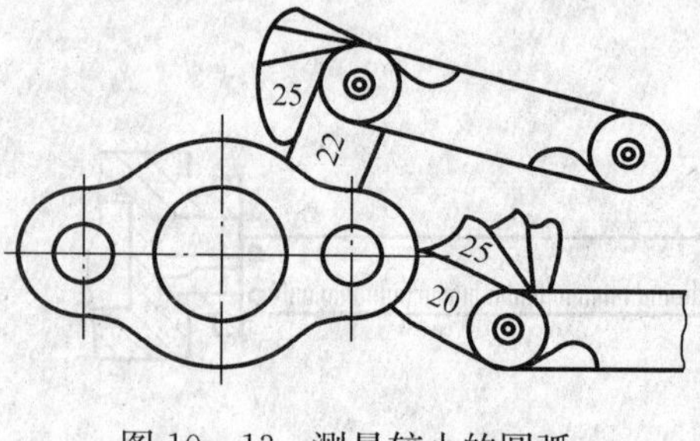

图 10—13　测量较小的圆弧

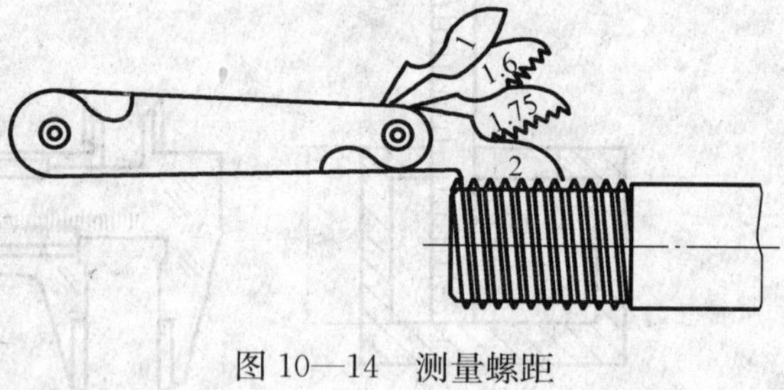

图 10—14　测量螺距

（7）测量角度。测量角度可用游标量角器测量。如图 10—15 所示。

（8）测量曲线、曲面。测量平面曲线，可用纸拓印其轮廓，再测量其形状尺寸，如图 10—16 所示。

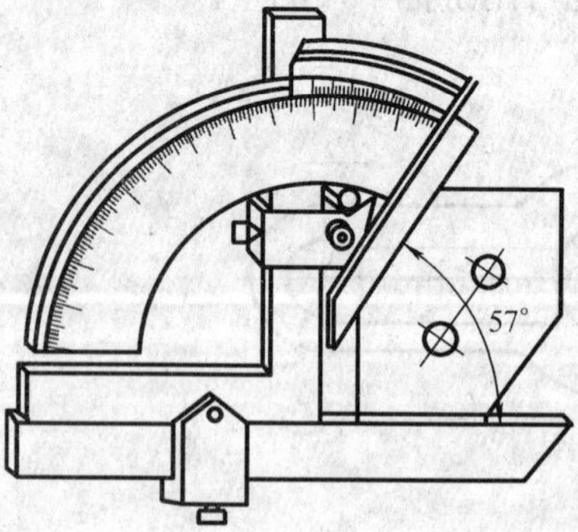

图 10—15　测量角度

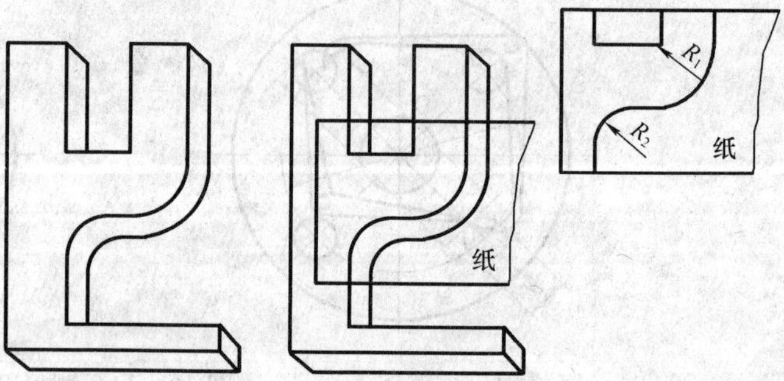

图 10—16　测量平面曲线

测量曲线回转面的母线可用铅丝弯成与其曲面相贴的实形，得到平面曲线，再测出其形状尺寸，如图 10—17 所示。

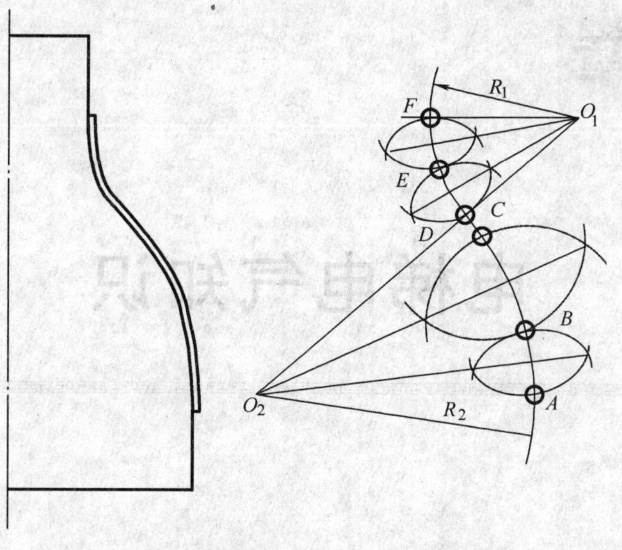

图 10—17　测量曲线回转面的母线

一般的曲线和曲面都可用直尺和三角板定出曲线或曲面上各点的坐标，作出曲线再测出其形状尺寸。如图 10—18 所示。

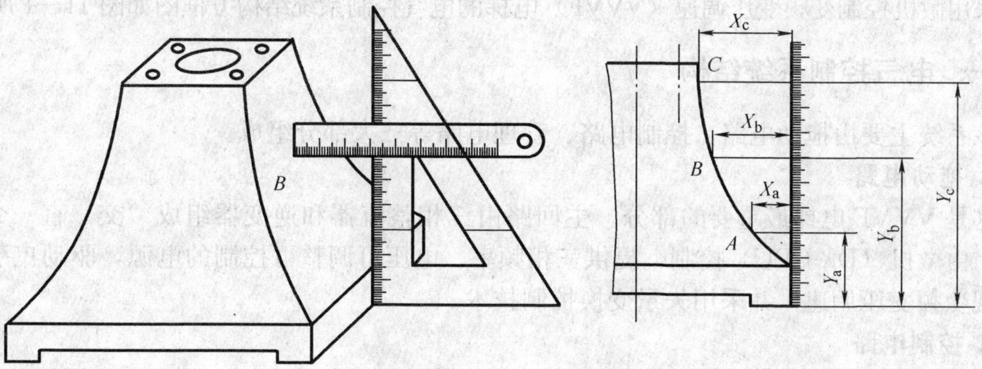

图 10—18　用直尺和三角板测量曲线

2. 测绘注意事项

（1）测量尺寸时，应正确选择测量基准，以减少测量误差。零件上磨损部位的尺寸应参考其配合的零件的相关尺寸，或参考有关的技术资料予以确定。

（2）零件间相配合结构的基本尺寸必须一致，并应精确测量，查阅有关手册，给出恰当的尺寸偏差。

（3）零件上的非配合尺寸，如果测得为小数，则应圆整为整数标出。

（4）零件上的截交线和相贯线，不能机械地照实物绘制。因为它们常常由于制造上的缺陷而被歪曲。画图时要分析弄清它们是怎样形成的，然后用学过的相应方法画出。

（5）要重视零件上的一些细小结构，如倒角、圆角、凹坑、凸台和退刀槽、中心孔等。如果是标准结构，在测得尺寸后，应参照相应的标准查出其标准值，注写在图样上。

（6）对于零件上的缺陷，如铸造缩孔、砂眼、加工的疵点、磨损等，不要在图上画出。

第十一章

电梯电气知识

第一节　VVVF电梯电气控制系统

采用微机控制变频变压调速（VVVF）电梯的电气控制系统结构方框图如图11—1所示。

一、电气控制系统结构

该系统主要由拖动电路、控制电路、管理电路等三大部分组成。

1. 拖动电路

这是VVVF电梯最重要的部分。主回路由三相整流器和逆变器组成“交—直—交”变频器，由微机（DR-CPU）控制，提供三相频率、电压可调整可控制的电源，驱动曳引电动机实现变频变压调速，并采用矢量变换控制技术。

2. 控制电路

由微机（CC-CPU）进行控制，其控制的主要功能是实现数字选层，形成速度曲线和对安全保护电路进行控制。

3. 管理电路

由微机（ST-CPU）进行控制，该微机负责处理电梯的各种运行数据，完成各种控制功能。该微机通过与控制微机（CC-CPU）之间的通信，以获取预设的开关信号，如厅外呼梯登记信号、开关门控制信号等。这些信号共同控制、互相监控，形成了完整的电梯电气控制系统。

此外，该电梯控制系统还包括：与感应电动机同轴转动的旋转编码器，传递楼层位置信号的位置检测器，可接收指令信号和开关输入信号的轿内操纵箱和厅外召唤盒，以及各种安全保护回路等发送到微机的电信号。

二、VVVF电气控制系统工作及相关原理

对于VVVF电梯，多采用三相交流380 V电源供电，当运行接触器接通后，三相交流380 V电源经由整流器变换成直流电，再经逆变器中三对大功率晶体管逆变成频率、电压可

调的三相交流电，对感应电动机供电，电动机按指令运转，通过曳引机驱动电梯上下运行，实现变频变压调速拖动。

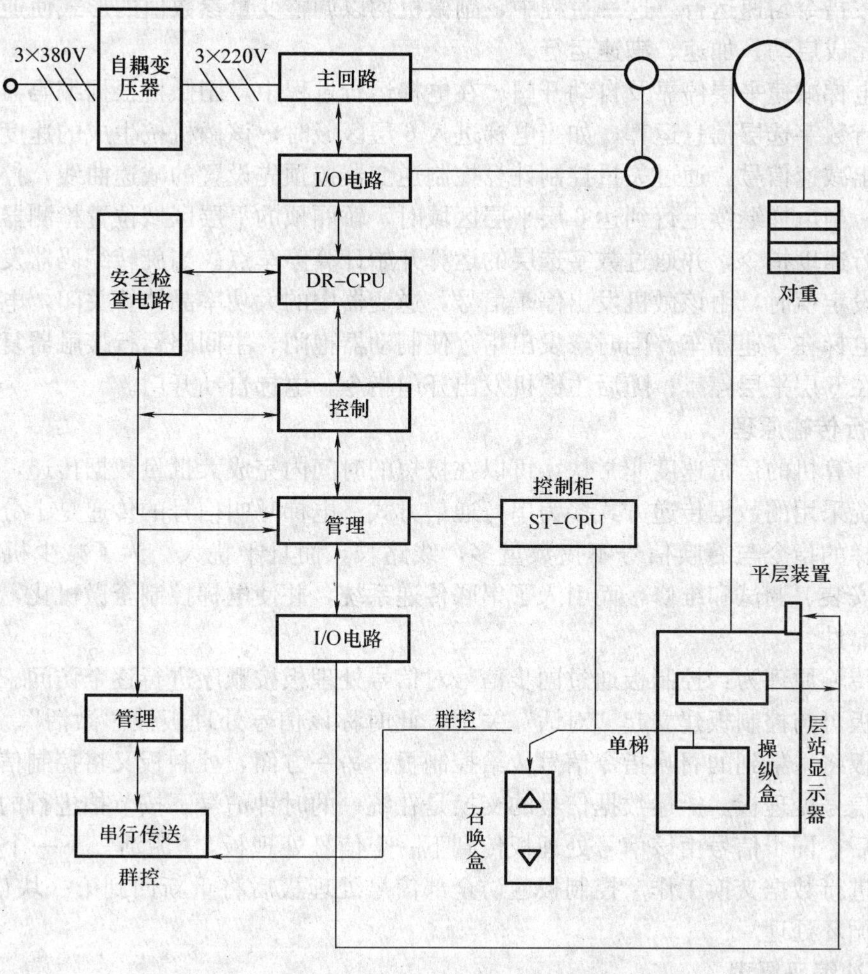

图 11—1 VVVF 电梯的电气控制系统结构方框图

1. 工作过程

（1）电梯关门及自动确定运行方向。假设电梯停靠在 1 楼，此时 6 楼有外召唤指令。该指令信号通过串行通信方式到达主微机，主微机根据楼层外召唤指令信号和电梯轿厢所在楼层位置信号，经过逻辑分析判断发出向上运行指令；该指令同时发送给副微机，副微机做好启动运行的准备。主微机发出关门指令，门机系统执行关闭电梯厅门和轿门命令，实现电梯自动关门和自动定向。

（2）电梯启动及加速运行。副微机根据主微机传送来的上行指令，生成速度运行指令，并根据载荷检测装置送来的轿厢载荷信号，进行矢量控制计算，生成电梯启动运行所需的电流和电压参数控制逆变器进行逆变输出，主回路运行接触器接通，电动机得电，同时主微机发出指令使抱闸装置打开，电梯开始启动上行。当电梯启动运行后，与电动机同轴安装的旋转编码器随着电动机的旋转不断发送脉冲信号给主微机和副微机。主微机根据此信号控制运行，副微机根据此信号进行速度计算，并发出继续加速运行的指令，电梯加速上行。当电梯的速度上升到额定速度时，副微机将旋转编码器的脉冲信号与设定值比较发出匀速运行指令，电梯按指令匀速运行。这一过程中，副微机均以调整变量参数值的形式使逆变器正常工作。电梯完成启动、加速、满速运行。

(3) 电梯减速平层停靠及自动开门。在电梯运行过程中，副微机根据编码器发送来的脉冲信号进行数字选层信息运算。如当电梯进入6层区域时，该微机按生成的速度指令提前一定距离发出减速信号，通过矢量控制计算控制逆变器按预先设置的减速曲线，控制电梯进入减速运行。当电梯继续上行到达6层平层区域时，轿厢顶的平层区域位置检测器给该微机发出电梯爬行速度指令，并通过数字选层的运算开始计算停车点。当旋转编码器发送来的脉冲数值等于设定值时，由该微机发出停车信号，逆变器中的大功率晶体管关闭，电动机失电停止运行，电梯在零速停车。同时，发出指令使制动器抱闸、主回路运行接触器复位主触点断开，电梯在6层平层停车；随后主微机发出开门指令，电梯自动开门。

2. 串行传输原理

由于计算机的运行速度非常快，可以在极短的时间内完成大批量数据传递，所以电梯电气控制系统采用的数据传递方式多为串行通信方式。电梯呼叫信号的传递是十分复杂的，这是因为电梯的指令与召唤信号不仅数量多，线路长，而且干扰大。为了减少机房、井道走线，便于安装、调试和维修，而引入了串联传递系统，并使电梯控制全微机化，提高了整个系统的可靠性。

串行传输原理为：控制板通过同步信号对信号处理板按顺序进行逐个访问。被访问到的信号处理板可与控制板建立起“对话”关系，此时称该信号处理板被“激活”。一方面，该信号处理板将采集到的召唤指令信号传给控制板；另一方面，控制板又将控制信号（灯控信号）传给信号处理板。上述数据信号的交换是在统一的时钟信号下按节拍进行的。数据信号交换完毕后，同步信号由该信号处理板传到下一个信号处理板，“激活”下一个信号处理板与控制板进行数据交换工作。控制板遍访全部信号处理板后将重新回到第一块信号处理板，由此实现循环处理。

3. 脉冲编码原理

VVVF电梯脉冲编码电路将电动机转速由脉冲发生器检测作为速度反馈信号送到数字调节器，数字调节器比较速度指令和反馈信号后输出电压参考值及电流参考值。触发器控制根据电压参考值控制晶闸管转换器的输出电压，这种方式称为脉冲幅值调节。它改变了逆变器输入直流电压的大小，从而调节了逆变器输出矩形脉冲的幅值，实现变压。

第二节 晶闸管有静差直流高速系统

晶闸管有静差直流高速系统主要原理是由晶闸管励磁装置将交流电变换成直流电，作为发电机—电动机组发电机励磁绕组的直流电源。根据电梯运行特点和要求，该直流电源极性可变，电压值可按预定规律变化，从而使发电机输出电压满足曳引直流电动机启动、制动时的要求，以实现按预定的速度曲线运行，并进行速度调节和控制。

一、系统基本特性

(1) 有静差，系统是利用偏差来进行控制的。

(2) 转速 n（被调量）紧随给定量 $U_n{}^*$ 的变化而变化。

(3) 对包围在转速反馈环内的各种干扰都有很强的抑制作用。

(4) 系统对给定量 $U_n{}^*$ 和检测元件的干扰没有抑制能力。

有静差调速的调速基础在于存在给定输入量 U_g 和实际转速反馈量 U_f 之间的偏差 ΔU，自动调速的目的是减少偏差 ΔU，因此在调节过程中，系统必须始终保持 ΔU 的存在。无静差调速是依靠偏差 ΔU 对时间的积累来进行自动调速，其目的是消除偏差 ΔU，因此在调节过程中，只要有偏差 ΔU 出现，系统就将进行调节，直到偏差 ΔU 为零。

二、系统结构（单闭环有静差直流调速系统）

该系统的主电路采用晶闸管三相全控桥式整流电路。

其输出电压为：$U_{d0}=2.34U_2\cos\alpha$

图 11—2 中，放大器为比例放大器（或比例调节器），直流电动机 M 由晶闸管可控整流器经过平波电抗器 L 供电。整流器整流电压 U_d 可由控制角 α 来改变。触发器的输入控制电压为 U_k。为使速度调节灵敏，使用放大器把输入信号 ΔU 加以扩大，ΔU 为给定电压 U_g 与速度反馈信号 U_f 的差值。

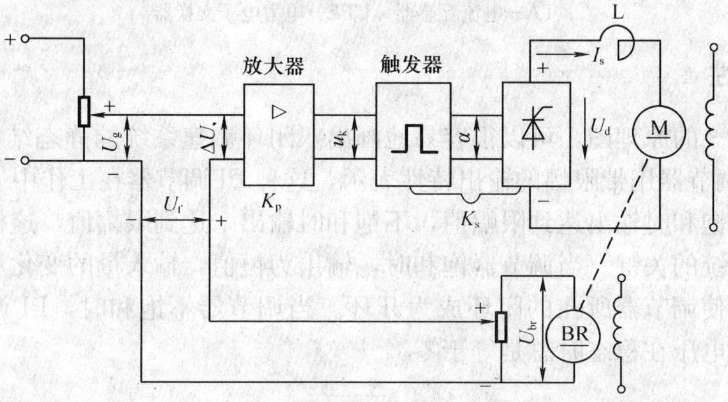

图 11—2 系统结构

第三节 转速和电流双闭环调速系统

电梯自启动、加速、满速运行至平层停靠整个过程均采用闭环的调速系统。

一、组成

图 11—3 所示为转速、电流双闭环调速系统的原理框图。为了实现转速和电流两种负反馈分别起作用，在系统中设置了两个调节器，分别调节转速和电流，两者之间实行串联连接。把

转速调节器 ASR 的输出作为电流调节器 ACR 的输入，用电流调节器的输出控制晶管整流的触发器。从闭环结构上看，电流调节环在里面，是内环；转速调节环在外面，是外环。

为了获得良好的静、动态性能，双闭环调速系统的两个调节器通常都采用 PI 调节器。在图 11—3 中，标出了两个调节器输入输出电压的实际极性，这是按照触发器 GT 的控制电压 U_{et}为正电压的情况标出的，而且考虑运算放大器的反相作用。通常，转速电流两个调节器的输出值是带限幅的，转速调节器的输出限幅电压为 U^*_{tw}，其决定了电流调节器给定电压的最大值；电流调节器的输出限幅电压是 U_{etw}，其限制了晶闸管整流装置输出电压的最大值。

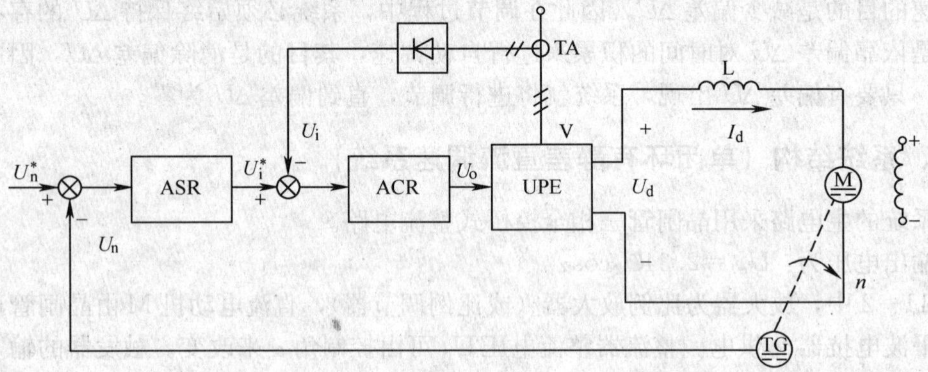

图 11—3　转速、电流双闭环直流调速系统结构

ASR—转速调节器　ACR—电流调节器　TG—测速发电机

TA—电流互感器　UPE—电力电子交换器

二、静特性

根据图 11—3 的原理图，可以很容易地画出双闭环调速系统的静态结构图，如图 11—4 所示。其中 PI 调节器用带限幅的输出特性表示，这种 PI 调节器在工作中一般存在饱和和不饱和两种状况。饱和时输出达到限幅值，不饱和时输出未达到限幅值，这样的稳态特征是分析双闭环调速系统的关键。当调节器饱和时，输出为恒值，输入量的变化不再影响输出，除非输入信号反向使调节器所在的闭环成为开环。当调节器不饱和时，PI 调节器的积分（I）作用使输入偏差电压在稳态时总是等于零。

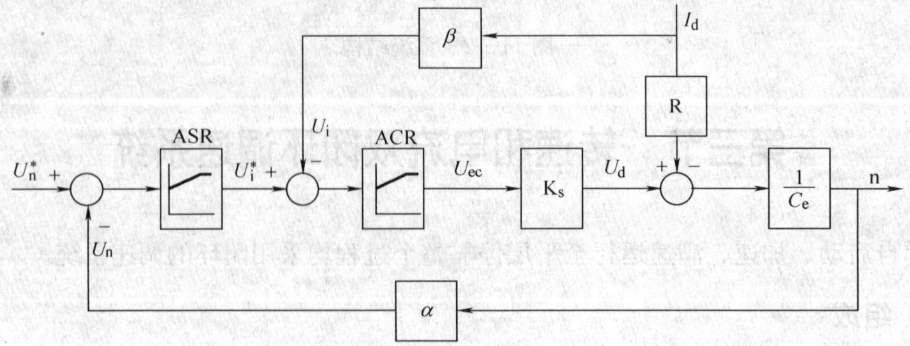

图 11—4　双闭环调速系统静态结构图

第十二章

电梯维修保养与故障处理

第一节　电梯维修保养

一、自动扶梯

1. 自动扶梯主要部件使用寿命和报废标准

维修保养时，需及时对达到使用寿命的部件进行更换。主要部件更换报废的标准见表12—1。

表 12—1　　自动扶梯主要部件使用寿命和报废标准

名　称		使用寿命（年）		报废标准
		室内型	室外型	
桁架		≥40	≥40	材料断面面积：减少 19%
驱动主机（包括电动机、减速机，不包括制动器上的摩擦件和电磁线圈）	电动机	>20	>20	电动机：绝缘电阻 1 MΩ 以下
	减速机	>20	>20	减速机：齿轮侧隙 500 μm 以上
梯级		≥20	≥20	年久变形、发生龟裂
主驱动轴（包括全部链轮）		>20	>20	产生异常磨损、不能正常工作
梯级链张紧装置		>20	>20	产生异常磨损、不能正常工作
导轨		≥20	≥20	磨损：1 mm 以上
导轨支架		≥40	≥40	材料断面面积：减少 19%
梯级链		≥20	≥20	延长：1.5 mm 以上/梯级节距
驱动链		≥8	≥6.4	延长：1.5%以上
扶手带驱动装置（不包括摩擦件）		≥20	≥20	链轮等产生异常磨损、不能正常工作
扶手带驱动链		≥8	≥6.4	延长：1.5%以上

续表

名　称	使用寿命（年）		报废标准
	室内型	室外型	
扶手带	≥8	≥6.4	表面龟裂、开口部尺寸：44 mm 以上
梯级链滚轮	≥12	≥12	磨损：1 mm 以上、产生龟裂
梯级滚轮	≥12	≥12	磨损：1 mm 以上、产生龟裂
电缆	≥20	≥20	年久老化或绝缘性能达不到国家相关标准
微机板	≥10	≥8	故障
变频器	≥10	≥8	故障

2. 扶手带压紧导承检查

在日常维修保养中，需对扶手带压紧导承进行检查，以保障扶手带在正常运行的同时，尽可能提高其工作寿命。检查步骤如下：

（1）将 M12 的螺栓完全松开，在确认压紧导承能自由动作后，将扶梯向上运行停止，在压紧导承中心位置确认图 12—1 的尺寸［e、f、g 规定值为（612±1）mm］。这时，扶手带压紧导承的压力为 0 kg。

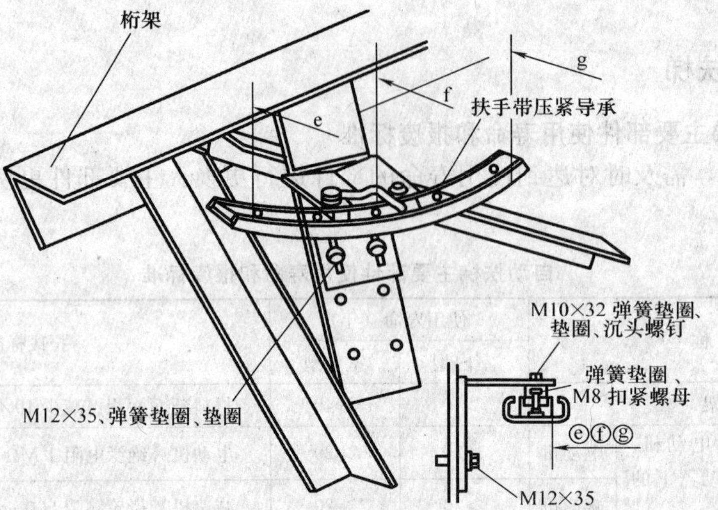

图 12—1　扶手带压紧导承检查

（2）将扶梯向上运行，并将下部末端部的扶手带拉向与运行相反的方向，确认扶手带未从压紧导承中脱出。

（3）检查确认压紧导承与扶手带间无异物。

3. 扶手带传动链的更换（见图 12—2）

（1）拆下罩（1）、（2）。

（2）松开调节螺栓的锁紧螺母，用调节螺栓将驱动轮升高至能用手转动（见图 12—3）。

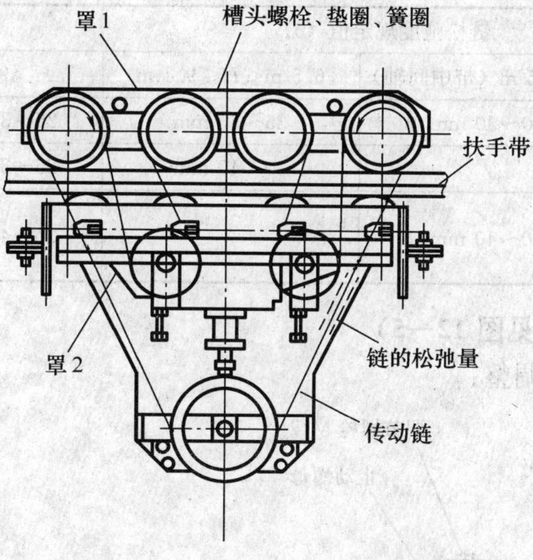

图 12—2　扶手带驱动链的检修

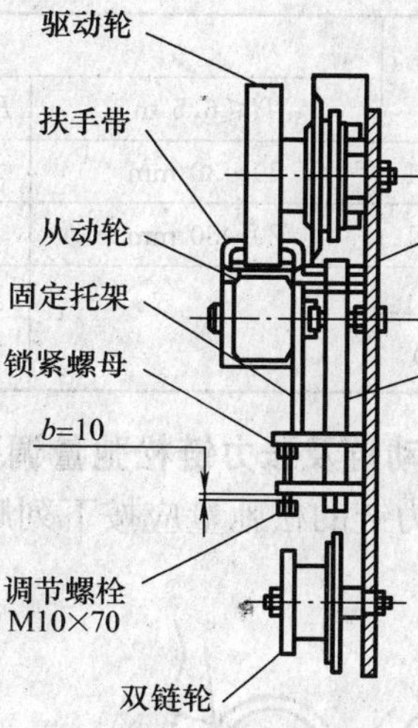

图 12—3　用调节螺栓将驱动轮升高至能用手转动

(3) 松开张紧装置，用空转链轮的固定螺母、调节螺栓的锁紧螺母，将空转链轮提升到最高位置并暂时紧固（见图 12—4）。

(4) 松开尼龙导承的安装螺栓和锁紧螺母，拆下尼龙导承、隔片。

(5) 装上传动链，并在链锁两侧涂上白漆标记。

(6) 装上尼龙导承，确认链条在链轮和尼龙导承之间顺利通过后，紧固锁紧螺母。

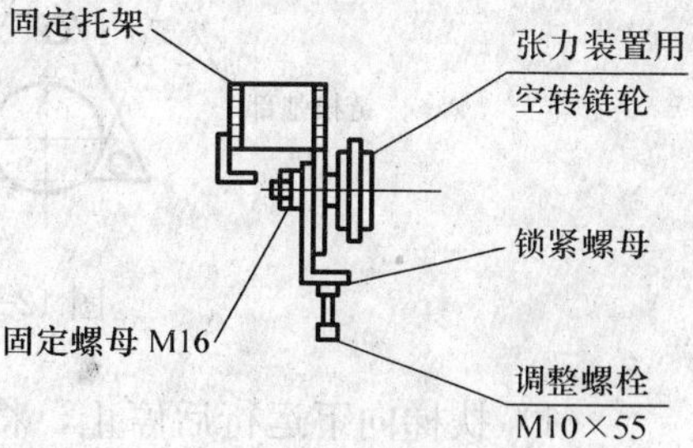

图 12—4　将空转链轮提升到最高位置并暂时紧固

(7) 降下调节螺栓 10 mm 时紧固锁紧螺母。

(8) 按箭头方向转动两端的驱动轮，使链的松弛部靠近内侧。

(9) 放下左右张紧装置的空转链轮至张紧为止，将固定螺母拧到半紧固状态（比正常紧固倒转 1/2 圈）。

(10) 用调节螺栓降下空转链轮并观察链的松弛状态。

(11) 当链的松弛度调到符合表 12—2 要求时，将固定螺母紧固，然后再确认链的松弛度。

(12) 紧固调整螺栓的锁紧螺母。

(13) 装上罩 1、罩 2。

表 12—2　　扶手带导向链松弛度

	链＃	链松弛度规定值（δ）			
		$H\leqslant6.5$ m	$H\leqslant6.5$ m（带中间轴）	6.5 m$<H\leqslant$9.1 m	$H>9.1$ m
传动链	＃50—1	25～35 mm	25～35 mm	25～35 mm	25～35 mm

续表

	链＃	链松弛度规定值（δ）			
		$H\leqslant6.5$ m	$H\leqslant6.5$ m（带中间轴）	6.5 m$<H\leqslant9.1$ m	$H>9.1$ m
张力链	＃60—1	20～30 mm	20～30 mm	25～35 mm	25～35 mm
主动链	＃60—1	20～30 mm	/	30～40 mm	25～35 mm
	＃80—1（带轴）	/	30～40 mm	/	35～45 mm

4. 扶手带主动链及张力链松弛量调整（见图 12—5）

主动链及张力链的松弛量应按下列顺序调整：

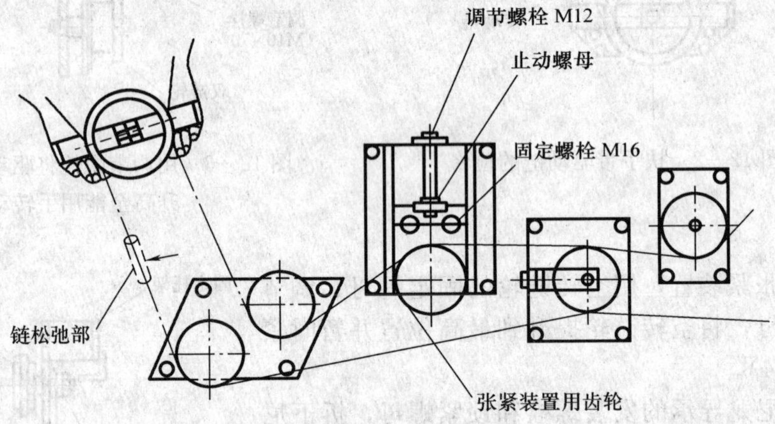

图 12—5　扶手带主动链、张力链的调整

（1）扶梯向下运行后停止，将张力链轮的 M16 固定螺栓及锁紧螺母松开 1/2 圈。

（2）松开主动链 M12 调整螺栓的锁紧螺母，通过 M12 调整螺栓上、下移动调整张紧链轮。拧开张力链 M12 调整螺栓的锁紧螺母，通过 M12 调整螺栓上、下移动调整张紧链轮。

（3）当松弛量达到规定值时，紧固锁紧螺母后，将 M16 固定螺栓紧固，再确认主动链及张力链的松弛度。

（4）让扶梯向下运行，停止后，再次确认松弛度。

注：链伸长量超过 1.5%时需更换。

5. 扶手带传动链松弛量的调整（见图 12—6）

传动链的松弛量应按下列顺序调整：

（1）在向下运行后停止，松开主链的张力。

（2）用手转动驱动轮，将传动链的松弛集中在张紧链轮上。

（3）将张紧链轮固定用的 M16 螺栓的锁紧螺母旋松 1/4 圈，然后旋松张紧链轮用 M10 螺栓的防松螺母。

（4）调整 M10 调整螺栓，将传动链松弛度调到规定值，紧固 M16 螺母和 M10 调整螺栓的锁紧螺母，再次确认传动链的松弛。

（5）主链和张力链的松弛量调整后，向下运行停止后，再次确认传动链的松弛。

注：扶手带链伸长量超过 1.5%时需更换。

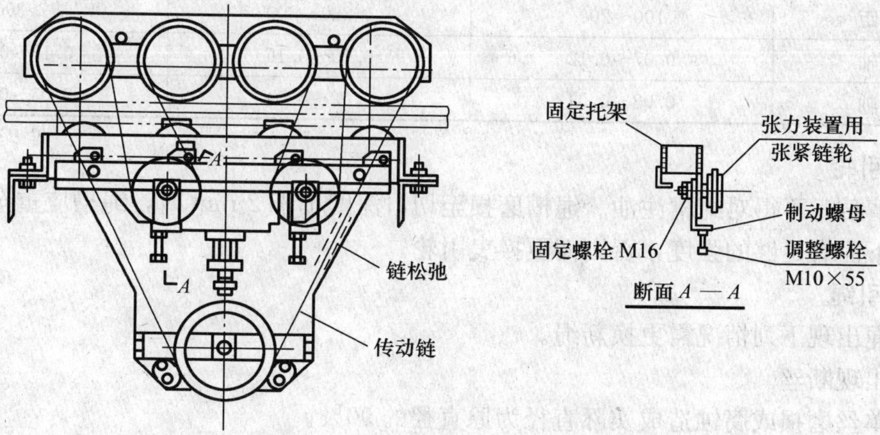

图 12—6　传动链调整

6. 梯级链的张紧方法（见图 12—7）

（1）将下部链轮尽量向后拉。

（2）将两边拉杆张力弹簧螺母均匀紧固。

（3）将张力弹簧长度调整至 L。

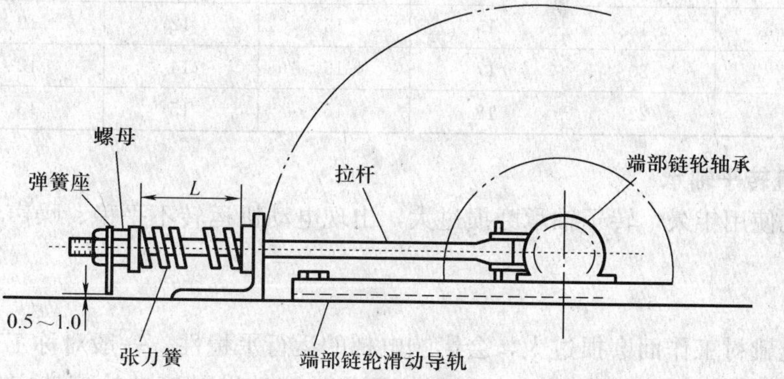

图 12—7　梯级链调整

二、垂直电梯

1. 蜗轮、蜗杆

其轴承应保持合理的轴向游隙。间隙过小会增加电梯运行的阻力，使减速器传动效率降低，导致轴承容易发热损坏或过度磨损。间隙过大时应采取措施减小轴承的游隙，通过增减轴承端盖及端面的垫片调整轴向间隙。当无法调整时应更换轴承。如不及时更换轴承将会影响电动机，使电动机轴承过热和碎裂，也会使联轴器弹圈在孔内窜动而损坏。蜗轮和蜗杆轴的轴向游隙见表 12—3。

表 12—3 蜗轮与蜗杆轴的轴向游隙 mm

中心距	100～200	＞200～300	＞300
蜗杆轴	0.07～0.12	0.10～0.15	0.12～0.17
蜗轮轴	0.02～0.04	0.02～0.04	0.03～0.05

2. 曳引轮

绳槽清洁，不得对绳槽注油。绳槽磨损至切口深度小于 2 mm 时，绳槽应重车，但必须保证切口下面有足够的强度，否则需更换曳引轮。

3. 曳引绳

曳引绳出现下列情况需更换新绳。

（1）出现断丝。

（2）单丝磨损或腐蚀造成实际直径为原直径的 90％。

（3）钢丝绳的一个捻距内达到表 12—4 规定时。

表 12—4 钢丝绳一个捻距内到达报废的标准

钢丝绳安全系数	钢丝绳一个捻距内有下列根数钢丝断裂时，到达报废					
	钢丝表面磨损或腐蚀到达直径					
	0	10％	15％	20％	25％	30％
0～10	16	13	12	11	9	8
10～12	18	15	13	12	10	9
12～14	20	17	15	14	12	10
14～16	22	18	16	15	13	11

4. 电动机转子轴承

当电动机使用年久，转子轴承磨损过大，出现电动机运转不平稳、噪声增大时，应更换轴承。

5. 导靴

滑动导靴靴衬工作面磨损过大，会影响电梯的运行平稳性。一般对称工作面磨损量不应超过 1 mm，内端面不超过 2 mm，超过时应更换。滚动导靴滚动轮滚动应良好，当出现磨损不均，应加以修整；出现脱圈、过分磨损时，应更换。

6. 限速器安全钳装置

维护保养安全钳时，主要是现场检测和维护保养。

现场检测内容主要以 GB 7588—1995《电梯制造与安装安全规范》、GB 10060—1993《电梯安装验收规范》、GB/T 10058—1997《电梯技术条件》为依据，参考国内外一些电梯制造厂家的检验报告、规定。

检测限速器安全钳装置时至少应保证由 2 名以上持证电梯操作维修人员和检验人员进行。在电梯空载运行，通过对受检部件的运行声响、运行方向、机械振动、安装位置、封记等的观测，判断是否存在异常现象。限速器判测在机房内进行；安全钳判测应在轿顶上进行；张绳装置判测在底坑内观测。检测中，若出现异常现象应中止检测。

检测内容主要包括动作速度检测、自锁性能检测和张绳装置检测。

(1) 动作速度检测。操纵轿厢安全钳装置的限速器的动作速度应发生在至少等于额定速度的115%，在此标准基础上，不同种类和额定速度的安全钳装置速度范围也存在差异。

(2) 自锁性能检测

1) 凸轮式限速器。这种限速器因无可靠的夹绳装置，故钢丝绳的自锁是靠限速器绳轮与钢丝绳之间的摩擦力来实现的，调节张绳装置的配重块可以改变摩擦力的大小。在动作时，钢丝绳在绳轮上不产生过大的位移，确保安全钳动作时所需的拉力。目前这种限速器仅在少数额定速度 0.50 m/s 左右的老式低速电梯上使用。

2) 刚性夹持式限速器。这里主要介绍使用较多的抛块式限速器，其钢丝绳的自锁是在偏心叉动作后，由于偏心叉夹绳钳作用在钢丝绳上产生压紧力，进而产生钢丝绳与绳轮的摩擦力而有效夹持钢丝绳。夹绳钳的有效夹持取决于夹绳钳压绳点至绳轮连接与偏心叉中心线的夹角、夹绳钳的弹性力等因素。这些因素在限速器设计、制造中已予以考虑，故对于钢丝绳的自锁性能的检测，仅需人为拨动偏心叉，使夹绳钳可靠接触钢丝绳后，观测到偏心叉中心线与绳轮水平直径间有一定夹角即可。

3) 弹性夹持式限速器。绳钳夹持钢丝绳后自锁的条件是使钳块自重所产生的楔入力矩大于钢丝绳弹性变形所产生的反力矩。限速器出厂时已对绳钳弹簧块作了调整并铅封，绳钳块质量在电梯运行时不会发生变化，故检测时采用定性试验即可。人为拨动绳钳拉钩，绳钳应在自重作用下楔入钢丝绳，且能随钢丝绳的运动作同步偏转，将钢丝绳夹持自锁。钢性夹持式、抛球式也可用这种方法检测。

(3) 张绳装置检测

1) 用手提动时，张绳装置应能在导向槽内上下滑动；固定支架应连接可靠；滑轮应灵活转动。

2) 用 100 kg 的弹簧秤称量（在导向槽内即可）张绳装置，其质量应大于 30 kg 以上。

3) 用 1 000 mm 直尺测量张绳装置底部距底坑地面高度（指装置能完全坠落时的行程）应满足相关要求。

4) 断绳开关位应保证在张绳器下移或坠落时动作，人为动作后电梯应不能启动运行。

第二节　电梯故障处理

一、可编程控制器（PLC）故障

1. PLC 故障查找流程图

(1) 总体检查。根据总体检查流程图找出故障点的大方向，逐渐细化，以找出具体故障，如图 12—8 所示。

(2) 电源故障检查。电源灯不亮需对供电系统进行检查，检查流程图如图 12—9 所示。

(3) 运行故障检查。电源正常，运行指示灯不亮，说明系统已因某种异常而终止了正常运行，检查流程图如图 12—10 所示。

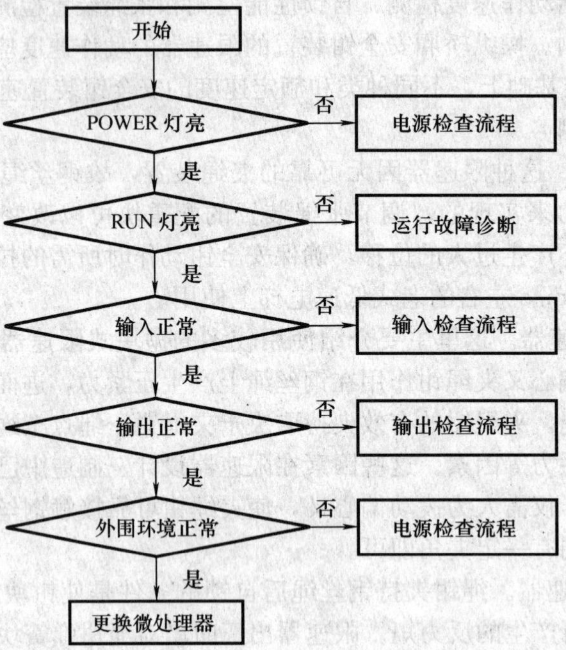

图 12—8　PLC 故障查找流程图

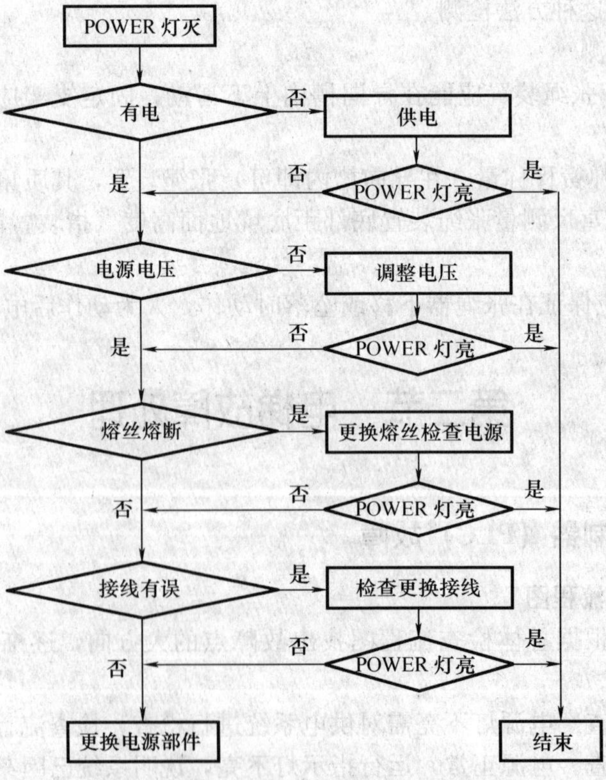

图 12—9　电源故障检查流程图

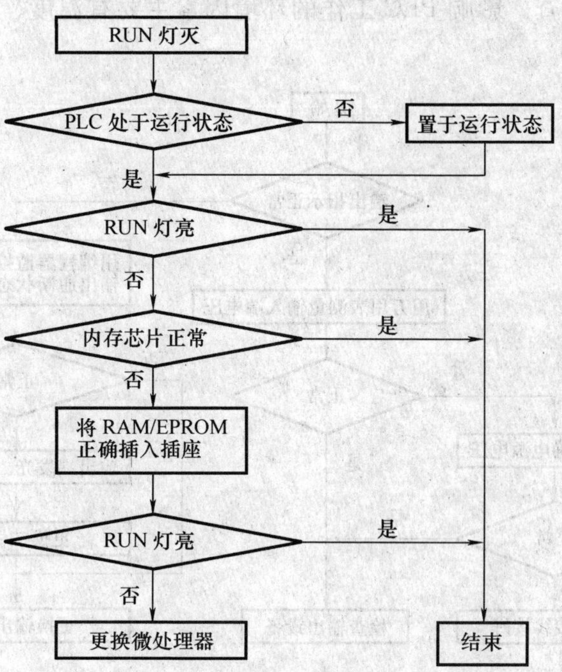

图 12—10　运行故障检查流程图

(4) 输入输出故障检查。输入输出是 PLC 与外部设备进行信息交流的通道，其是否正常工作，除了和输入输出单元有关外，还与连接配线、接线端子、保险管等元件状态有关。检查流程图如图 12—11、图 12—12 所示。

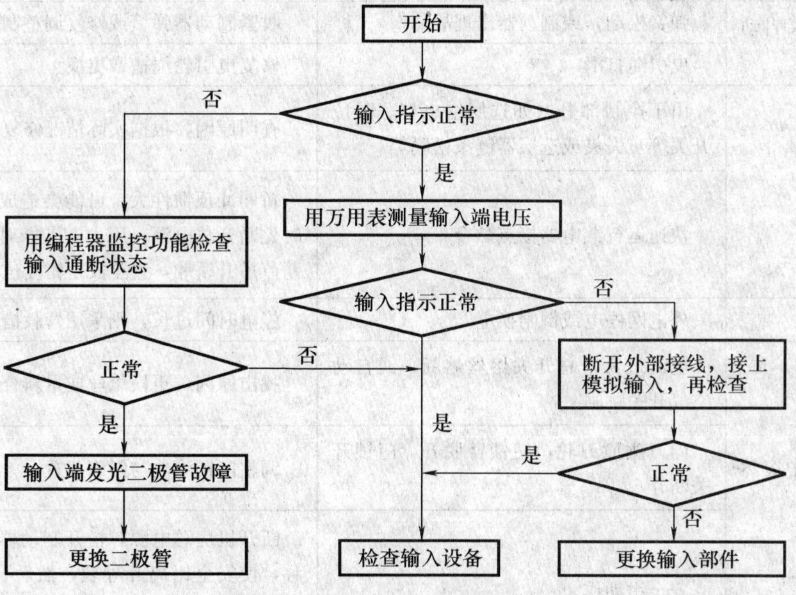

图 12—11　PLC 输入故障检查

（5）外部环境的检查。影响 PLC 工作的环境因素主要有温度、湿度、噪声与粉尘，以及腐蚀性酸碱等。

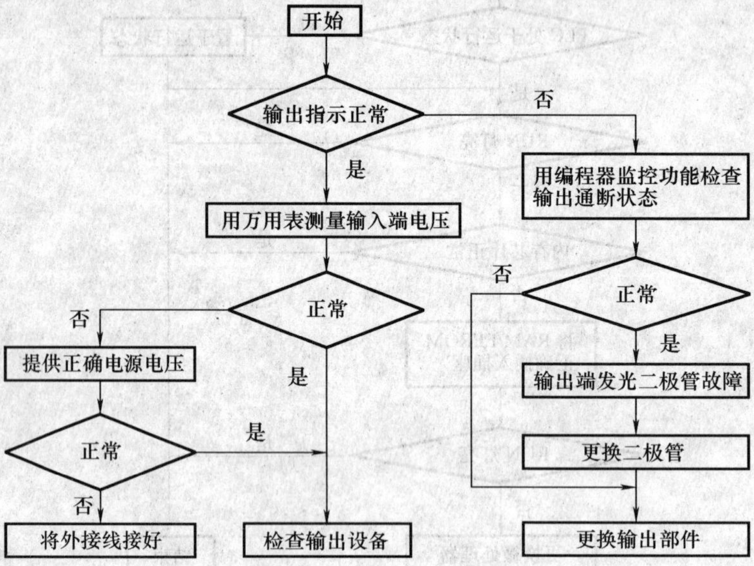

图 12—12 PLC 输出故障检查

二、常见电梯故障处理（见表 12—5）

表 12—5 **常见电梯故障处理**

故障现象	原因	排除方法
电梯平层后又自动溜车	弹簧松动，或制动器出现故障	收紧制动器弹簧或修复调整制动器
	曳引绳打滑	修复曳引轮绳槽或更换
电梯冲顶撞底	由于控制部分（如选层继电器、限位开关等）失灵或选层器链条松脱等	查明原因，根据实际情况修复或更换元件
	快速运行继电器接点黏合	轿厢冲顶惯性大，可能会造成安全钳动作。此时先断开总电源，用木方支撑对重。然后用手动葫芦吊升轿厢，直至安全钳复位
电梯在行进中突然停车	外电网停电或倒闸换电	停电时间过长，则采用营救措施
	电流过大，总开关熔丝熔断，或自动空气开关跳闸	找出原因，更换熔丝或重新合上空气开关
	门刀碰撞刀轮，使锁臂脱开，门锁开关断开	调整门锁滚轮与门刀位置
	安全钳动作	断开机房总电源，松开制动器，盘车将轿厢上移，使安全钳离开导轨，然后合上总电源开关，站在轿厢顶上，以检修速度检查各部分有无异常，并用锉刀将导轨上的制动痕修光

续表

故障现象	原因	排除方法
电梯启动和运行速度有明显下降	制动器抱闸未完全打开或局部未打开	调整
	三相电源中有一相接触不良	检查线路，紧固各接点
	行车上、下接触器点接触不良	检修或更换
	电源电压过低	调整三个电压，电压值不超过规定的±7%
预选层站不停车	轿内选层继电器失灵	修复或更换
	选层器上减速动触点与预选静触点接触不良	调整或更换
电梯在运行中抖动或晃动	曳引机减速箱蜗轮、蜗杆磨损，齿间隙过大	调整减速箱中心距或更换蜗轮、蜗杆
	曳引机固定处松动	检查地脚螺栓、挡板、压板等
	个别导轨架或导轨松动	慢速行车，在轿顶检查并紧固
	滑动导靴的靴衬磨损过大，滚轮也磨损严重	更换滑动导靴的靴衬；更换滚轮导靴或修复滚轮
	曳引绳松紧差异大	调整绳头螺母，使各曳引绳拉力相当
开、关门时，门扇振动大	门滑轮磨损严重	更换门滑轮
	门锁两个滚轮与门刀未紧贴，间隙大	调整门锁
	门导轨变形或发生松动偏斜	校正到位，调整紧固导轨
	门地坎中的滑槽集尘过多或有杂物，妨碍门的开关	清理

第三节 仪器仪表的使用

一、示波器

1. 基本工作原理

示波器是利用电子示波管的特性，将人眼无法直接观测的交变电信号转换成图像，显示在荧光屏上以便测量的电子测量仪器。这是观察数字电路实验现象、分析实验中的问题、测量实验结果时必不可少的重要仪器。示波器由示波管和电源系统、同步系统、X 轴偏转系统、Y 轴偏转系统、延迟扫描系统、标准信号源组成。

2. 示波器面板功能键、钮的标示及作用

(1) POWER（电源开关）。接通或关断整机输入电源。

(2) FOCUS（聚焦）和 ASTIG（辅助聚焦）。常为套轴电位器，用于调整波形的清晰度。

(3) ROTATION（扫描轨迹旋转控制）。调整此旋钮可以使光迹和坐标水平线平行。

(4) ILLUM（坐标刻度照明）。用于照亮内刻度坐标。

(5) A/B INTEN（A/B亮度控制）。通常为套轴电位器，作用是调节A和B扫描光迹的亮度。

(6) CAL 0.5V_{p-p}（校正信号输出）。提供0.5V_{p-p}且从0电平开始的正向方波电压，用于校正示波器。

(7) VOLTS/div（电压量程选择）。通常电压量程和幅度微调为套轴电位器，外调节旋钮是电压量程选择，转动此旋钮以改变电压量程；中间带开关的电位器为电压量程微调，顺时针旋到底为校正位置。

(8) CH1和CH2（输入信号插座）。为示波器提供输入信号。

(9) AC GND DC（输入耦合开关）。用于选择输入信号的耦合方式。

(10) GRIG SEL（内同步选择）。按下此键，以CH1和CH2分别作为内同步信号源。

(11) CH POL（信号倒相）。按下此键，输入信号倒相180°。

(12) VERTICAL MODE（垂直工作方式选择）。分别按下CH1. CH2. ALT、COHP、ADD、X—Y键，屏幕显示依次为CH1. CH2. CH1和CH2交替、CH1和CH2断续、CH1和CH2代数和、CH1垂直/CH2水平等方式。

(13) POSITION（位移调节）。调节CH1和CH2输入信号0电平在屏幕的起始位置。

(14) UNCAL（不校正指示）。当CH1和CH2电压量程微调不在校正位置时，对应的不校正指示灯点亮。

(15) TIME（扫描时间调整）。外旋钮调节A扫描速度，内旋钮调节B扫描速度。

(16) B. VAR、TRACE SEP（B扫描微调和A/B扫描轨迹分离）。一般情况下，涂有红色的旋钮为B扫描微调，提供连续可变的非校正B扫描速度。

(17) DELAY TIME（扫描延迟时间调节）。选择A和B扫描启动之间的延迟时间。

(18) POSITION（水平位移控制）。使显示波形作水平位移。

(19) SWEEP MODE（触发同步方式）。其中AUTO为自动触发、NORM为常态触发、HF为高频触发、SINGLE为单扫描触发。

(20) LEVEL HOLD OFF（电平和释抑调节）。是电平调节触发同步后，使信号同步稳定的辅助调节器。

(21) TRIG'D（触发同步状态指示）。一旦扫描电路被触发同步后，指示灯点亮。

(22) SLOPE（斜率开关）。选择触发信号的斜率，开关置“+”时，扫描以触发信号的正向斜率触发；开关置“—”时，扫描以触发信号的负向斜率触发。

(23) COUPLING（触发耦合开关）。决定扫描触发源的耦合方式。AC为交流耦合、DC为直流耦合、TV为电视场/行同步耦合、HFREJ为同步耦合。

(24) SOURCE（触发源选择开关）。INT为CH1或CH2输入信号触发、LINE为市电内电源触发、EXT为外输入信号触发。

3. 示波器一般使用方法

(1) 获得基线。使用无使用说明书的示波器时，首先应调出一条很细的清晰水平基线，然后用探头进行测量，步骤如下。

1) 预置面板各开关、旋钮。亮度置适中位置，聚焦和辅助聚焦置适中位置，垂直输入耦合置“AC”，垂直电压量程选择至适当挡位（如“5 mV/div”），垂直工作方式选择置“CH1”，垂直灵敏度微调校正置“CAL”，垂直通道同步源选择置中间位置，垂直位置置中间，A 和 B 扫描时间均置适当挡位（如“0.5 ms/div”），A 扫描时间微调置校准位置“CAL”，水平位移置中间，扫描工作方式置“A”，触发同步方式置“AUTO”，斜率开关置“+”，触发耦合开关置“AC”，触发源选择置“INT”。

2）按下电源开关，电源指示灯亮。

3）调节 A 亮度聚焦等有关控制旋钮，可出现纤细明亮的扫描基线，调节基线使其位于屏幕中间与水平坐标刻度基本重合。

4）调节轨迹旋转控制使基线与水平坐标平行。

（2）显示信号。一般示波器均有 $0.5V_{p-p}$标准方波信号输出口，调妥基线后，即可将探头接入此插口，此时屏幕应显示一串方波信号，调节电压量程和扫描时间旋钮，方波的幅度和宽度应有变化，至此说明该示波器基本调整完毕，可以投入使用。

（3）测量信号。将测试线接入 CH1 或 CH2 输入插座，测试探头触及测试点，即可在示波器上观察波形。如果波形幅度太大或太小，可调整电压量程旋钮；如果波形周期显示不合适，可调整扫描速度旋钮。

4. 示波器测量方法

示波器定量测量时，垂直电压分度“VOLTS/div”旋钮和扫描时间旋钮“TIME/div”的“微调”旋钮应置于校准位置。

（1）直流电压的测量。首先使屏幕显示一水平扫描线。输入耦合方式置于“GND”，此时显示的扫描线为零电平的参考基准线，再将输入耦合方式置于“DC”位置。输入端加上被测信号，此时，“VOLTS/div”挡位所指的数值与信号在垂直方向位移的格数相乘，即为测得的直流电压值。高于或低于 0 电平的电压分别为正值和负值。

例：被测点距基准电平为 1.8 格，如“VDLTS/div”挡位置于 5 V/div，则直流电压为：

$$U=1.8\times5=9\ \text{V}$$

（2）交流电压的测量。如图 12—13 所示，如果“VDLTS/div”挡位置于 2 V/div，屏幕上显示被测信号峰—峰之间的高度为 4 格，计算方法为：

$$U_{峰-峰}=2\times4=8\ \text{V}$$

电压最大值
$$U_{\text{M}}=\frac{1}{2}\times U_{峰-峰}$$

电压有效值
$$U=\frac{U_{\text{M}}}{\sqrt{2}}$$

如果用光标测量，可将两条水平光标线移到波形两测试点，直接从示波器屏幕下方文字显示读出电压值。

（3）时间、频率的测量。如图 12—14 所示，屏幕显示被测信号一个周期所占格数为 6 格，如果扫描时间“TIME/div”的挡位在 0.5 ms/div，则周期 $T=6\times0.5=3$ ms，频率 $f=1/T=333$ Hz。

时间、频率也可用光标测量，只需将两条竖直光标线调到信号一个周期波形位置，直接从示波器屏幕下方文字显示读出周期和频率值。

(4) 同频率两信号之间相位差的测量（见图 12—14）。将两被测信号送入 CH1 和 CH2 通道，读出信号一个周期所占的格数为 A，两信号相应点所占的格数为 B，则相位差为

$$\varphi=\frac{B}{A}\times 360°$$

如图 12—14 所示，波形一个周期占 6 格，两信号相应点所占的格数为 1 格，则相位差

$$\varphi=\frac{1}{6}\times 360°=60°$$

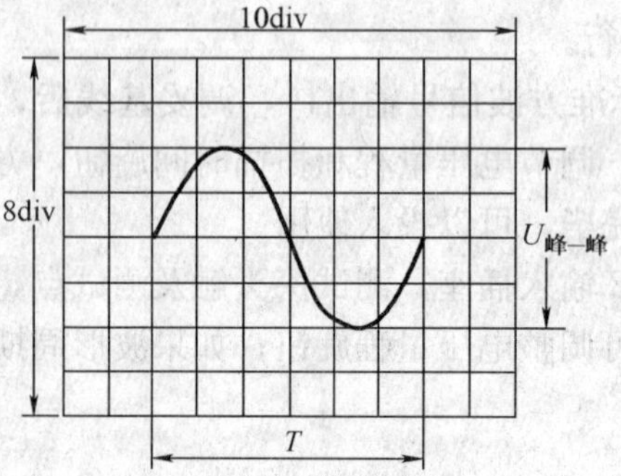

图 12—13 电压和周期的测量

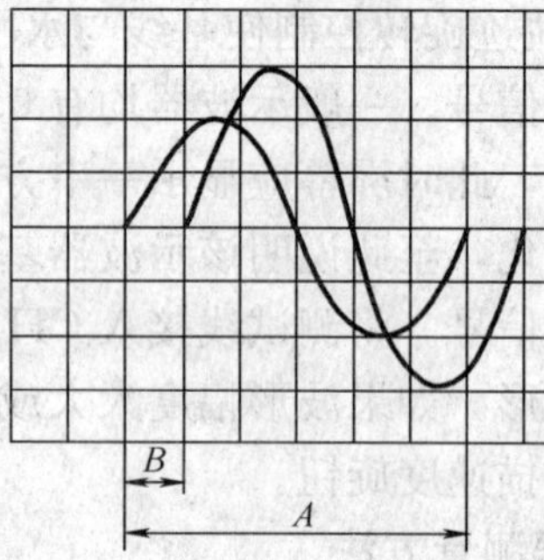

图 12—14 相位差的测量

(5) 示波器测量电流。用示波器不能直接进行电流测量，可采用间接测量法，即测量被测支路中已知电阻上的电压，然后用欧姆定律计算出电流。若被测支路中无电阻元件，需串接一个小阻值的电阻，此电阻也称取样电阻。

二、噪声计

噪声计主要是用来测量噪声的。噪声计按用途可分为通用噪声计、积分噪声计、频谱噪声计等。按精度可分为 1 级和 2 级，两个级别的噪声计的各种性能指标具有同样的中心值，仅仅是容许误差不同，而且随着级别数字的增大，容许误差放宽。按体积还可分为台式、便携式和袖珍式噪声计。按其指示方式可分为模拟指示和数字指示噪声计。噪声计使用正确与否，直接影响到测量结果的准确性。

1. 注意事项

(1) 使用前应先阅读说明书，了解仪器的使用方法与注意事项。

(2) 安装电池或外接电源注意极性，切勿反接。长期不用应取下电池，以免漏液损坏仪器。

(3) 传声器切勿拆卸，防止掷摔，不用时放置妥当。

(4) 仪器应避免放置于高温、潮湿、有污水、灰尘及含盐酸、碱成分高的空气或化学气体的地方。

(5) 勿擅自拆卸仪器。如仪器不正常，可送修理单位或厂方检修。

2. 灵敏度的校准

为保证测量的准确性，使用前及使用后要进行校准。将声级校准器配合在传声器上，开

启校准电源，读取数值，调节噪声计灵敏度电位器，完成校准。

3. 噪声计常见故障的分析和修复

（1）显示器无显示

1）内部电池连线断开或电池接触不好。修复方法是焊好连线，更换电池接触片。

2）电池损坏。修复方法是更换电池。

（2）测量读数明显偏低或校准时校不到 94 dB

1）传声器灵敏度太低或损坏。修复方法是更换传声器并重新校准。

2）前置放大器的接点与传声器接触不好。修复方法是清洗接点。

3）前置放大器的插头与主机插座接触不好。修复方法是更换插头插座。

（3）低声级测量时读数偏高

原因一般为前置放大器的地线接触不良。修复方法是旋紧外套筒。

第十三章

电梯安装调试与验收

第一节　垂直电梯的安装与调试

一、电梯样板架放样、挂线

1. 工艺流程

搭设样板架 → 测量井道、确定基准线 → 样板就位、挂基准线 → 机房放线

2. 操作工艺

（1）搭设样板架

1）井道顶板下面 1 m 左右处用膨胀螺栓将角钢水平牢固地固定于井道壁上。

2）若井道壁为砖墙，应在井道顶板下面 1 m 左右处沿水平方向剔洞，稳定放样板木支架，并且固定端部。

3）样板支架方木端部应垫实找平，水平度误差不能大于 3%。

（2）测量井道，确定基准线

1）放 2 根层门口线测量井道。一般两线间距为门净开度。

2）根据井道测量结果来确定基准线时，应注意以下问题：

①井道内安装的部件对轿厢运行有无妨碍，如限速器钢绳、限位开关、中线盒、随线架等。同时必须考虑到门上滑道及地坎等与井道的距离，对重与井道壁距离，必须保证在轿厢及对重上下运行时，其运动部分与井道内静止的部件及建筑结构净距离不得小于 50 mm。

②确定轿厢轨道位置时，要根据导轨支架高度要求，考虑安装位置有无问题。支架高度计算值等于轿厢中心至井道内壁距离减去轿厢中心至安全钳内表面距离再减去安全钳与导轨顶面距离及导轨高度及垫片厚度之和。

③导轨中心线确定时应考虑对重宽度（包括对重块、最凸出部分），距墙壁及轿厢应有不小于 50 mm 的间隙。

④对于前后开门（贯通门）的电梯，井道深度≥（层门地坎宽度＋层门与轿厢地坎间隙）×2＋轿厢深度，并考虑井道壁垂直情况是否满足安装要求。

⑤各层层门地坎位置确定，根据所放的层门线测出每层墙面或牛腿与该线的距离，经过计划，做到照顾多数，既要考虑少剔牛腿或墙面，又要做到离墙面最远的地坎装稳后，门立柱与墙面的间隙小于 30 mm。

⑥对于层门建筑上装有大理石门套以及装饰墙的电梯，由于施工在后，因而确定层门基准线时，除按照上述 5 项进行考虑外，还要参照建筑施工图。

（3）样板就位，挂基准线

1）样板加工制造。样板的木质优先选用干燥的松木制作，且要求四面刨光、平直，按图样要求组装，并用胶粘牢，将样板就位。基准垂线共计 10 根，其中轿厢导轨基准线 4 根，对重导轨基准线 4 根，层门地坎基准线 2 根（贯通门时为 4 根）。

2）确定梯井中心线、轿厢架中心线、对重中心线，进而确定出各基准线垂线的放线点，划线时使用细铅笔，核对无误后再复核各对角线尺寸是否相等，偏差不应大于 0.3 mm。样板的水平度在全平面内不得大于 3 mm。

3）在样板处，将钢丝一端悬一较轻物体，顺序缓缓放下至底坑。垂线中间不能与其他物体接触，且不能有钢丝打结现象。

4）在放线点处，用锯条或电工刀，垂直锯或划一个 V 形小槽，使 V 形槽顶点为放线点，将线放入，以防基准线人为造成误差，并在放线处注明此线名称，将尾线在固定铁钉上绑牢。

5）线放到底坑后，用线坠替换放线时悬挂的物体，让其自然垂直至静止状态。

6）在底坑安装稳线架，将静止后的基准线固定于稳线架上，然后再检查放线点的固定点各部尺寸、对角线等尺寸有无偏差，确定无误后，进行下一步工序。

（4）机房放线

1）井道样板完成后，还要进行机房放线工作，校核确定机房各预留孔洞的准确位置，为曳引机、限速器等设备定位安装做好准备。

2）线坠通过机房预留孔洞，将样板上的轿厢、对重导轨轴线、轨距中心线等引到机房地面上来。

3）以图样尺寸要求的导轨轴线、轨距中心线、两垂直交叉十字线为基础，弹划出各绳孔的准确位置。

4）根据弹划线的准确位置，修正各预留孔洞，并可确定承重钢梁及曳引机的位置，为机房的全面安装提供必要的条件。

二、层门安装调校

1. 施工工艺流程

（1）稳装地坎。

（2）安装门套、门立柱、层门导轨、门上槛。

（3）安装层门扇，调整层门。

（4）门锁安装。

2. 施工操作工艺

（1）稳装地坎

1）由样板放两根层门安装基准线，在各层门地坎上表面和内侧立面上划出净门口宽度线及层门中心线，在相应的位置上打上3个窝点，以基准线及划线确定地坎、牛腿及牛腿支架的安装位置。

2）若地坎牛腿为混凝土结构，应在混凝土牛腿上打入两条支撑模板用钢筋，用钢管套住向上弯曲约90°，在钢筋上放置相应长度的模板。将地脚爪装在地坎上，然后用混凝土浇注，稳放地坎时要用水平尺找水平，同时三条划线分别对正三条基准线，并找好地坎与基准线的距离。地坎稳好后应高于完工装修地面2～5 mm，若是混凝土地面应按1∶50坡度与地坎平面抹平。

3）在预埋铁件上焊支架，安装钢牛腿来稳装地坎

①电梯额定载质量在1 000 kg及以下的各类电梯，可用不小于65 mm等边角钢做支架进行焊接，并稳装地坎，数量不少于3个。

②电梯额定载质量在1 000 kg以上的各类电梯，采用10 mm的钢板及槽钢制作支架，进行焊接，支架数量不少于5个。

③对于高层电梯，为防止由于基准被碰造成误差，可以先安装和调整好导轨。然后以轿厢导轨为基准来确定地坎的安装位置。

（2）安装门套、门立柱、层门导轨、门上楹。地坎混凝土硬结后才能安装门立柱、门上楹。

1）按门套加强板的位置在层门口两侧混凝土钻直径10 mm的孔，将ϕ10 mm×100 mm的钢筋打入墙内，剩30 mm留在墙外。

2）在平整的地方组装好门套横梁和门套立柱，垂直放置在地坎上，确认左、右门套立柱与地坎的出入口划线重合，找好与地坎槽的距离，使之符合图样要求，然后拧紧门套立柱与地坎之间的紧固螺栓。

3）将左右层门立柱、门上楹用螺栓组装成门框架，立到地坎上，立柱下端与地坎固定，门套与门头临时固定，确定门上楹支架的安装位置，然后用膨胀螺栓或焊接将门上楹支架固定在井道墙壁上。

4）用水平尺测量层门导轨安装是否水平，并用线坠检查门导轨上滑道与地坎槽两垂直面水平距离和两者之间的水平度。

5）将门头和两侧门套连接成整体后，用层门铅垂线校正门套立柱，全高应对应垂直一致，然后将门套与门上楹之间的连接螺栓紧固，用钢筋（ϕ10 mm×200 mm）与打入墙中的钢筋和门套加强板进行焊接固定，注意应将钢筋弯成弓形后再焊接，以免焊接变形导致门套的变形。

（3）安装层门扇、调整层门

1）消除门套焊接部分的焊渣和层门口两侧井道墙壁上的水泥块、砖块等凸出物。清理地坎槽内的杂物。

2）将门导靴、门吊轮装在门扇上，把偏心轮调到最大值，然后将门导靴放入到地坎槽内，门吊轮挂到门导轨上。

3）将门地脚滑块装在门扇上，在门扇和地坎间垫上 6 mm 厚的支撑物，门吊轮和门扇之间用专用垫片进行调整，保证门缝尺寸和门扇垂直度符合要求，然后将门吊轮与门扇的连接螺栓紧固，将偏心轮调到与滑道间距小于 0.5 mm，撤掉门扇和地坎间所垫之物，进行门滑行试验，未装开门机构前在任意位置牵引时的阻力应小于 3 N。

4）层门进口净宽在轿厢进口宽度方向的任何一侧，均不应大于 50 mm。

（4）门锁安装

1）安装前应对锁钩、锁臂、滚轮、弹簧等按要求进行检查、调整，使其灵活可靠。

2）层门锁和副门锁开关要按图样规定的位置进行安装。若设备上安装螺孔不符合图样要求，要进行修改。

3）调整层门锁和副门锁开关，只有当两扇门关闭达到有关要求后才能使门锁电触点和副门锁开关接通，一般应使副门锁开关先接通，层门门锁点触点再接通。

4）当轿门与层门联动时，钩子锁应无脱钩及夹刀现象，在开关门时应运行平稳，无抖动和撞击声。

5）在门扇装完后，应将强迫关门装置装上，使层门具有自动关闭的功能，被打开的层门在无外力作用时，层门应能自动关闭。

6）层门手动紧急开锁装置应灵活可靠。每个层门均应设置此装置，门开启后三角锁应能自动复位。

（5）层门地坎下的防护。每个层门地坎下的电梯井道壁应符合下列要求：

1）层门地坎下为钢牛腿时，应装设 1.5 mm 厚的钢护脚板，钢板的宽度应比层门口的宽度两边各延伸 25 mm，垂直面的高度不小于 350 mm，下边应向下延伸一个斜面，使斜面与水平面的夹角不得小于 60°。

2）井道壁应形成一个与层门地坎直接连接的垂直表面，其高度不应小于 1/2 的开锁区域加上 50 mm，宽度不应小于门入口的净宽度各加 25 mm。

3）垂直表面应是连续的，由光滑而坚硬的材料构成。

4）井道壁任何凸出物均不可超过 5 mm，超过 2 mm 的凸出物应倒角，倒角与水平面的夹角至少为 75°。

三、轿门机构的安装、调试

电梯的轿门机构是电梯工作中运行最为频繁的系统。它不但直接体现电梯的外观品质，同时直接关系到电梯的安全可靠运行。现在许多电梯生产厂家引进结构简单、安装方便、工作噪声低、效率高的先进门系统，但是轿门系统的故障量在电梯的总故障量中仍占相当大的比例。究其原因，大多是由于轿门系统的安装工艺没有达到设计要求所致。现就对电梯轿门的安装调试作简单介绍。

1. 开门机的安装

因为许多门机构的门电动机、门导轨、活动臂、门挂板等在出厂前已装成一个整体，所以安装这类型开门机在装上支撑件和开门机构后，首先要求确定门导轨的高度，同时保证其水平度；其次是调整机架，使门导轨正面与轿厢地坎槽内侧垂直（也就是从门导机两端吊垂线至轿厢地坎槽内侧）；最后，调整好门机本身的垂直度。检查方法就是线垂吊带轮，或线垂吊门机架与门导轨两端接板使之垂直，调整好后拧紧连接螺钉。

2. 轿门的安装

首先在轿门上装上吊轨，且要求装上的两块门导轨是在一条直线上。在挂上轿门后必须做到：

（1）门板与地坎距离为 4 mm，轿门与轿厢前壁之间的距离为 4 mm。

（2）两扇轿门上下必须在一个平面上。检查方法就是用钢直尺靠两块门板的上下端，看其是否平整。

（3）门板的正面、侧面必须垂直，这样才能保证关闭时中缝整齐，同时打开之后，与轿厢前壁并齐。安装完轿门后，可以手动开关门，整个开关过程应该轻松、平稳。

3. 安全触板的安装

安全触板的安装，首先触板的接触面与轿门侧面是平的；其次安全触板活动自如且没有异常声响；最后伸出时触板凸出量以 30～50 mm 为宜，用时两块触板伸出量相同。

4. 门刀的安装

安装开门刀：第 1 步确保门刀与厅门地坎之间距离为 7 mm，并且保证这一方向的垂直；第 2 步确定门刀的固定刀片与厅门门锁的脱钩滚轮之间的距离为 7 mm 左右；第 3 步确定门刀固定刀片的两个面即推滚轮的一面必须垂直；第 4 步检查轿门在带动厅门时，可动刀片不应有异常声响。

5. 开关门的速度

开关门的速度，首先要控制在 0.70 m/s 左右，开门速度可适当快点。开门的加减速根据电梯不同加以调整。如用三菱型门机，因自身有平衡铁，只需要调整开门减速，减速点宜距开门到位 150 mm 左右；关门的减速点有 2 个，第 1 个宜在门板离中线 150 mm 前，第 2 个减速点宜在门板离中线 20 mm 处。

四、电梯的动作调试

电梯的调试工作应在电梯的安装工作全部完毕之后进行，动作调试主要有慢车试运行和快车试运行。

1. 慢车试运行

（1）本过程是在电梯能进入检修状态的前提下进行的。

（2）制动器回路的调整。在机械部分调好后，才能进行制动器的电气调整，其目的是使制动器工作可靠。

（3）如电动机绕组有热敏元件时应进行测试。保证测试电压、电流、仪表量程符合要求。模拟电动机过热，冷却风机启动运行正常。

（4）检验速度检测装置的精度是否符合要求。

（5）在验证电动机接线正确、启动电流正常和速度检测装置精度符合要求的同时，还需调整电动机三相电流，使之基本平衡。以减少谐波力矩所产生的脉动转矩。

（6）用模拟控制系统的方法实现闭环控制的首次启动、加速、满速、平层停车各种运行。用示波器观察速度反馈曲线应比较平滑，不应有振动、谐振等现象。否则首先从机械连接部位开始，逐个检查到装置本身可能的故障，并加以排除。在电动机实现闭环启动运行后，拆除测速反馈信号装置，系统便为开环运转状态。此时再检查测速信号的精度，应仍满足前述要求。

（7）将曳引绳复位，轿厢内装 50%的额定载荷。断电手动盘车检查轿厢、对重的导靴与导轨的配合情况，如无异常方可进行慢车试运行。

（8）在盘车或检修慢车运行时，应检查轿门槛与各层门槛间隙，各层门锁轮与轿厢地坎间隙，平层装置的有关间隙等。

（9）注意交流双速电动机慢速连续运转时间不应超过 3 min，以避免烧毁电动机。

2. 快车试运行

（1）在检修状态试运行正常后，各层厅门关好，门锁可靠。确认强迫缓速开关、限位开关、极限开关都能可靠动作后，方可进行快车状态运行。

（2）开慢车将轿厢停于中间层，轿内不载人，按照操作要求，在机房控制屏处手动模拟开车。先单层，后多层，上下往返数次。如无问题，试车人员进入轿厢，进行实际操作。试车中对电梯的信号系统、控制系统、驱动系统进行测试、调整，使之全部正常。对电梯的启动、加速、换速、制动、平层及强迫缓速开关、限位开关、极限开关、安全开关等的位置进行精确的调整，应动作准确、安全可靠。外呼按钮、指令按钮均起作用，同时试车人员在机房内对曳引装置、电动机、抱闸等进行进一步检查测试。

（3）交流调速电梯运行曲线是给定的，如有需要应调整启动转矩或制动电流来达到舒适度的要求。

（4）交流双速电梯电抗器调整使电梯在加、减速过程中各挡切换时尽量保持平滑过渡，避免产生过大的机械和电流冲击，同时满足加、减速的时间要求。

（5）加、减速时间的整定。一次加速时间为全部加速时间的 50%～60%，二次加速时间为 10%～20%。一次减速时间为全部减速时间的 40%～55%，二次减速时间为 15%～25%。其目的是为了既要减小电抗器在各级切换时的机械和电流冲击，又要保证电梯加、减速度要求。

（6）平层感应器的调整。初调时，轿顶装的上、下平层感应器的距离可取井道内装的隔磁板长度再加约 100 mm。精调时以基站为标准，调准感应器的位置，其他站则调整井道内各隔磁板的位置。平层隔磁板与上下平层感应器的距离越小平层准确度越高，但平层次数也越多，要适当兼顾。

（7）变频电梯感应器按厂家要求安装调整。用专用程序写入器修改变频器内置参数，旋转编码器安装接线正确后，将电梯慢车开到底层，让其自学习后就可进入快车运行。

第二节　自动扶梯验收

在自动扶梯安装竣工后第一次使用之前，经大修或停止使用一段时间后准备重新启用，都应进行必要的检查和试验。待验收检查的自动扶梯应处于可运转状态。

一、自动扶梯验收时应提供的资料

1. 计算资料

（1）自动扶梯金属结构的静应力分析资料。

（2）牵引链条及牵引齿轮的破断强度的计算。

（3）按规定载荷对自动扶梯制动距离的计算资料。

（4）自动扶梯驱动功率的计算。

2. 试验证书

（1）梯级的静、动态试验证书。

（2）胶带的断裂强度试验证书。

（3）紧急制动器的试验证书。

（4）公共交通型自动扶梯的扶手带断裂强度证书。

（5）超速装置的试验证书。

3. 图样及文件

（1）土建布置图。

（2）电气接线图及其符号说明。

（3）产品合格证书。

（4）产品使用维修说明书。

（5）安装质量自检报告。

二、验收项目

1. 静态检查

（1）梳齿板和端站导向装置调整是否合适。

（2）检查制动器安装调整是否合适。

（3）辅助制动器是否提供。

2. 动态试验

（1）测取空载和有载时向下运动的制动距离。

（2）制造厂家应提供辅助制动器的形式试验证书，并经现场试验。

（3）制造厂家提供的超速装置形式试验证书是否有效，并经现场试验。

3. 驱动电动机电流试验

说明书中应有驱动电动机的制造商、功率机试验时的电压等数据，记录空载上、下运行的电流，提供过载保护的形式。动力网和主机是否分别提供。

4. 安装间隙检查

（1）相邻梯级之间的间隙应不超过 6 mm。

（2）梯级与裙板的间隙应不超过 4 mm。

（3）梯级与裙板的间隙总和不超过 7 mm。

（4）梳齿板根部和梯级踏面之间的距离应不超过 4 mm。

（5）扶手胶带在扶手转向端的入口与地板之间的距离应不小于 0.1 mm，但不大于

0.25 mm。

5. 对地的绝缘电阻

分别测取动力电路与安全电路。

6. 接地

（1）所有的金属外壳是否都用封闭导线接地。

（2）最大连续接地导线电阻应不小于 0.5 Ω。

7. 半小时的运行

自动扶梯分别上、下行各 15 min，观察运行过程中及运行后有否异常情况。

8. 电气安全保护装置

（1）紧急停止开关。

（2）牵引链断链保护装置。

（3）传动链条破断保护装置。

（4）扶手胶带入口保护装置。

（5）非操纵逆转保护装置。

（6）梳齿板保护开关。

（7）工作制动器。

（8）超速保护开关。

（9）梯级塌陷保护装置。

（10）裙板开关。

（11）扶手带断裂保护装置。

（12）辅助自动器。

（13）相序保护装置。

高级工理论知识考核模拟试题

一、填空题（将正确答案填在空格内，每小题2分，共20分）

1. 基站是指轿厢无投入指令运行时______的层站。

2. 自动扶梯是由______输送机和______输送机组合而成的运输机械。

3. 承重梁安装时，三根工字钢要求水平，每根承重梁上平面水平度应为______。

4. 电梯开门刀与厅门地坎、厅门锁滚轮与轿门地坎的距离应为______mm。

5. 电动机与减速器为弹性连接时，不同心度不大于______mm，刚性连接时，不同心度不大于______mm。

6. 终端极限保护装置有______开关、______开关和______开关。

7. 当轿厢超过上下端站______mm时极限开关动作。

8. 平层装置由轿厢上的________和每层导轨支架上的________组成。

9. 绳槽磨损至切口深度小于______mm时，绳槽应重车。

10. 相邻梯级之间的间隙应不超过______mm，梯级与裙板间隙总和不超过______mm。

二、单项选择题（下列每题的选项中，只有1个是正确的，请将其代号填在横线空白处。每小题1分，共40分）

1. 曳引式电梯的平衡系数应为________。

A. 30%～40%　　B. 20%～30%　　C. 40%～50%　　D. 30%～50%

2. 根据GB 16899—1997规定：扶手带的运行速度相对于梯级、踏板的速度允差为________。

A. 0%～2%　　B. −2%～0%　　C. 0%～5%　　D. 0%～3%

3. 新装的电梯安全钳动作试验，应在轿厢______的情况下进行。

A. 空载　　B. 半载　　C. 满载　　D. 超载

4. 微型计算机可控制电梯按______从启动、加速、稳速、减速到制动的全过程。

A. 电阻值　　B. 载质量　　C. 控制方式　　D. 运行曲线

5. 货梯使用的曳引钢丝绳需大于等于______根。

A. 1　　B. 2　　C. 3　　D. 4

6. PLC控制电梯时，将各种指令信号作为________信号。

A. 输入　　B. 输出　　C. 停止　　D. 安全

7. 导靴衬与导轨的衬压力太大时，使导靴失去________导致运行时产生晃动。

A. 减振作用　　B. 吸能作用　　C. 弹性作用　　D. 导向作用

8. 直流电梯的调速方法，可分别通过对________进行。

A. 电压、电流、限流电阻　　B. 电压、限流电阻、磁通量

C. 电压、电流、磁通量　　D. 电流、限流电阻、磁通量

9. 自动扶梯间隙检查描述正确的是________。

A. 相邻梯级之间的间隙应不超过8 mm

B. 梯级与裙板的间隙应不超过 6 mm

C. 梯级与裙板的间隙总和不超过 7 mm

D. 梳齿板根部和梯级踏面之间的距离应不超过 6 mm

10. 功能指令后带有符号（P）是指________执行型指令。

A. 连续　　B. 间断　　C. 脉冲　　D. 数据

11. 用磁通量来控制直流电动机转速的方法以实现控制交流电动机转速的方法，称为________。

A. 直流交换控制　　B. 矢量变换控制　　C. 交—直变换系统

12. 电梯的内选电路由各层内选按钮启动，由________断开。

A. 停层电路　　B. 楼层信号电路

C. 轿厢位置检出电路　　D. 换速电路

13. 室内型自动扶梯扶手带驱动链的使用寿命是________年。

A. ≥10　　B. ≥8　　C. ≥12　　D. ≥5

14. 调整电梯平衡系数时，对重块放多少，应根据________来确定。

A. 轿厢的自重　　B. 电梯的额定速度

C. 电梯的额定载质量　　D. 电梯轿厢自重和额定载重量

15. PLC 故障查找流程第四步为________。

A. 电源故障检查　　B. 运行故障检查

C. 输入输出故障检查　　D. 外部环境的检查

16. 异步电动机变频调速，如果电压恒定，随着频率升高，磁通________。

A. 不变　　B. 增大　　C. 减小　　D. 不定

17. 限速器动作时，限速器绳的最大张力应不小于安全钳提拉力的________倍。

A. 1.5　　B. 2　　C. 3　　D. 4

18. 电、扶梯减速箱的作用是为了降低________。

A. 输出转速　　B. 自锁功能　　C. 输出转矩　　D. 提高安全性

19. 裙板安全开关动作的极限为________N。

A. 200～300　　B. 800～1 000　　C. 500～700　　D. 900～1 200

20. VVVF 电梯采用________方式对曳引电动机进行调速控制。

A. 直流调速　　B. 交流高压　　C. 变频变压　　D. 变压

21. 接地线的颜色为________绝缘电线。

A. 红色　　B. 黑色　　C. 黄绿双色　　D. 黄色

22. 自动扶梯裙板与梯级的间隙应为________mm。

A. 0.5～0.3　　B. 0.45～2

C. 4 mm，两边之和不大于 7　　D. 0.45～3.5

23. 电梯电气控制系统主要由驱动电路、控制电路、________等三大部分组成。

A. 输出转速　　B. 自锁功能　　C. 输出转矩　　D. 输出功率

24. 额定速度大于 0.65 m/s 的公共交通型扶梯其出入口导向段，即梯级的前缘离开梳齿和梯级的后缘进入梳齿，至少应有一段________m 的水平移动距离。

A. 1　　B. 1. 2　　C. 1. 6　　D. 1. 8

25. 电扶梯需手动盘车时需________人同时进行操作。

A. 1　　B. 2　　C. 3　　D. 4

26. 曳引绳单丝磨损或腐蚀造成实际直径为原直径的________需更换新绳。

A. 90%　　B. 92%　　C. 94%　　D. 95%

27. 三相交流电动机________，从而改变旋转方向。

A. 改变两相电压相序　　B. 改变电压相位

C. 改变三相电压相序　　D. 改变正极电压

28. 当与自动扶梯交叉的屋梁或相邻自动扶梯的侧面下端部离扶手带边缘的水平距离在________mm 内的场合，应按要求设置三角挡。

A. 400　　B. 500　　C. 600　　D. 700

29. 微型处理器采用的是________进制计数。

A. 2　　B. 8　　C. 10　　D. 16

30. 转速、电流双闭环调速系统中设置了两个调节器，分别在调节转速和电流两者之间实行________连接。

A. 并联　　B. 串联　　C. 反馈　　D. 并行

31. 制作的样板支架水平度误差不能大于________。

A. 1%　　B. 2%　　C. 3%　　D. 4%

32. 井道内壁任何凸出物不可超过________mm。

A. 3　　B. 5　　C. 2　　D. 4

33. 轿门安装时，地坎与门板的距离为________mm。

A. 3　　B. 5　　C. 2　　D. 4

34. 轿门安装时，轿门与轿厢前壁之间的距离为________mm。

A. 3　　B. 5　　C. 2　　D. 4

35. 门刀安装时应保证门刀与厅门地坎之间距离为________mm 为佳。

A. 4　　B. 5　　C. 7　　D. 9

36. 交流双速电动机慢速连续运转时间不应超过________min，以避免烧毁电动机。

A. 3　　B. 5　　C. 2　　D. 4

37. 为了既要减小电抗器在各级切换时的机械和电流冲击，又要保证电梯加、减速度要求，一次加速时间为全部加速时间的________。

A. 50%～60%　　B. 20%～30%　　C. 20%～40%　　D. 30%～60%

38. 相邻梯级之间的间隙应不超过________mm。

A. 4　　B. 5　　C. 6　　D. 9

39. 梯级与裙板间隙总和不超过________mm。

A. 4　　B. 5　　C. 6　　D. 7

40. 扶梯最大连续接地导线电阻应不小于________Ω。

A. 0. 1　　B. 0. 2　　C. 0. 5　　D. 0. 6

三、简答题（每小题8分，共24分）

1. 安全钳楔块安装时有什么要求？

2. 对电梯限速器的动作有什么规定？

3. 请写出电梯驱动装置故障的排除办法。

四、问答题（16分）

请填写表格中电梯故障现象的原因及排除方法。

故障现象	原因	排除方法
电梯平层后又自动溜车		
电梯冲顶撞底		
电梯在行进中突然停车		
电梯启动和运行速度有明显下降		

高级工技能操作考核模拟试题

一、“电梯在运行中抖动或晃动”故障排除。

二、“开、关门时，门扇振动大”故障排除。

高级工理论知识考核模拟试题答案

一、填空题

1. 停靠　2. 链式　胶带　3. 1/1 000　4. 5～10　5. 0. 1. 0. 02　6. 限速　限位　极限位　7. 150　8. 干簧管感应器　遮磁板（或光电开关　遮光板）　9. 2　10. 6　7

二、选择题

1. C　2. A　3. B　4. D　5. B　6. A　7. A　8. B　9. C　10. C　11. B　12. C　13. B　14. D　15. C　16. C　17. B　18. A　19. C　20. C　21. C　22. C　23. A　24. C　25. B　26. A　27. A　28. B　29. A　30. B　31. C　32. B　33. D　34. D　35. C　36. A　37. A　38. C　39. D　40. C

三、简答题

1. 答：

（1）安全楔块工作面与导轨侧工作面之间的间隙应保持在 2.5 mm 以内。（4 分）

（2）如果采用双楔块式安全钳，导轨两侧工作面与两侧的楔块工作面的间隙应该一致。（4 分）

2. 答：

（1）动作速度不低于轿厢额定速度的 115%；但对重限速器动作速度应大于轿厢限速器的动作速度，但不应超过 10%。（4 分）

（2）限速器一般都应装设超速开关，其动作（第一动作）速度一般比限速器夹绳动作（第二动作）速度超前 5%～10%。当超速开关动作后，电梯已被制停，或者没有安全被制停，但速度应减速，则第二动作不应出现。只用当电梯继续加速时，第二动作才会出现。（4 分）

3. 答：

驱动装置主要故障包括驱动装置的异常响声，驱动装置的温升过快过高。（2 分）

（1）检查电动机两端轴承。减速机轴承、蜗杆蜗轮磨损，带式制动器制动电动机损坏，单片失电、制动器的线圈和摩擦片间距调整不适合，驱动链条过松，上下振动严重或跳出。（2 分）

（2）电动机轴承损坏、电动机烧坏、减速器油量不足，油品错误、制动器的摩擦副间隙调整不适合、摩擦副烧坏、线圈内部短路烧坏。（2 分）

（3）以上两条中的配件应修复，不能修复的配件应更换。（2 分）

四、问答题

故障现象	原因	排除方法	分值
电梯平层后又自动溜车	制动器弹簧松动，或制动器出现故障	收紧制动器弹簧或修复调整制动器	2 分
	曳引绳打滑	修复曳引轮绳槽或更换	2 分
电梯冲顶撞底	由于控制部分（如选层继电器、限位开关等）失灵或选层器链条松脱等	查明原因，根据实际情况修复或更换元件	2 分
	快速运行继电器接点黏合	轿厢冲顶惯性大，可能会造成安全钳动作。此时先断开总电源，用木方支撑对重。然后用手动葫芦吊升轿厢，直至安全钳复位	2 分
电梯在行进中突然停车	外电网停电或倒闸换电	停电时间过长，则采用营救措施	1 分
	电流过大，总开关熔丝熔断，或自动空气开关跳闸	找出原因，更换熔丝或重新合上空气开关	1 分

续表

故障现象	原因	排除方法	分值
电梯在行进中突然停车	门刀碰撞刀轮，使锁臂脱开，门锁开关断开	调整门锁滚轮与门刀位置	1分
	安全钳动作	断开机房总电源，松开制动器，盘车将轿厢上移，使安全钳离开导轨，然后合上总电源开关，站在轿厢顶上，以检修速度检查各部分有无异常，并用锉刀将导轨上的制动痕修光	1分
电梯启动和运行速度有明显下降	制动器抱闸未完全打开或局部未打开	调整	1分
	三相电源中有一相接触不良	检查线路，紧固各接点	1分
	行车上、下接触器触头接触不良	检修或更换	1分
	电源电压过低	调整三个电压，电压值不超过规定的±7%	1分

高级工技能操作考核模拟试题答案

考核内容	技术要求	配分	评分标准
“电梯在运行中抖动或晃动”故障排除	1. 能分析故障原因（曳引机减速箱蜗轮、蜗杆磨损，齿间隙过大；曳引机固定处松动；个别导轨架或导轨松动；滑动导靴的靴衬磨损过大，滚轮亦磨损严重；曳引绳松紧差异大）	20	1. 满分50分 2. 完成时间为1 h，每超出1 min扣2分 3. 该题所占总分比例为50%
	2. 故障排除	20	
	3. 正确合理使用工具	10	
“开、关门时，门扇振动大”故障排除	1. 能分析故障原因（门滑轮磨损严重；门锁两个滚轮与门刀未紧贴，间隙大；门导轨变形或发生松动偏斜；门地坎中的滑槽集尘过多或有杂物，妨碍门的开关）	20	1. 满分50分 2. 完成时间为1 h，每超出1 min扣2分 3. 该题所占总分比例为50%
	2. 故障排除	20	
	3. 正确合理使用工具	10	

第4部分 技师

第十四章

电子技术知识

在人们生存的社会环境中，有各种各样的信号，这些信号有的以电的形式出现，有的以声、光、磁、力等的形式出现。目前在信号处理方面以电信号的处理最为方便，技术上也最为成熟。研究电信号的产生与处理的技术就是电子技术。

电子技术分为两大部分，其一是模拟电子技术，其二是数字电子技术。电子技术研究的对象是载有信息的电信号，以下简称为信号。在电子技术中会遇到多种电信号，按其特点可以将这些信号分为两大类，即模拟信号与数字信号。

模拟信号是指物理量的变化在时间上和幅度上都是连续的。把表示模拟量的信号称为模拟信号，并把工作在模拟信号下的电路称为模拟电路。声音、温度、速度等都是模拟信号。

第一节　模拟电子技术

一、晶体三极管

晶体三极管是放大电路的核心器件。

1. 三极管的结构、符号及电流放大作用

（1）结构和符号。通过一定的制作工艺，将两个 PN 结组合起来并引出三个电极经过封装就制成了三极管。按 PN 结的组合方式不同可分为 NPN 型和 PNP 型两种三极管。

1）内部结构。三极管中的三个区分别称为发射区、基区和集电区，由它们引出的电极分别称为发射极 e，基极 b 和集电极 c。发射区与基区的界面称为发射结，集电区与基区的界面称为集电结，如图 14—1 所示。

2）符号。带箭头的电极是发射极，箭头的方向表示发射结正向偏置时的电流方向，箭头向外表示 NPN 型三极管，箭头向内表示 PNP 型三极管。

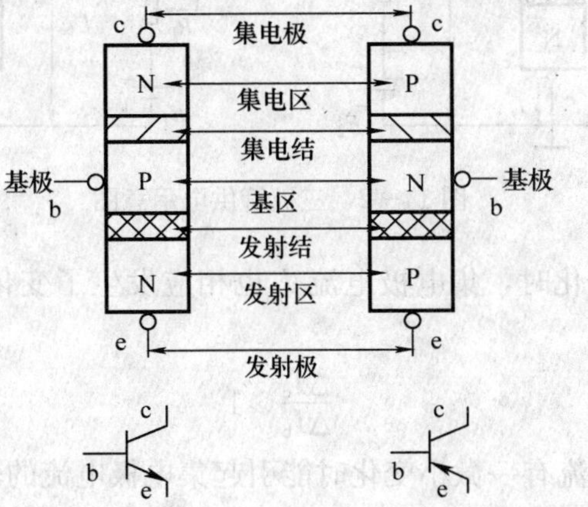

图 14—1 三极管特征、符号

3）外形封装。三极管封装有玻璃封套、陶瓷环氧封套、硅酮塑料封套、金属封套等。

（2）三极管的型号表示按照国家标准 GB 249—74 的规定，见表 14—1。

表 14—1 **三极管型号表示**

第一部分		第二部分		第三部分		第四部分	第五部分
用数字表示器件的电极数目		用拼音字母表示器件的材料和极性		用拼音字母表示器件的类型		用数字表示序号	用拼音字母表示规格号
符号	意义	符号	意义	符号	意义		
3	三极管	A B C D K CS	PNP 型锗材料 NPN 型锗材料 PNP 型硅材料 NPN 型硅材料 开关管 场效应器件	X D G A	低频小功率管 (f_a<3MH P_c<1 W) 低频大功率管 (f_a<3MH P_c<1 W) 高频小功率管 (f_a<3MH P_c<1 W) 高频大功率管 (f_a<3MH P_c<1 W)		

（3）三极管的电流放大作用。要使三极管能够正常进行电流放大，必须在两个 PN 结上加有一定极性的电源电压。无论是 NPN 型管还是 PNP 型管，其发射结均加上了正向偏置电压，集电结加上了反向偏置电压，如图 14—2 所示。

经实验，得出三极管内电流的分配关系满足下列关系式：

$$I_e = I_b + I_c$$

该关系式表明了三极管中电流分配规律。

由于 I_e、$I_c \gg I_b$，因此 $I_e \approx I_c$

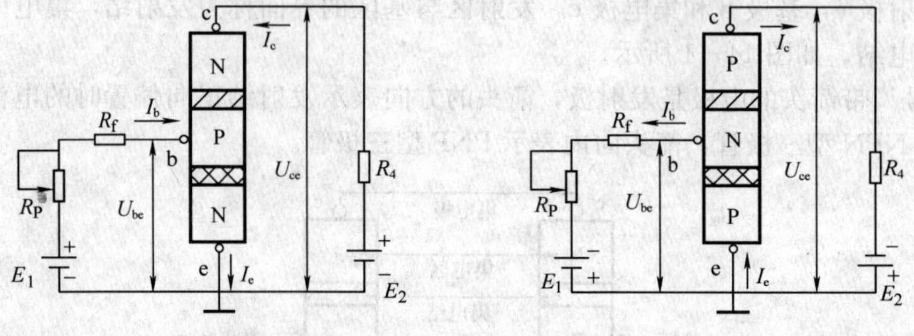

图 14—2 三极管供电示意图

当基极电流 I_b发生变化时，集电极电流 I_c也相应发生了变化。并且这两个变化量的比值远大于 1，即：

$$\frac{\Delta I_c}{\Delta I_b} \gg 1$$

由此可见，当基极电流有一微小变化时能引起集电极电流的较大变化，这就是三极管的电流放大作用。要使三极管具有电流放大作用，必须满足发射结正偏，集电结反偏的条件。如果集电极电流变化量用 ΔI_c表示，基极电流变化量用 ΔI_b表示，两者之比称为三极管的交流电流（动态）放大倍数，用符号 β 表示，即：

$$\beta = \frac{\Delta I_c}{\Delta I_b}$$

2. 三极管的伏安特性曲线

三极管的伏安特性曲线是指各电极之间的电压与电流的关系曲线。通过伏安特性曲线可以了解三极管的特性和主要参数。

三极管的三个电极中任意一个都可以用做公共端，其他两个电极可分别作为信号的输入端和输出端。因此三极管的伏安特性曲线有两种，即输入伏安特性曲线和输出伏安特性曲线，简称输入特性和输出特性。

此处讨论的是以发射极作为公共端的电路图，该电路称为共发射极电路。

（1）输入特性。输入特性如图 14—3 所示，是指 U_{ce} 为某一常数，输入回路中 U_{be} 与基极电流 I_b的关系，即 I_b—U_{be} 关系曲线。

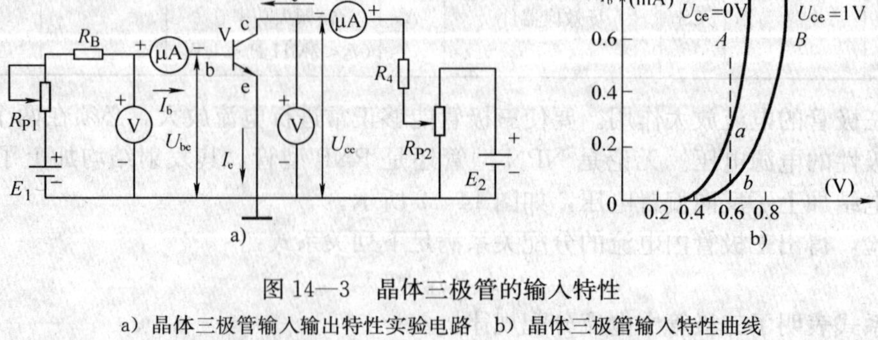

图 14—3 晶体三极管的输入特性

a）晶体三极管输入输出特性实验电路 b）晶体三极管输入特性曲线

输入特性曲线特点：当U_{be}小于某一值时，I_b为零，发射结处于截止状态，该范围称为死区。对硅管，死区电压为0.5 V左右；对锗管，死区电压为0.2 V左右。要使三极管工作在导通状态（产生I_b）U_{be}必须大于死区电压，一旦三极管导通，发射结正向压降变化不大，硅管为0.7 V，锗管为0.3 V。导通后，微小的U_{be}变化都将引起I_b的迅速变化，并且这一变化近似为线性变化。

输入特性曲线表述了U_{be}—I_b的关系，当U_{be}达到发射结导通电压后，基极相应产生基极电流I_b，且微量改变U_{be}能产生较大的I_b变化，按照三极管的电流放大作用的原理相应改变了I_c的电流值。

（2）输出特性。输出特性如图14—4所示，是指在I_b一定的条件下，输出回路中U_{ce}微小变化能使I_c迅速变化，曲线很陡（对应曲线OA段）。当U_{ce}＞0.5 V时，I_c增加变慢，曲线呈弯曲状（对应曲线AB段）。当U_{ce}＞1 V时，I_c不再随U_{ce}的增加而变化，曲线呈平坦形状（对应曲线BC段）。

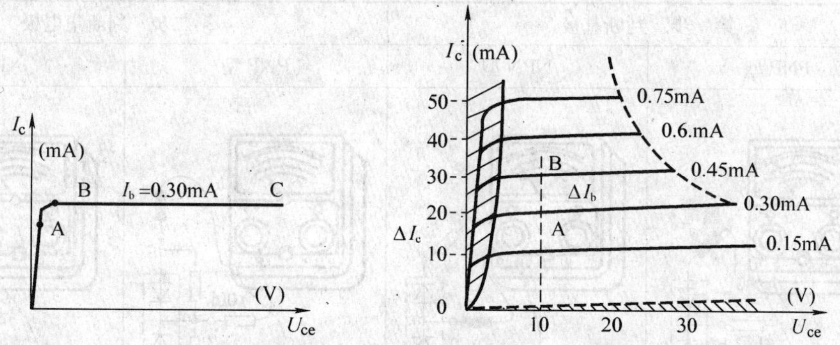

图14—4 晶体三极管的输出特性曲线簇

一般，每一个I_b值在输出特性曲线上反映出不同曲线与之对应。因此，三极管的输出特性曲线往往用曲线簇来表示。

输出特性曲线分成三个区域：饱和区、截止区和放大区，它们分别对应三极管的饱和工作状态、截止工作状态和放大工作状态。

饱和区三极管工作状态：发射结、集电结均处于正偏状态（U_{ce}＜U_{be}），此时，三极管失去放大状态，一般U_{ce}用U_{ces}表示，对于硅管（小功率），U_{ces}≤0.3 V。

截止区三极管工作状态：发射结、集电结均处于反偏状态，I_c≈0，I_b≈0。截止状态时三极管没有放大作用。

放大区三极管工作状态：发射结正偏，集电结处于反偏状态，集电极电流I_c受基极电流I_b控制（$I_c=\beta I_b$），三极管具有放大作用。

3. 半导体三极管的主要参数

（1）电流放大系数

1）共发射极直流电流放大系数$\bar{\beta}$

$$\bar{\beta}=\frac{I_c}{I_b}$$

2）共发射极交流电流放大系数β

$$\beta=\frac{\Delta I_c}{\Delta I_b}$$

（2）极限参数

1）集电极最大允许电流 I_{CM}。指三极管集电极电流最大允许值。

2）集电极最大允许功率损耗 P_{CM}。表示集电结允许损耗功率的最大值。

（3）三极管的反向击穿电压

$U_{(BR)cbo}$：集电结的反向击穿电压。

$U_{(BR)ceo}$：集—射极间的反向击穿电压。

$U_{(BR)ebo}$：射—基极间的反向击穿电压。

4. 三极管的识别和简单测试

（1）识别管脚和极性。方法见表 14—2。

表 14—2　　判断三极管管脚和极性（R×100 或 R×1 k）

内容	第一步　判断基极		第二步　判断集电极	
	PNP 型	NPN 型	PNP 型	NPN 型
方法	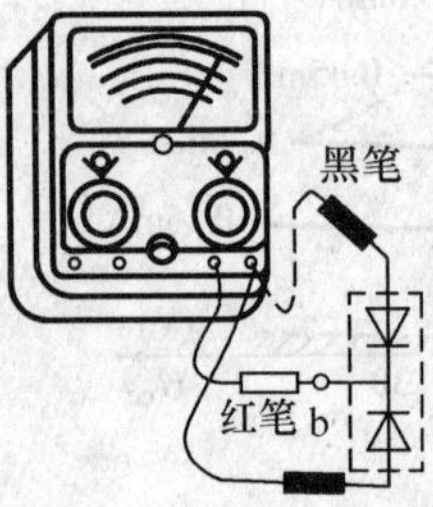	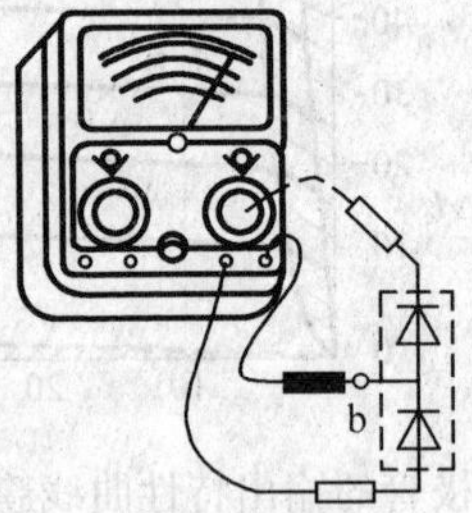	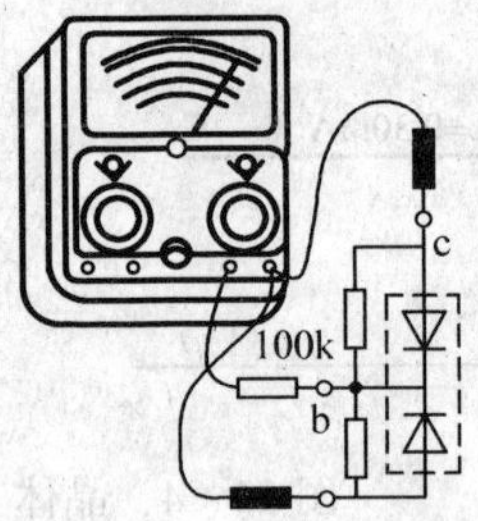	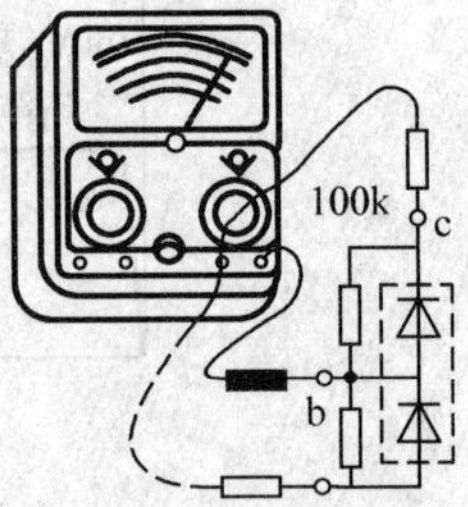
读数	两次读数阻值均较小 以红笔为准，黑笔分别测另两个管脚，当测得两个阻值均较小时，红笔所接管脚为基极	两次读数阻值均较小 以黑笔为准，红笔分别测另两个管脚，当测得两个阻值均较小时，黑笔所接管脚为基极	红笔接基极，黑笔连同电阻分别按图示方法测试，当指针偏转角度最大时，黑笔所接的管脚为集电极	黑笔接基极，红笔连同电阻分别按图示方法测试，当指针偏转角度最大时，红笔所接的管脚为集电极

注：①判断基极要反复测几次，直到两次读数均较小为止。

②根据上述方法可判断 PNP 型和 NPN 型。

（2）三极管好坏的大致判别。根据 PN 结的单向导电性，可以检查三极管内各极间 PN 结的正反向电阻，如果相差较大，说明三极管基本上是好的。如果正反向电阻都很大，说明三极管内部有断路或 PN 结性能不好；如果正反向电阻都很小，说明三极管极间短路或击穿了。

二、整流与滤波电路

交流电由于在产生、输送和使用方面具有很多优点，因此发电厂提供的电能几乎全是交流电。但是，在许多工艺过程和电子、电气设备（例如电解、电镀、充电、电研磨、直流电动机以及各类电子产品中）都需要直流供电。解决这些问题的最经济、最简便的措施是将电力系统供给的交流电变换为直流电。

将交流电变换为脉动直流电的过程称为整流，进行整流的设备称为整流器。将脉动直流电变换为平滑的直流电的过程称为滤波，由滤波器件组成的电路称为滤波电路。

1. 整流电路

整流电路一般由三部分组成，即整流变压器、整流电路和负载。

整流变压器把输入的交流电压值变换为整流电路所要求的交流电压值。

整流电路由整流器件组成，把交流电变换为方向不变，但大小随时间变化的脉动直流电。

负载是使用直流电的设备。整流电路的负载有电阻性、电抗性之分，一般以电阻负载为对象。

整流电路是利用整流二极管的单向导电性来完成交流电变为直流电的过程的电路。

整流电路分为单相整流和三相整流电路。

（1）单相半波整流电路

1）电路的组成。如图 14—5 所示。

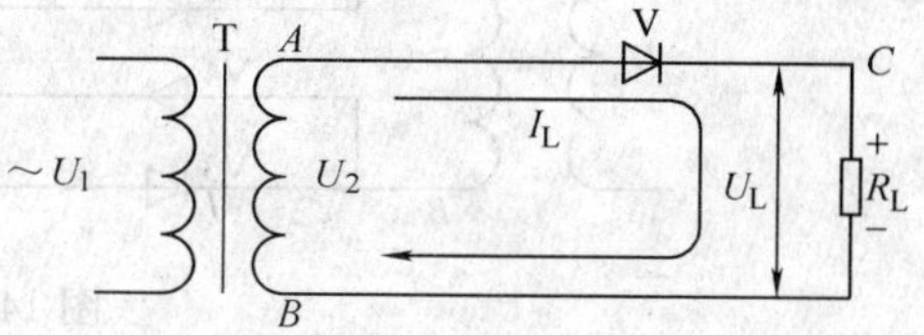

图 14—5　单相半波整流电路

2）工作原理。当经整流变压器变压后的次级交流电压 U_2 处于第一个正半周时，此时 A 点为高电位，B 点为低电位。整流二极管 V 承受正向电压而导通，有电流流过负载 R_L，电流路径是 $A-V-R_L-B$。

当次级交流电压 U_2 处于负半周时，此时 A 点为低电位，B 点为高电位。整流二极管 V 承受反向电压而截止，负载 R_L 上无电流流过。

由此可见，在交流电一个周期内，二极管半个周期导通，半个周期截止，以后又重复上述过程。由于在负载上可得到一个单向的半波脉动电流（电压），故称为脉冲半波整流。

3）单相半波整流电路的计算

①负载直流电压 U_L。U_L 是指在一个周期中输出电压的平均值。

经数学推导：

$$U_L = 0.45U_2$$

式中　U_2——整流输入端的交流电压的有效值。

推论：$U_2 = \frac{1}{0.45}U_L \approx 2.22U_L$

②负载直流电流 I_L。流过负载 R_L 的直流电流平均值 I_L 可以根据欧姆定律求出，即：

$$I_L = \frac{U_L}{R_L} = 0.45\frac{U_2}{R_L}$$

③整流二极管正向导通平均电流 I_F。由电路可知，二极管导通后流过二极管为平均电流 I_F 与 R_L 上流过的平均电流相等，即：

$$I_F = I_L = 0.45\frac{U_2}{R_L}$$

④整流二极管最大反向电压 U_{RM}。反向截止时，二极管承受全部 U_2 的反向电压，所以 U_{RM} 就是 U_2 的峰值电压，即：

$$U_{RM}=\sqrt{2}U_2\approx 1.41\ U_2$$

在整流电路的设计计算时，一般是依据负载所需电压、电流的平均值来计算整流变压器的次级电压、电流、变压器功率，并以此选定整流二极管的电压、电流参数。

单相半波整流的特点是电路简单，使用器件少，但是输出电压脉动大，并且整流效率低（约40%）。只适用于小功率以及对输出电压波形和整流效率要求不高的设备中。

（2）单相桥式整流电路。为了克服单相半波整流电路输出电压脉动大，整流效率低的缺点，可选用单相桥式整流电路。

1）电路的组成。由于电路中四只二极管接成的电桥形式，所以称为桥式整流电路，这种电路如图14—6所示。

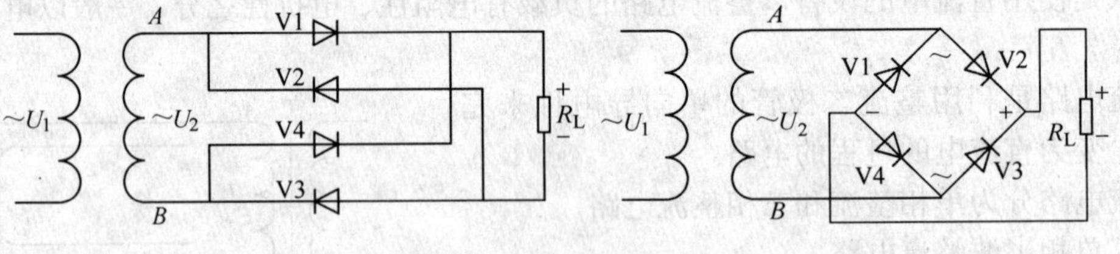

图14—6　单相桥式整流电路

2）工作原理。设U_2为交流电压的正半周，此时A端为正，B端为负。二极管V1、V3正偏导通，二极管V2、V4反偏截止。电流I_{L1}的通路是A－V1－R_L－V3－B。负载上得到一个半波电压。

输入交流电压负半周时，A端为负，B端为正。二极管V2、V4正偏导通，二极管V1、V3反偏截止，电流I_{L2}通路是B－V4－R_L－V2－A，负载上得到另一个半波电压。

由此可见，在交流输入电压的正、负半周时，都有同一个方向的电流流过R_L，四只二极管中两组轮流导通。$I_L=I_{L1}+I_{L2}$在负载上得到全波脉动的直流电压和电流，所以这种整流电路又称为全波整流电路，也称为单相桥式全波整流电路。

3）负载R_L上的直流电压、电流计算。由于输出电压为全波输出，所以负载直流平均电压应为半波时的直流平均电压值的一倍，即：

$$U_L=2\times 0.45U_2=0.9U_2$$

流过负载R_L中的直流平均电流为：

$$I_L=0.9\frac{U_2}{R_L}$$

4）整流二极管的电流和最大反向电压。在桥式整流电路中，由于每只二极管只有半个周期导通，所以流过每只二极管的平均电流只有负载电流的一半，即：

$$I_F=\frac{1}{2}I_L=0.45\frac{U_2}{R_L}$$

同样，在单相桥式全波整流电路中，每只二极管承受的最大反向电压就是U_2的峰值电压，即：

$$U_{RM}=\sqrt{2}U_2=1.41U_2$$

桥式整流电路的特点是输出电压及波形为全波，整流效率高，脉动成分小，在仪表、通信、控制装置中应用最为广泛。

（3）三相桥式整流电路。前面讨论的都是单相整流电路，输出功率一般不超过几千瓦。如果负载功率太大，势必会影响电网三相负荷不平衡。目前使用的大功率直流电源大多数是从三相整流电路得来的。在各种三相整流电路中，这里只介绍三相桥式整流电路。

1）电路组成。三相桥式整流电路如图 14—7 所示，整流变压器为△/Y 联结的三相变压器 V1、V3、V5 共阴极连接，V2、V4、V6 共阳极连接。

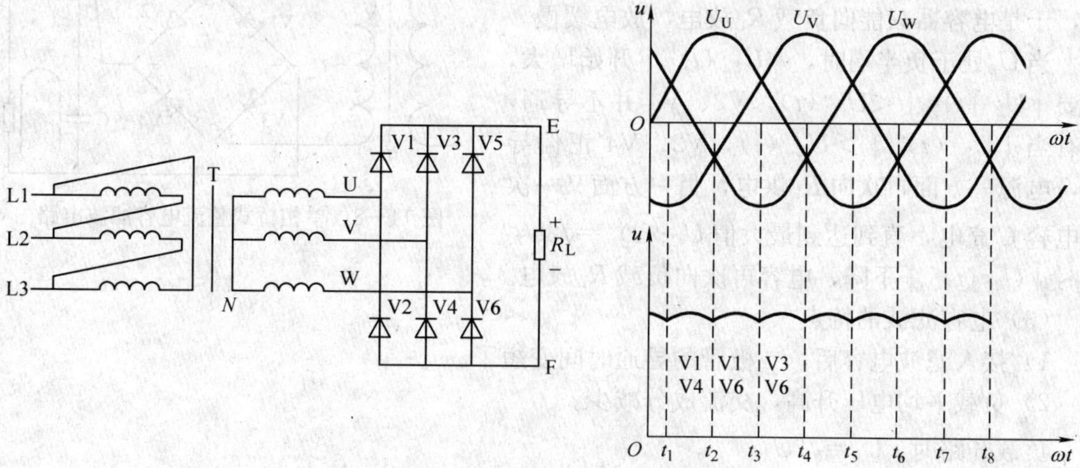

图 14—7　三相桥式整流电路

2）工作原理。在 t_1～t_2 时间内：共阴极连接的二极管中阳极电位最高的为 U 相电压，故 V1 优先导通，由于 V1 的导通使 V3、V5 承受反偏。共阳极连接的二极管中阴极电位最低的为 V 相电压，故 V4 优先导通，而 V2、V6 由于 V4 的导通处于反偏状态。此时电流通路为：U－V1－R_L－V4－V－N。输出电压近似等于变压器次级线电压 U_{UV}。

在 t_2～t_3 时间内：U 相仍为最高，而 W 相变为最低，故 V1 和 V6 导通，此时电流路径是：U－V1－R_L－V6－W－N。输出电压近似等于变压器次级线电压 U_{UW}。

在 $T3$～$T4$ 时间内：V 相变为最高，W 相仍为最低，故 V3 和 V6 导通。此时电流通路是：U－V3－R$_L$－V6－W－N。输出电压近似等于变压器次级线电压 U_{VW}。

以此类推，循环往复，在负载上得到的电压波形是线电压 U_{UV}、U_{UW}、U_{VW}、U_{VU}、U_{WU}、U_{WV}的波顶连线。在一个周期内共出现六个波头。与单相整流电路相比，输出电压要平滑得多，脉动更小，被广泛应用在要求输出电压高、脉动小的电气设备中。

2. 电容器滤波电路

交流电压经过整流后得到的脉动直流电中仍然含有较多的交流成分。为了减少脉动程度，即滤去整流输出电压中的交流成分以便得到平滑的直流电压，采用滤除交流成分的电路，称为滤波电路。它一般由电抗元件组成。下面主要介绍电容器滤波电路。

（1）电容器滤波电路组成。电容器滤波电路如图 14—8 所示，该电路为桥式整流电容滤波电路。大容量的电解电容与负载并联连接。

（2）滤波过程。当电路接通电源时，U_2从正半周的零值开始增大，此时，V1、V3 正偏导通而V2、V4反偏截止。电流分作两路：一路向负载供电，一路向电容C充电，当U_2达到峰值电压$\sqrt{2}U_2$时，U_C也充至最高电压。U_2从峰值开始下降，由于电容两端电压不能突变，出现了$U_C(t)>U_2(t)$的情况，使V1、V3处于反偏截止状态。这样，电容器C与变压器之间被隔断，于是电容器只能向负载R_L放电，放电缓慢。

当U_2处于负半周时，$|U_2(t)|$开始增大，只要$|U_2(t)|<U_C(t)$，V2、V4并不导通，只有当$|U_2(t)|>U_C(t)$，V2、V4正偏导通，电源一方面再次向R_L供电，另一方面又一次向电容C充电，直到达到最大值$U_C(t)=\sqrt{2}U_2$，此时$|U_2(t)|$下降，电容再次向负载R_L放电。

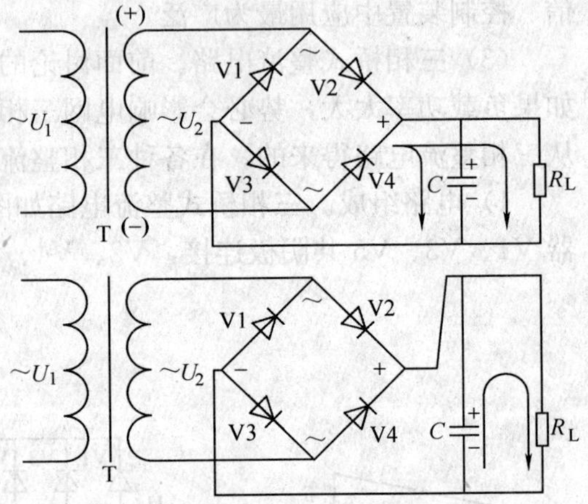

图14—8　单相桥式整流电容滤波电路

(3) 电容滤波的特点

1）接入滤波电容后，二极管的导通时间变短了。

2）负载平均电压升高，交流成分减少。

负载开路时：$U_0=\sqrt{2}U_2$

电路带载时：$U_L=1.2U_2$

3）负载上直流电压随负载电流增加而减小。

4）为获得平滑的直流电压，电容器的值应满足：

$$C\geqslant(3\sim5)\frac{T}{2R_L}$$

式中　T——交流电源的周期，s；

R_L——负载阻值，Ω；

C——电容，F。

三、稳压电路

交流电压经过整流、滤波之后，已经变换成比较平滑的直流电。但这样取得的直流电往往是不够稳定的。当电网电压波动或负载发生变化时，整流滤波后输出的直流电压也随着变化。因此，只能供一般电气设备使用。对于电子电路，特别是精密电子测量仪器、自动控制等要求有很稳定的直流电压供电，所以在整流滤波之后还要接入直流稳压电路来保证输出电压的稳定。

所谓稳压电路，就是当电网电压波动或负载发生变化时，能使输出电压稳定的电路。

1. 硅稳压二极管及其稳压电路

硅稳压二极管是一种特殊结构的半导体二极管，由于其有稳定电压的特点，在稳压电路中经常用到。所以把这类型的二极管称为稳压二极管，简称稳压管。

(1) 稳压管的工作原理、主要参数

1）工作特性。稳压管采用特殊工艺制造，其正向特性与一般二极管相似，而反向击穿特性却有很大的不同。如图 14—9 所示，其反向击穿区的曲线更为陡峭。稳压管正是利用了二极管击穿效应，只要限制击穿电流使二极管的功率损耗不超过其额定值，稳压管就可以长期工作在反向击穿区。稳压管工作在击穿区时，反向电流被限制在 I_{zmin} 与 I_{zmax} 之间变化。相应稳压管两端反向电压 U_{zmin} 与 U_{zmax} 变化很小。稳压管正是利用其伏安特性中反向击穿区中反向电流大范围变化而反向电压几乎不变的特性来进行稳压的。同时，稳压管在使用中是使用在反向击穿工作状态的。

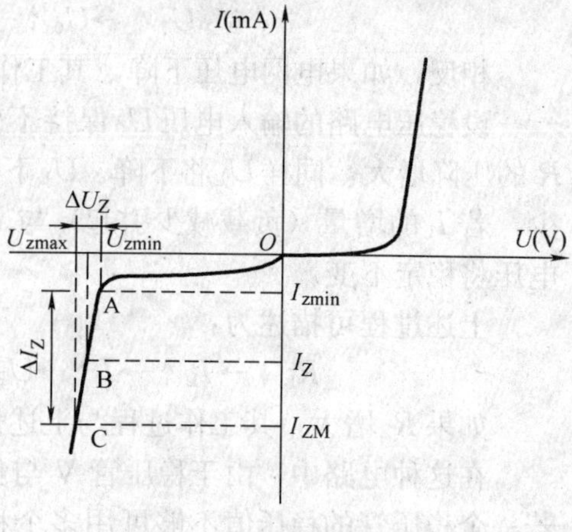

图 14—9　硅稳压管伏安特性

2）稳压管的主要参数

①稳定电压 U_Z。指稳压管的反向击穿电压。

②稳定电流 I_Z。指保持稳定电压 U_Z 时的工作电流。

③最大稳定电流 I_{ZM}。指稳压管最大工作电流。超过这个电流，稳压管将会因功率损耗过大、发热而烧毁。

④最大耗散功率 P_{ZM}。指工作电流通过稳压管的 PN 结时产生的最大耗散功率允许值。

（2）简单的稳压管稳压电路。如图 14—10 所示电路中，电阻 R 是用来限制电流的，又称限流电阻，其目的是使稳压管电流 I_Z 不超过允许值。还利用其两端的电压升降使输出电压 U_Z 趋于稳定。V 反接在经整流、电容器滤波后的直流电压两端使稳压管工作在反向击穿区。经整流滤波后的直流电压 U_0 再经过 R 和 V 组成的稳压电路接到负载上，负载电压实际上就是稳压管的反向击穿电压 U_Z，这样，负载上得到的就是一个比较稳定的电压了。

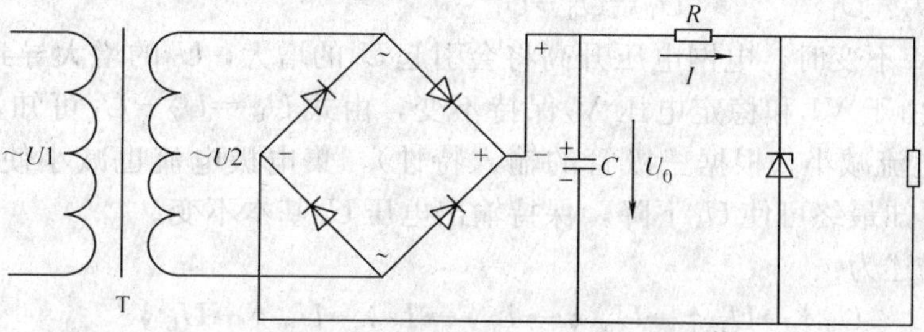

图 14—10　硅稳压管稳压电路

该电路工作原理如下：

输出电压 U_0 经 R 加到稳压管和负载 R_L 上，即：$U_0=U_R+U_L=IR+U_L$

同时：$I=I_Z+I_L$

设 R_L 不变，当电网电压 U_1 波动升高时，使整流滤波输出电压 U_0 上升，引起 V 两端电压即输出电压 U_L 增加，根据稳压管反向击穿特性，只要 U_Z 有少许增大就使 I_Z 显著增加，而经过 R 的电流 I 也将增大，从而使电阻 R 上的压降增大，这样便抵消了由于 U_0 增大使 U_L 也增大的现象（根据 $U_0=IR+U_L$）。使 U_L 保持近似的稳定。其工作过程可描述为：

$$U_1\uparrow\rightarrow U_0\uparrow\rightarrow U_L\uparrow\rightarrow U_Z\uparrow\rightarrow U_R\uparrow\rightarrow U_L\downarrow$$

相反，如果电网电压下降，其工作过程与上述过程相反，U_Z仍近似稳定。

设稳压电路的输入电压U_0保持不变，当R_L减少时（负载发生变化），I_L将增大，电阻R的压降增大，同样U_L将下降。U_L下降将使V两端的电压下降（$U_Z=U_L$），电流I_Z立即减少，若I_L的增量（负载减少引起）与I_Z的减少量（由U_L减小引起）相等，则I不变，输出电压将稳定不变。

上述过程可描述为：

$$R_L\downarrow\rightarrow I_L\uparrow\rightarrow I\uparrow\rightarrow U_R\uparrow\rightarrow U_L\downarrow\rightarrow I_Z\downarrow\rightarrow I\downarrow\rightarrow U_R\downarrow\rightarrow U_L\uparrow$$

如果R_L增大，其工作过程与上述过程相反，U_L仍然保持不变。

在这种电路中，由于稳压管V与负载R_L并联，故称为并联型稳压电路，满足$U_Z=U_L$。若一个稳压管的稳压值不够可用多个稳压管串联，所获得的稳定电压是相应稳压管稳压值之和。

2. 晶体管串联型稳压电路

最简单晶体管串联型稳压电路如图14—11所示。

该电路工作原理如下：

图14—11中R_1既是V1（稳压管）的限流电阻又是调整管V2的基极偏置电阻，其和稳压管V1组成基本稳压电路向调整管V2基极提供一个稳定的直流电压V_Z，称为基准电压。当负载R_L开路时，由电阻R_2提供给V2一个直流通路。三极管的U_{ce}会随基极电流I_b的改变而改变，所以只要调整I_b就可以控制U_{ce}的变化从而稳定输出电压U_L。

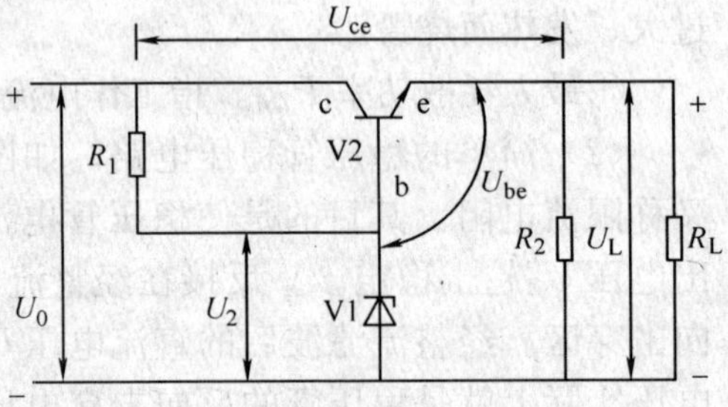

图14—11 简单晶体管串联型稳压电路

图中：$U_{be}=U_Z-U_L$　　　　$U_L=U_0-U_{ce}$

当负载电阻R_L不变时，电网电压升高将会引起U_0的增大，U_0的增大导致稳压电路输出电压U_L增大。由于V1和稳定电压V_Z保持不变，由式$U_{be}=U_Z-U_L$可知，U_{be}将减小，于是三极管基极电流减小（根据三极管的输入特性），集电极电流也减小使U_{ce}增大。从式$U_L=U_0-U_{ce}$可知最终可使U_L下降，保持输出电压U_L基本不变。

上述过程可描述为：

$$U_0\uparrow\rightarrow U_L\uparrow\rightarrow U_{be}\downarrow\rightarrow I_b\downarrow\rightarrow I_c\downarrow\rightarrow U_{ce}\uparrow\rightarrow U_L\downarrow$$

当输入电压U_0减小时，稳压过程则与上述过程相反。

当输入电压U_0不变，负载电阻R_L减小引起负载电流I_L增大，稳压电路输出电压将减小时，U_{be}将增加（U_Z不变），因而I_b增加使U_{ce}减小从而保持U_L的基本不变。

上述过程可描述如下：

$$R_L\downarrow\rightarrow I_L\uparrow\rightarrow U_L\downarrow\rightarrow U_{be}\uparrow\rightarrow I_b\uparrow\rightarrow I_c\uparrow\rightarrow U_{ce}\downarrow\rightarrow U_L\uparrow$$

当负载电阻R_L增大时，稳压过程与上述过程相反。

简单的串联型稳压电路比硅稳压电路输出电流大，输出电压变动也小。

第二节　数字电子技术

数字信号是指物理量的变化在时间上和数值（幅度）上都是不连续（或称为离散）的。把表示数字量的信号称为数字信号，并把工作在数字信号下的电路称为数字电路。十字路口的交通信号灯、数字式电子仪表、自动生产线上产品数量的统计等都是数字信号。图 14—12 就是数字信号的例子，矩形波信号是典型的数字信号。

由图 14—12 可以看出，数字信号的特点是突变和不连续。数字电路中的波形都是这类不连续的波形，通常这类波形又称为脉冲。

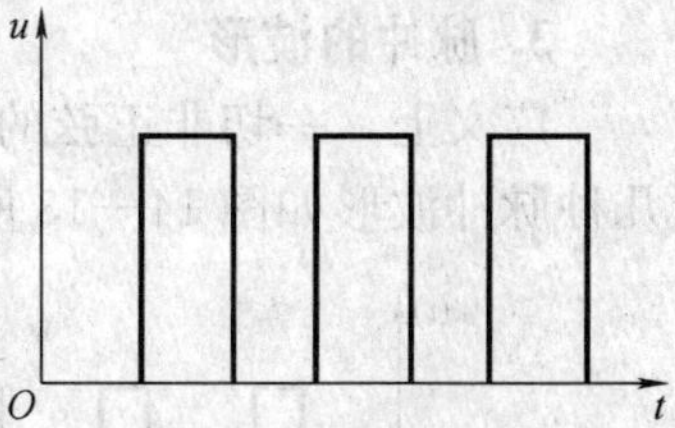

图 14—12　数字信号

VVVF 电梯脉冲编码电路将电动机转速由脉冲发生器作为速度反馈信号送到数字调节器，数字调节器比较速度指令和反馈信号后输出电压参考值及电流参考值。触发器控制根据电压参考值控制晶闸管转换器的输出电压，这种方式称为脉冲幅值调节。它改变了逆变器输入直流电压的大小，从而调节了逆变器输出矩形脉冲的幅值，实现变压。

1. 数字电路的特点

数字电路处理的信号包括反映数值大小的数字量信号和反映事物因果关系的逻辑量信号，它们是在时间和数值上都不连续变化的离散信号，在数字电路中用高、低电平表示，在运算中则用“0”和“1”来表示，因此数字电路具有以下特点。

（1）数字电路所研究的问题是输入的高、低电平与输出的高、低电平之间的因果关系，称为逻辑关系。

（2）研究数字电路逻辑关系的主要工具是逻辑代数。在数字电路中，输入信号也称为输入变量，输出信号称为输出变量，也称逻辑函数，它们均为二值量，非“0”即“1”。逻辑函数为二值函数，逻辑代数概括了二值函数的表示方式、运算规律及变换规律。

（3）由于数字电路的输入变量和输出变量都只有两种状态，因此组成数字电路的半导体器件绝大多数工作在开关状态。当它们导通时相当于开关闭合，当它们截止时相当于开关断开。

（4）数字电路不仅可以对信号进行算术运算，而且还能够进行逻辑判断，即具有一定的逻辑运算能力，这就使它能在数字计算机、数字控制、数据采集和处理及数字通信等领域中获得广泛的应用。

（5）因为数字电路的主要研究对象是电路的输入和输出之间的逻辑关系，所以，数字电路也称为逻辑电路。它的一套分析方法也与模拟电路不同，采用的是逻辑代数、真值表、卡诺图、特性方程、状态转换图和时序波形图等。

2. 脉冲的基本知识

（1）对于脉冲的波形而言，有脉冲的上升沿（正边沿）与脉冲的下降沿（负边沿）。脉冲波形由低电位跳变到高电位称为脉冲的上升沿，脉冲波形由高电位跳变到低电位称为脉冲的下降沿。

（2）对于脉冲的变化过程而言，有脉冲的正跳变与负跳变。脉冲波形由低电位跳变到高电位的过程称为脉冲的正跳变，脉冲波形由高电位跳变到低电位的过程称为脉冲的负跳变。

（3）对于脉冲的极性而言，有正脉冲与负脉冲。如果脉冲出现时的电位比脉冲出现前后的电位值高，这样的脉冲称为正脉冲。如果脉冲出现时的电位比脉冲出现前后的电位值低，这样的脉冲称为负脉冲。

（4）脉冲出现称为脉冲的前沿，脉冲消失称为脉冲的后沿。

（5）电平是数字电路中对电位的习惯称谓。高电位称为高电平，用 U_H 表示；低电位称为低电平，用 U_L 表示。

3. 脉冲的波形

广义上，一切非正弦的带有突变特点的电压或电流统称为脉冲。脉冲有许多种，常见的几种脉冲波形如图 14—13 所示。

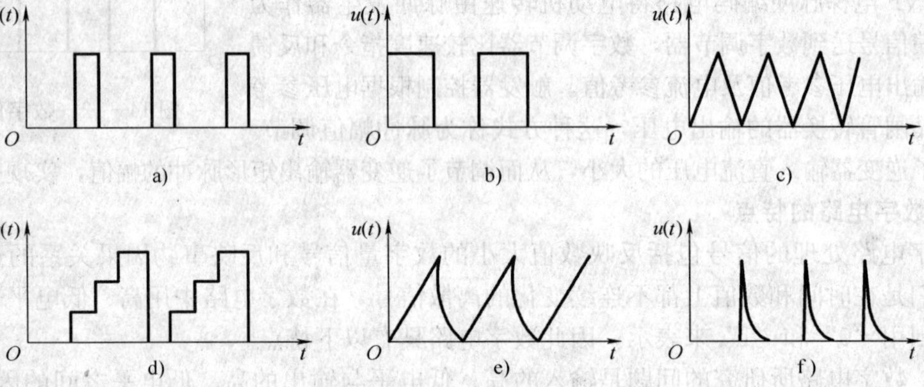

图 14—13　常见的几种脉冲波形

a）矩形波　b）方形波　c）三角波　d）阶梯波　e）锯齿波　f）尖顶波

4. 矩形脉冲的主要参数

在如图 14—13a 所示的波形中，脉冲的上升沿与下降沿都是陡直的，这样的脉冲称为理想的矩形脉冲。

理想的矩形脉冲可以用三个参数来描述：

（1）脉冲的幅度。脉冲的底部到脉冲的顶部之间的变化量称为脉冲的幅度，用 U_m 表示。

（2）脉冲的宽度。从脉冲出现到脉冲消失所用的时间称为脉冲的宽度，用 t_w 表示。

（3）脉冲的重复周期。在重复的周期信号中两个相邻脉冲对应点之间的时间间隔称为脉冲的重复周期，用 T 表示。

实际的矩形脉冲往往与理想的矩形脉冲不同，即脉冲的前沿与脉冲的后沿都不是陡直的，如图 14—14 所示。实际的矩形脉冲可以用如下的五个参数来描述。

（1）脉冲的幅度 U_m。脉冲的底部到脉冲的顶部之间的变化量。

（2）脉冲的宽度 t_w。从脉冲前沿的 $0.5U_m$ 到脉冲后沿的 $0.5U_m$ 两点之间的时间间隔称为脉冲的宽度，又可以称为脉冲的持续时间。

（3）脉冲的重复周期 T。在重复的周期信号中两个相邻脉冲对应点之间的时间间隔称为脉冲的重复周期。

（4）脉冲的上升时间 t_r。指脉冲的上升沿从 $0.1U_m$ 上升到 $0.9U_m$ 所用的时间。

（5）脉冲的下降时间 t_f。指脉冲的下降沿从 $0.9U_m$ 下降到 $0.1U_m$ 所用的时间。

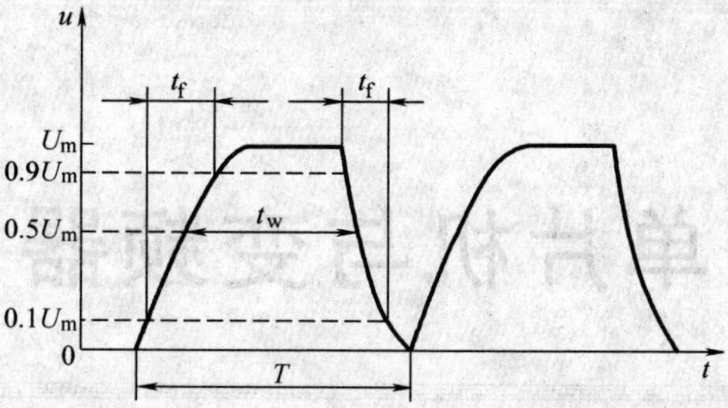

图 14—14　实际矩形脉冲的主要参数

第十五章

单片机与变频器

第一节　单　片　机

单片机又称单片微控制器，它不是完成某一个逻辑功能的芯片，而是把一个计算机系统集成到一个芯片上，如图 15—1 所示。概括地讲，一块芯片就成了一台计算机。它的体积小、质量轻、价格便宜。

图 15—1　单片机芯片

单片机按用途大体上可分为以下两大类：

一、单片机分类

1. 通用型单片机

通用型单片机的用途很广泛，使用不同的接口电路及编制不同的应用程序就可完成不同的功能。小到家用电器仪器仪表，大到机器设备和整套生产线都可用单片机来实现自动化控制。

2. 专用型单片机

专用型单片机是指用途比较专一，出厂时程序已经一次性固化好，不能再修改的单片机。例如电子表里的单片机就是其中的一种。其生产成本很低。

二、单片机的组成

单片机是由中央处理器（即 CPU 中的运算器和控制器）、只读存储器（通常表示为 ROM）、读写存储器（又称随机存储器，通常表示为 RAM）、输入/输出口（又分为并行口和串行口，表示为 I/O 口）等组成。实际上单片机里面还有一个时钟电路，使单片机在进行运算和控制时，都能有节奏地进行。另外，还有所谓的“中断系统”，这个系统有“传达室”的作用，当单片机控制对象的参数到达某个需要加以干预的状态时，就可经此“传达室”通报给 CPU，使 CPU 根据外部事态的轻重缓急来采取适当的应付措施。

现在常规的单片机普遍都是将中央处理器（CPU）、随机存取数据存储（RAM）、只读程序存储器（ROM）、并行和串行通信接口、中断系统、定时电路、时钟电路集成在一块单一的芯片上。增强型的单片机集成了如 A/D 转换器、PMW（脉宽调制电路）、WDT（看门狗）。有些单片机将 LCD（液晶）驱动电路都集成在单一的芯片上，这样单片机包含的单元电路就更多，功能就更强大。甚至单片机厂商还可以根据用户的要求量身定做，制造出具有自己特色的单片机芯片。此外，现在的产品普遍要求体积小、质量轻，这就要求单片机除了功能强和功耗低外，还要求其体积要小。现在的许多单片机都具有多种封装形式，其中 SMD（表面封装）越来越受欢迎，使得由单片机构成的系统正朝微型化方向发展。

1. 总线

单片机各部分是通过内部的总线有机地连接起来的，即所谓的内部总线，如图 15—2 所示。此总线有如大城市的干道，而 CPU、ROM、RAM、I/O 口、中断系统等就分布在此总线的两旁，并和其连通。一切指令、数据都可经内部总线传送，有如大城市内各种物品的传送都经过干道进行。

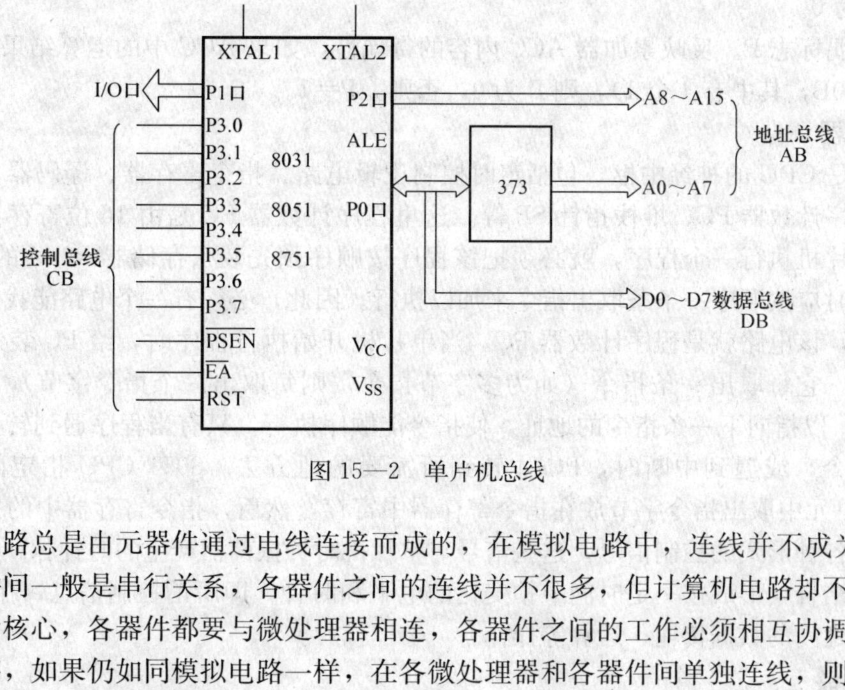

图 15—2 单片机总线

一个电路总是由元器件通过电线连接而成的，在模拟电路中，连线并不成为一个问题，因为各器件间一般是串行关系，各器件之间的连线并不很多，但计算机电路却不一样，其以微处理器为核心，各器件都要与微处理器相连，各器件之间的工作必须相互协调，所以需要的连线很多，如果仍如同模拟电路一样，在各微处理器和各器件间单独连线，则线的数量将多得惊人，所以在微处理机中引入了总线的概念，各个器件共同享用连线，所有器件的 8 根数据线全部接到 8 根公用的线上，即相当于各个器件并联起来，但仅这样还不行，如果有两个器件同时送出数据，一个为 0，一个为 1，那么，接收方接收到的信息就会混乱。这种情况是不允许的，所以要通过控制线进行控制，使器件分时工作，任何时候只能有一个器件发送数据（可以有多个器件同时接收）。

器件的数据线称为数据总线，器件所有的控制线称为控制总线。在单片机内部或者外部存储器及其他器件中有存储单元，这些存储单元要被分配地址才能使用，分配地址当然也是以电信号的形式给出的，由于存储单元比较多，所以，用于地址分配的线也较多，这些线被称为地址总线。

2. 运算器

运算器以完成二进制的算术/逻辑运算部件 ALU 为核心，再加上暂存器 TMP、累加器 ACC、寄存器 B、程序状态标志寄存器 PSW 及布尔处理器。累加器 ACC 是一个八位寄存器，它是 CPU 中工作最频繁的寄存器。在进行算术、逻辑运算时，累加器 ACC 往往在运算前暂存一个操作数（如被加数），而运算后又保存其结果（如代数和）。寄存器 B 主要用于乘法和除法操作。标志寄存器 PSW 也是一个八位寄存器，用来存放运算结果的一些特征，如有无进位、借位等。其每位的具体含义如下：

（1）进位标志 CY（PSW. 7）。它表示运算是否有进位（或借位）。如果操作结果在最高位有进位（加法）或者借位（减法），则该位为 1，否则为 0。

（2）辅助进位标志 AC。又称半进位标志，它反映了两个八位数运算低四位是否有半进位，即低四位相加（或减）是否有进位（或借位），如有则 AC 为 1 状态，否则为 0。

（3）溢出标志位 OV。MCS-51 反映带符号数的运算结果是否有溢出，有溢出时，此位为 1，否则为 0。

（4）奇偶标志 P。反映累加器 ACC 内容的奇偶性，如果 ACC 中的运算结果有偶数个 1（如 11001100B，其中有 4 个 1），则 P 为 0，否则，P=1。

3. 控制器

控制器是 CPU 的神经中枢，包括定时控制逻辑电路、指令寄存器、译码器、地址指针 DPTR 及程序计数器 PC、堆栈指针 SP 等。这里程序计数器 PC 是由 16 位寄存器构成的计数器。要单片机执行一个程序，就必须把该程序按顺序预先装入存储器 ROM 的某个区域。单片机动作时应按顺序一条条取出指令来加以执行。因此，必须有一个电路能找出指令所在的单元地址，该电路就是程序计数器 PC。当单片机开始执行程序时，给 PC 装入第一条指令所在地址，它每取出一条指令（如为多字节指令，则每取出一个指令字节），PC 的内容就自动加 1，以指向下一条指令的地址，使指令能顺序执行。只有当程序遇到转移指令、子程序调用指令，或遇到中断时，PC 才转到所需要的地方去。8051 CPU 指定的地址，从 ROM 相应单元中取出指令字节放在指令寄存器中寄存，然后，指令寄存器中的指令代码被译码器译成各种形式的控制信号，这些信号与单片机时钟振荡器产生的时钟脉冲在定时与控制电路中相结合，形成按一定时间节拍变化的电平和时钟，即所谓控制信息，在 CPU 内部协调寄存器之间的数据传输、运算等操作。

4. 存储器

存储器是单片机的又一个重要组成部分。存储器中每个存储单元可存放一个八位二进制信息，通常用两位 16 进制数来表示，这就是存储器的内容。存储器的存储单元地址和存储单元内容是两个不同的概念，不能混淆。

（1）程序存储器。程序是控制计算机动作的一系列命令，单片机只认识由“0”和“1”代码构成的机器指令。如前述用助记符编写的命令 MOV A，＃20H，换成机器认识的代码 74H、20H（写成二进制就是 01110100B 和 00100000B）。在单片机处理问题之前必须事先将编好的程序、表格、常数汇编成机器代码后存入单片机的存储器中，该存储器称为程序存储器。程序存储器可以放在片内或片外，亦可片内片外同时设置。由于 PC 程序计数器为 16 位，使得程序存储器可用 16 位二进制地址，因此，内外存储器的地址最大可从 0000H 到

FFFFH。8051 内部有 4 k 字节的 ROM，就占用了由 0000H～0FFFH 的最低 4 k 个字节，这时片外扩充的程序存储器地址编号应由 1000H 开始，如果将 8051 当做 8031 使用，不想利用片内 4 kROM，全用片外存储器，则地址编号仍可由 0000H 开始。不过，这时应使 8051 的第㉛脚（即$\overline{EA}$脚）保持低电平。当$\overline{EA}$为高电平时，用户在 0000H 至 0FFFH 范围内使用内部 ROM，大于 0FFFH 后，单片机 CPU 自动访问外部程序存储器。

（2）数据存储器。单片机的数据存储器由读写存储器 RAM 组成。其最大容量可扩展到 64 k，用于存储实时输入的数据。8051 内部有 256 个单元的内部数据存储器，其中 00H～7FH 为内部随机存储器 RAM，80H～FFH 为专用寄存器区。实际使用时应首先充分利用内部存储器，从使用角度讲，搞清内部数据存储器的结构和地址分配是十分重要的。8051 内部数据存储器地址由 00H 至 FFH 共有 256 个字节的地址空间，该空间被分为两部分，其中内部数据 RAM 的地址为 00H～7FH（即 0～127）。而用做特殊功能寄存器的地址为 80H～FFH。在此 256 个字节中，还开辟有一个所谓的“位地址”区，该区域内不但可按字节寻址，还可按“位（bit）”寻址。对于那些需要进行位操作的数据，可以存放到这个区域。从 00H 到 1FH 安排了四组工作寄存器，每组占用 8 个 RAM 字节，记为 R0～R7。

5. 特殊功能寄存器

特殊功能寄存器（SFR）的地址范围为 80H～FFH。在 MCS-51 中，除程序计数器 PC 和四个工作寄存器区外，其余 21 个特殊功能寄存器都在这个 SFR 块中。其中 5 个是双字节寄存器，它们共占用了 26 个字节。特殊功能寄存器反映了 8051 的状态，实际上是 8051 的状态字及控制字寄存器。这些特殊功能寄存器大体上分为两类，一类与芯片的引脚有关，另一类作片内功能的控制用。与芯片引脚有关的特殊功能寄存器是 P0～P3，它们实际上是 4 个八位锁存器（每个 I/O 口一个），每个锁存器附加有相应的输出驱动器和输入缓冲器就构成了一个并行口。MCS-51 共有 P0～P3 四个这样的并行口，可提供 32 根 I/O 线，每根线都是双向的，并且大都有第二功能。

三、特殊符号介绍

1. Rn

当前选中的寄存器区的 8 个工作寄存器 R0～R7（n=0～7）。

2. Ri

当前选中的寄存器区中可作为地址寄存器的两个寄存器 R0 和 R1（i=0，1）。

3. direct

内部数据存储单元的 8 位地址。包含 0～127（255）内部存储单元地址和特殊功能寄存地址。

4. #data

指令中的 8 位常数。

5. #data16

指令中的 16 位常数。

6. addr16

用于 LCALL 和 LJMP 指令中的 16 个目的地地址，目的地址的空间为 64 kB 程序存储器地址。

7. addr11

用于 ACALL 和 AJMP 指令中的 11 个目的地地址，目的地址必须放在与下条指令第一个字节同一个 2 kB 程序存储器空间之中。

8. rel-8

位带符号的偏移字节，用于所有的条件转移和 SJMP 等指令中，偏移字节对于下条指令的第一个字节开始的－128～127 范围内。

9. @

间接寄存器寻址或基址寄存器的前缀。

10. /

为操作的前缀，声明对该位操作数取反。

11. DPTR

数据指针。

12. bit

内部 RAM 和特殊功能寄存器的直接寻址位。

13. A

累加器 A。

14. B

寄存器 B。用于乘法和除法指令中。

15. C

进位标志位。

16. (x)

某地址单元中的内容。

17. ((x))

X 寻址单元中的内容。

四、MCS-51 的寻址方式

寻址的“地址”即操作数所在单元的地址，绝大部分指令执行时都需要用到操作数，那么到哪里去取得操作数呢？最易想到的就是告诉 CPU 操作数所在的地址单元，从那里可取得响应的操作数，这便是“寻址”。MCS-51 的寻址方式很多，使用起来相当方便，功能也很强大，灵活性强。这便是 MCS-51 指令系统好用的原因之一。下面分别讨论几种寻址方式的原理。

1. 直接寻址

指令中操作数直接以单元地址形式出现，例如：

MOV　A，68H

这条指令的意义是把内部 RAM 中的 68H 单元中的数据内容传送到累加器 A 中。值得注意的是直接寻址方式只能使用 8 位二进制地址，因此这种寻址方式仅限于内部 RAM 进行寻址。低 128 位单元在指令中直接以单元地址的形式给出。对于特殊功能寄存器可以使用其直接地址进行访问，还可以以它们的符号形式给出。特殊功能寄存器只能用直接寻址方式访问，而无其他方法。

2. 寄存器寻址

寄存器寻址对选定的8个工作寄存器R0～R7进行操作，也就是操作数在寄存器中，因此指定了寄存器就得到了操作数，寄存器寻址的指令中以寄存器的符号来表示寄存器，例如：

MOV　A，R1

这条指令的意义是把所用的工作寄存器组中的R1的内容送到累加器A中。

值得一提的是工作状态寄存器的选择是通过程序状态寄存器来控制的，在这条指令前，应通过PSW设定当前工作寄存器组。

3. 寄存器间接寻址

寄存器为寻址方式时，寄存器中存放的是操作数；而寄存器为间接寻址方式时，寄存器中存放的则为操作数的地址，也即操作数是通过寄存器指向的地址单元得到的，这便是寄存器间接寻址名称的由来。

例如：

MOV　A，@R0

这条指令的意义是R0寄存器指向地址单元中的内容送到累加器A中。假如R0=＃56H，那么是将56H单元中的数据送到累加器A中。

寄存器间接寻址方式可用于访问内部RAM或外部数据存储器。访问内部RAM或外部数据存储器的低256字节时，可通过R0和R1作为间接寄存器。然而有必要指出，内部RAM的高128字节地址与专用寄存器的地址是重叠的，所以这种寻址方式不能用于访问特殊功能寄存器。

外部数据存储器的空间为64 kB，这时可采用DPTR作为间址寄存器进行访问，指令如下：

MOVX　A，@DPTR

这条指令的意义是与上述类似，不再赘述。

4. 立即寻址

立即寻址就是把操作数直接在指令中给出，即操作数包含在指令中，指令操作码的后面紧跟着操作数，一般把指令中的操作数称为立即数，因此而得名。为了与直接寻址方式相区别，在立即数前加上“＃”符号，例如：

MOVX　A，＃0EH

这条指令的意义是将0EH这个操作数送到累加器A中。

5. 变址寻址

变址寻址是以DPTR或PC作为基址寄存器，以累加器A作为变址寄存器，将两寄存器的内容相加形成16位地址形成操作数的实际地址。例如：

MOV　A，@A+DPTR

MOVX　A，@A+PC

JMP　@A+DPTR

在这三条指令中，A作为偏移量寄存器，DPTR或PC作为变址寄存器，A作为无符号数与DPTR或PC的内容相加，得到访问的实际地址。其中前两条是程序存储器读指令，后一条是无条件转移指令。

6. 位寻址

在 MCS-51 单片机中，RAM 中的 20H～2FH 字节单元对应的位地址为 00H～7FH，特殊功能寄存器中的某些位也可进行位寻址，这些单元既可以采用字节方式访问它们，也可采用位寻址的方式访问它们。

7. 相对寻址

相对寻址方式是为了程序的相对转移而设计的，其原理是以 PC 的内容为基址，加上给出的偏移量作为转移地址，从而实现程序的转移。转移的目的地址可参见如下表达式：

目的地址＝转移指令地址＋转移指令字节数＋偏移量

值得注意的是，偏移量是有正负号之分的，偏移量的取值范围是当前 PC 值的－128～127。

五、单片机指令

单片机要正常运作，事先需编制程序，再把程序放入存储器中，然后由 CPU 执行该程序。程序是由指令组成的，指令的基本组成是操作码和操作数。单片机的品种很多，设计时怎样表示操作码和操作数，都有各自的规定，再有指令代码也各不相同，因此，必须对所选单片机的全部指令，也就是所谓指令系统，有足够的了解。各个系列的单片机虽然有不同的指令系统，但也有其共同性。掌握一种单片机的指令系统，对其他系列单片机可以起到触类旁通的作用。MCS-51 单片机应用广泛，派生品种多，具有代表性，所以，这里以 MCS-51 系列的指令系统为例说明指令的组成和应用。

MCS-51 共有 111 条指令，可分为 5 类。

1. 数据传送类指令

数据传送指令共有 29 条，数据传送指令一般的操作是把源操作数传送到目的操作数，指令执行完成后，源操作数不变，目的操作数等于源操作数。如果要求在进行数据传送时，目的操作数不丢失，则不能用直接传送指令，而采用交换型的数据传送指令，数据传送指令不影响标志 C，AC 和 OV，但可能会对奇偶标志 P 有影响。

（1）以累加器 A 为目的操作数类指令（4 条）。这 4 条指令的作用是把源操作数指向的内容送到累加器 A。有直接、立即数、寄存器和寄存器间接寻址方式：

MOV　A，direct：（direct）→（A）直接单元地址中的内容送到累加器 A。

MOV　A，＃data：＃data→（A）立即数送到累加器 A 中。

MOV　A，Rn：（Rn）→（A）Rn 中的内容送到累加器 A 中。

MOV　A，@Ri：（（Ri））→（A）Ri 内容指向的地址单元中的内容送到累加器 A。

（2）以寄存器 Rn 为目的操作数的指令（3 条）。这 3 条指令的功能是把源操作数指定的内容送到所选定的工作寄存器 Rn 中。有直接、立即数和寄存器寻址方式：

MOV　Rn，direct：（direct）→（Rn）直接寻址单元中的内容送到寄存器 Rn 中。

MOV　Rn，＃data：＃data→（Rn）立即数直接送到寄存器 Rn 中。

MOV　Rn，A：（A）→（Rn）累加器 A 中的内容送到寄存器 Rn 中。

（3）以直接地址为目的操作数的指令（5 条）。这组指令的功能是把源操作数指定的内容送到由直接地址 direct 所选定的片内 RAM 中。有直接、立即数、寄存器和寄存器间接 4

种寻址方式：

MOV direct，direct：(direct) → (direct) 直接地址单元中的内容送到直接地址单元。

MOV direct，# data：# data→ (direct) 立即数送到直接地址单元。

MOV direct，A：(A) → (direct) 累加器 A 中的内容送到直接地址单元。

MOV direct，Rn：(Rn) → (direct) 寄存器 Rn 中的内容送到直接地址单元。

MOV direct，@Ri：((Ri)) → (direct) 寄存器 Ri 中的内容指定的地址单元中数据送到直接地址单元。

(4) 以间接地址为目的操作数的指令（3 条）。这组指令的功能是把源操作数指定的内容送到以 Ri 中的内容为地址的片内 RAM 中。有直接、立即数和寄存器 3 种寻址方式：

MOV @Ri，direct：(direct) → ((Ri)) 直接地址单元中的内容送到以 Ri 中的内容为地址的 RAM 单元。

MOV @Ri，# data：# data→ ((Ri)) 立即数送到以 Ri 中的内容为地址的 RAM 单元。

MOV @Ri，A：(A) → ((Ri)) 累加器 A 中的内容送到以 Ri 中的内容为地址的 RAM 单元。

(5) 查表指令（2 条）。这组指令的功能是对存放于程序存储器中的数据表格进行查找传送，使用变址寻址方式：

MOVC A，@A+DPTR：((A)) + (DPTR) → (A) 表格地址单元中的内容送到累加器 A 中。

MOVC A，@A+PC：((PC)) +1→ (A)，((A)) + (PC) → (A) 表格地址单元中的内容送到累加器 A 中。

(6) 累加器 A 与片外数据存储器 RAM 传送指令（4 条）。这 4 条指令的作用是累加器 A 与片外 RAM 间的数据传送。使用寄存器寻址方式：

MOVX @DPTR，A：(A) → ((DPTR)) 累加器中的内容送到数据指针指向片外 RAM 地址中。

MOVX A，@DPTR：((DPTR)) → (A) 数据指针指向片外 RAM 地址中的内容送到累加器 A 中。

MOVX A，@Ri：((Ri)) → (A) 寄存器 Ri 指向片外 RAM 地址中的内容送到累加器 A 中。

MOVX @Ri，A：(A) → ((Ri)) 累加器中的内容送到寄存器 Ri 指向片外 RAM 地址中。

(7) 堆栈操作类指令（2 条）。这类指令的作用是把直接寻址单元的内容传送到堆栈指针 SP 所指的单元中，以及把 SP 所指单元的内容送到直接寻址单元中。这类指令只有两条，下述的第一条常称为入栈操作指令，第二条称为出栈操作指令。需要指出的是，单片机开机复位后，(SP) 默认为 07H，但一般都需要重新赋值，设置新的 SP 首址。入栈的第一个数据必须存放于 SP+1 所指存储单元，故实际的堆栈底为 SP+1 所指的存储单元。

PUSH direct：(SP) +1→ (SP)，(direct) → (SP) 堆栈指针首先加 1，直接寻址单元中的数据送到堆栈指针 SP 所指的单元中。

POP direct：(SP) → (direct) (SP) −1→ (SP)，堆栈指针 SP 所指的单元数据送到直接寻址单元中，堆栈指针 SP 再进行减 1 操作。

(8) 交换指令 (5 条)。这 5 条指令的功能是把累加器 A 中的内容与源操作数所指的数据相互交换。

XCH A，Rn：(A) ⟷ (Rn) 累加器与工作寄存器 Rn 中的内容互换。

XCH A，@Ri：(A) ⟷ ((Ri)) 累加器与工作寄存器 Ri 所指的存储单元中的内容互换。

XCH A，direct：(A) ⟷ (direct) 累加器与直接地址单元中的内容互换。

XCHD A，@Ri：(A_{3-0}) ⟷ (($Ri)_{3-0}$) 累加器与工作寄存器 Ri 所指的存储单元中的内容低半字节互换。

SWAP A：(A_{3-0}) ⟷ (A_{7-4}) 累加器中的内容高低半字节互换。

(9) 16 位数据传送指令 (1 条)。这条指令的功能是把 16 位常数送入数据指针寄存器。

MOV DPTR，#data16：#dataH→ (DPH)，#dataL→ (DPL) 16 位常数的高 8 位送到 DPH，低 8 位送到 DPL。

2. 算数运算类指令

算术运算指令共有 24 条，算术运算主要是执行加、减、乘、除等四则运算。另外 MCS-51 指令系统中有相当一部分是进行加、减 1 操作，BCD 码的运算和调整，都归类为运算指令。虽然 MCS-51 单片机的算术逻辑单元 ALU 仅能对 8 位无符号整数进行运算，但利用进位标志 C，则可进行多字节无符号整数的运算。同时利用溢出标志，还可以对带符号数进行补码运算。需要指出的是，除加、减 1 指令外，这类指令大多数都会对 PSW (程序状态字) 有影响。这在使用中应特别注意。

(1) 加法指令 (4 条)。这 4 条指令的作用是把立即数、直接地址、工作寄存器及间接地址内容与累加器 A 的内容相加，运算结果存在 A 中。

ADD A，#data：(A) +#data→ (A) 累加器 A 中的内容与立即数 #data 相加，结果存在 A 中。

ADD A，direct：(A) + (direct) → (A) 累加器 A 中的内容与直接地址单元中的内容相加，结果存在 A 中。

ADD A，Rn：(A) + (Rn) → (A) 累加器 A 中的内容与工作寄存器 Rn 中的内容相加，结果存在 A 中。

ADD A，@Ri：(A) + ((Ri)) → (A) 累加器 A 中的内容与工作寄存器 Ri 所指向地址单元中的内容相加，结果存在 A 中。

(2) 带进位加法指令 (4 条)。这 4 条指令除与 (1) 功能相同外，在进行加法运算时还需考虑进位问题。

ADDC A，direct：(A) + (direct) + (C) → (A) 累加器 A 中的内容与直接地址单元的内容连同进位位相加，结果存在 A 中。

ADDC A，#data：(A) +#data+ (C) → (A) 累加器 A 中的内容与立即数连同进位位相加，结果存在 A 中。

ADDC A，Rn：(A) +Rn+ (C) → (A) 累加器 A 中的内容与工作寄存器 Rn 中的

内容、连同进位位相加，结果存在 A 中。

ADDC　A，@Ri：(A) + ((Ri)) + (C) → (A) 累加器 A 中的内容与工作寄存器 Ri 指向地址单元中的内容、连同进位位相加，结果存在 A 中。

(3) 带借位减法指令（4 条）。这组指令包含立即数、直接地址、间接地址及工作寄存器与累加器 A 连同借位位 C 内容相减，结果送回累加器 A 中。

这里对借位位 C 的状态作出说明，在进行减法运算中，CY=1 表示有借位，CY=0 则无借位。OV=1 声明带符号数相减时，从一个正数减去一个负数结果为负数，或者从一个负数中减去一个正数结果为正数的错误情况。在进行减法运算前，如果不知道借位标志位 C 的状态，则应先对 CY 进行清零操作。

SUBB　A，direct：(A) − (direct) − (C) → (A) 累加器 A 中的内容与直接地址单元中的内容、连同借位位相减，结果存在 A 中。

SUBB　A，#data：(A) − #data − (C) → (A) 累加器 A 中的内容与立即数、连同借位位相减，结果存在 A 中。

SUBB　A，Rn：(A) − (Rn) − (C) → (A) 累加器 A 中的内容与工作寄存器中的内容、连同借位位相减，结果存在 A 中。

SUBB　A，@Ri：(A) − ((Ri)) − (C) → (A) 累加器 A 中的内容与工作寄存器 Ri 指向的地址单元中的内容、连同借位位相减，结果存在 A 中。

(4) 乘法指令（1 条）。这个指令的作用是把累加器 A 和寄存器 B 中的 8 位无符号数相乘，所得到的是 16 位乘积，这个结果低 8 位存在累加器 A，而高 8 位存在寄存器 B 中。如果 OV=1，说明乘积大于 FFH，否则 OV=0，但进位标志位 CY 总是等于 0。

MUL　AB：(A) × (B) → (A) 和 (B) 累加器 A 中的内容与寄存器 B 中的内容相乘，结果存在 A、B 中。

(5) 除法指令（1 条）。这个指令的作用是把累加器 A 的 8 位无符号整数除以寄存器 B 中的 8 位无符号整数，所得到的商存在累加器 A，而余数存在寄存器 B 中。除法运算总是使 OV 和进位标志位 CY 等于 0。如果 OV=1，表明寄存器 B 中的内容为 00H，那么执行结果为不确定值，表示除法有溢出。

DIV　AB：(A) ÷ (B) → (A) 和 (B) 累加器 A 中的内容除以寄存器 B 中的内容，所得到的商存在累加器 A，而余数存在寄存器 B 中。

(6) 加 1 指令（5 条）。这 5 条指令的功能均为原寄存器的内容加 1，结果送回原寄存器。上述提到，加 1 指令不会对任何标志有影响，如果原寄存器的内容为 FFH，执行加 1 后，结果就会是 00H。这组指令共有直接、寄存器、寄存器间址等寻址方式：

INC　A：(A) +1→ (A) 累加器 A 中的内容加 1，结果存在 A 中。

INC　direct：(direct) +1→ (direct) 直接地址单元中的内容加 1，结果送回原地址单元中。

INC　@Ri：((Ri)) +1→ ((Ri)) 寄存器的内容指向的地址单元中的内容加 1，结果送回原地址单元中。

INC　Rn：(Rn) +1→ (Rn) 寄存器 Rn 的内容加 1，结果送回原地址单元中。

INC　DPTR：(DPTR) +1→ (DPTR) 数据指针的内容加 1，结果送回数据指针中。

在INC direct这条指令中，如果直接地址是I/O，其功能是先读入I/O锁存器的内容，然后在CPU进行加1操作，再输出到I/O上，这就是“读—修改—写”操作。

(7) 减1指令（4条）。这组指令的作用是把所指的寄存器内容减1，结果送回原寄存器，若原寄存器的内容为00H，减1后即为FFH，运算结果不影响任何标志位，这组指令共有直接、寄存器、寄存器间址等寻址方式，当直接地址是I/O口锁存器时，“读—修改—写”操作与加1指令类似。

DEC A：(A) −1→ (A) 累加器A中的内容减1，结果送回累加器A中。

DEC direct：(direct) −1→ (direct) 直接地址单元中的内容减1，结果送回直接地址单元中。

DEC @Ri：((Ri)) −1→ ((Ri)) 寄存器Ri指向的地址单元中的内容减1，结果送回原地址单元中。

DEC Rn：(Rn) −1→ (Rn) 寄存器Rn中的内容减1，结果送回寄存器Rn中。

(8) 十进制调整指令（1条）。在进行BCD码运算时，这条指令总是跟在ADD或ADDC指令之后，其功能是将执行加法运算后存于累加器A中的结果进行调整和修正。

DA A

3. 逻辑运算及移位类指令

逻辑运算和移位指令共有25条，有与、或、异或、求反、左右移位、清零等逻辑操作，有直接、寄存器和寄存器间址等寻址方式。这类指令一般不影响程序状态字（PSW）标志。

(1) 循环移位指令（4条）。这4条指令的作用是将累加器中的内容循环左或右移一位，后两条指令连同进位位CY一起移位。

RL A：累加器A中的内容左移一位。

RR A：累加器A中的内容右移一位。

RLC A：累加器A中的内容连同进位位CY左移一位。

RRC A：累加器A中的内容连同进位位CY右移一位。

(2) 累加器半字节交换指令（1条）。这条指令是将累加器中的内容高低半字节互换，这在上一节中内容已有介绍。

SWAP A：累加器中的内容高低半字节互换。

(3) 求反指令（1条）。这条指令将累加器中的内容按位取反。

CPL A：累加器中的内容按位取反。

(4) 清零指令（1条）。这条指令将累加器中的内容清零。

CLR A：0→ (A)，累加器中的内容清零。

(5) 逻辑与操作指令（6条）。这组指令的作用是将两个单元中的内容执行逻辑与操作。如果直接地址是I/O地址，则为“读—修改—写”操作。

ANL A，direct：累加器A中的内容和直接地址单元中的内容执行与逻辑操作。结果存在寄存器A中。

ANL direct，#data：直接地址单元中的内容和立即数执行与逻辑操作。结果存在直接地址单元中。

ANL A，#data：累加器A的内容和立即数执行与逻辑操作。结果存在累加器A中。

ANL A，Rn：累加器 A 的内容和寄存器 Rn 中的内容执行与逻辑操作。结果存在累加器 A 中。

ANL direct，A：直接地址单元中的内容和累加器 A 的内容执行与逻辑操作。结果存在直接地址单元中。

ANL A，@Ri：累加器 A 的内容和工作寄存器 Ri 指向的地址单元中的内容执行与逻辑操作。结果存在累加器 A 中。

(6) 逻辑或操作指令（6 条）。这组指令的作用是将两个单元中的内容执行逻辑或操作。如果直接地址是 I/O 地址，则为“读—修改—写”操作。

ORL A，direct：累加器 A 中的内容和直接地址单元中的内容执行逻辑或操作。结果存在寄存器 A 中。

ORL direct，#data：直接地址单元中的内容和立即数执行逻辑或操作。结果存在直接地址单元中。

ORL A，#data：累加器 A 的内容和立即数执行逻辑或操作。结果存在累加器 A 中。

ORL A，Rn：累加器 A 的内容和寄存器 Rn 中的内容执行逻辑或操作。结果存在累加器 A 中。

ORL direct，A：直接地址单元中的内容和累加器 A 的内容执行逻辑或操作。结果存在直接地址单元中。

ORL A，@Ri：累加器 A 的内容和工作寄存器 Ri 指向的地址单元中的内容执行逻辑或操作。结果存在累加器 A 中。

(7) 逻辑异或操作指令（6 条）。这组指令的作用是将两个单元中的内容执行逻辑异或操作。如果直接地址是 I/O 地址，则为“读—修改—写”操作。

XRL A，direct：累加器 A 中的内容和直接地址单元中的内容执行逻辑异或操作。结果存在寄存器 A 中。

XRL direct，#data：直接地址单元中的内容和立即数执行逻辑异或操作。结果存在直接地址单元中。

XRL A，#data：累加器 A 的内容和立即数执行逻辑异或操作。结果存在累加器 A 中。

XRL A，Rn：累加器 A 的内容和寄存器 Rn 中的内容执行逻辑异或操作。结果存在累加器 A 中。

XRL direct，A：直接地址单元中的内容和累加器 A 的内容执行逻辑异或操作。结果存在直接地址单元中。

XRL A，@Ri：累加器 A 的内容和工作寄存器 Ri 指向的地址单元中的内容执行逻辑异或操作。结果存在累加器 A 中。

4. 控制转移类指令

控制转移类指令用于控制程序的流向，所控制的范围即为程序存储器区间，MCS-51 系列单片机的控制转移指令相对丰富，有可对 64 kB 程序空间地址单元进行访问的长调用、长转移指令，也有可对 2 kB 字节进行访问的绝对调用和绝对转移指令，还有在一页范围内短相对转移及其他无条件转移指令，这些指令的执行一般都不会对标志位有影响。

（1）无条件转移指令（4条）。这组指令执行完后，程序就会无条件转移到指令所指向的地址上去。长转移指令访问的程序存储器空间为16位地址64 kB空间，绝对转移指令访问的程序存储器空间为11位地址2 kB空间。

LJMP addr16：addr16→（PC），给程序计数器赋予新值（16位地址）。

AJMP addr11：（PC）+2→（PC），addr11→（PC_{10-0}）程序计数器赋予新值（11位地址），（PC_{15-11}）不改变。

SJMP rel：（PC）+2+rel→（PC）当前程序计数器先加上2再加上偏移量给程序计数器赋予新值。

JMP @A+DPTR：（A）+（DPTR）→（PC），累加器所指向地址单元的值加上数据指针的值给程序计数器赋予新值。

（2）条件转移指令（8条）。程序可利用这组丰富的指令根据当前的条件进行判断，看是否满足某种特定的条件，从而控制程序的转向。

JZ rel：A=0，（PC）+2+rel→（PC），累加器中的内容为0，则转移到偏移量所指向的地址，否则程序往下执行。

JNZ rel：A≠0，（PC）+2+rel→（PC），累加器中的内容不为0，则转移到偏移量所指向的地址，否则程序往下执行。

CJNE A，direct，rel：A≠（direct），（PC）+3+rel→（PC），累加器中的内容不等于直接地址单元的内容，则转移到偏移量所指向的地址，否则程序往下执行。

CJNE A，#data，rel：A≠#data，（PC）+3+rel→（PC），累加器中的内容不等于立即数，则转移到偏移量所指向的地址，否则程序往下执行。

CJNE Rn，#data，rel：A≠#data，（PC）+3+rel→（PC），工作寄存器Rn中的内容不等于立即数，则转移到偏移量所指向的地址，否则程序往下执行。

CJNE @Ri，#data，rel：A≠#data，（PC）+3+rel→（PC），工作寄存器Ri指向地址单元中的内容不等于立即数，则转移到偏移量所指向的地址，否则程序往下执行。

DJNZ Rn，rel：（Rn）−1→（Rn），（Rn）≠0，（PC）+2+rel→（PC）工作寄存器Rn减1不等于0，则转移到偏移量所指向的地址，否则程序往下执行。

DJNZ direct，rel：（Rn）−1→（Rn），（Rn）≠0，（PC）+2+rel→（PC）直接地址单元中的内容减1不等于0，则转移到偏移量所指向的地址，否则程序往下执行。

（3）子程序调用指令（1条）。子程序是为了便于程序编写，减少那些需反复执行的程序占用多余的地址空间而引入的程序分支，从而有了主程序和子程序的概念，需要反复执行的一些程序，在编程时一般都把它们编写成子程序，当需要用它们时，就用一个调用命令使程序按调用的地址去执行，这就需要子程序的调用指令和返回指令。

LCALL addr16：长调用指令，可在64 kB空间调用子程序。此时（PC）+3→（PC），（SP）+1→（SP），（PC_{7-0}）→（SP），（SP）+1→（SP），（PC_{15-8}）→（SP），addr16→（PC），即分别从堆栈中弹出调用子程序时压入的返回地址。

ACALL addr11：绝对调用指令，可在2 kB空间调用子程序，此时（PC）+2→（PC），（SP）+1→（SP），（PC_{7-0}）→（SP），（SP）+1→（SP），（PC_{15-8}）→（SP），addr11→（PC_{10-0}）。

RET：子程序返回指令。此时（SP）→（PC_{15-8}），（SP）－1→（SP），（SP）→（PC_{7-0}），（SP）－1→（SP）。

RETI：中断返回指令，除具有 RET 功能外，还具有恢复中断逻辑的功能，需注意的是，RETI 指令不能用 RET 代替。

（4）空操作指令（1 条）。这条指令将累加器中的内容清零。

NOP：这条指令除了使 PC 加 1，消耗一个机器周期外，没有执行任何操作。可用于短时间的延时。

5. 布尔变量操作类指令

布尔处理功能是 MCS-51 系列单片机的一个重要特征，这是出于实际应用需要而设置的。布尔变量也即开关变量，它是以位（bit）为单位进行操作的。

在物理结构上，MCS-51 单片机有一个布尔处理机，它以进位标志作为累加位，以内部 RAM 可寻址的 128 位为存储位。

既然有布尔处理机功能，所以也就有相应的布尔操作指令集，下面分别介绍。

（1）位传送指令（2 条）。位传送指令就是可寻址位与累加位 CY 之间的传送，指令有两条。

MOV　C，bit：bit→CY，某位数据送 CY。

MOV　bit，C：CY→bit，CY 数据送某位。

（2）位置位复位指令（4 条）。这些指令对 CY 及可寻址位进行置位或复位操作，共有 4 条指令。

CLR　C：0→CY，清 CY。

CLR　bit：0→bit，清某一位。

SETB　C：1→CY，置位 CY。

SETB　bit：1→bit，置位某一位。

（3）位运算指令（6 条）。位运算都是逻辑运算，有与、或、非三种指令，共 6 条。

ANL　C，bit：（CY）∧（bit）→CY

ANL　C，/bit：（CY）∧（$\overline{\text{bit}}$）→CY

ORL　C，bit：（CY）∨（bit）→CY

ORL　C，/bit：（CY）∧（$\overline{\text{bit}}$）→CY

CPL　C：（$\overline{\text{CY}}$）→CY

CPL　bit：（$\overline{\text{bit}}$）→bir

（4）位控制转移指令（5 条）。位控制转移指令是以位的状态作为实现程序转移的判断条件，介绍如下：

JC　rel：（CY）＝1 转移，（PC）＋2＋rel→PC，否则程序往下执行，（PC）＋2→PC。

JNC　rel：（CY）＝0 转移，（PC）＋2＋rel→PC，否则程序往下执行，（PC）＋2→PC。

JB　bit，rel：位状态为 1 转移。

JNB　bit，rel：位状态为 0 转移。

JBC　bit，rel：位状态为 1 转移，并使该位清零。

后 3 条指令都是三字节指令，如果条件满足，（PC）＋3＋rel→PC，否则程序往下执行，（PC）＋3→PC。

六、仿真、仿真机

仿真是单片机开发过程中非常重要的一个环节，除了一些极简单的任务，一般产品开发过程中都要进行仿真，仿真的主要目的是进行软件调试，当然借助仿真机，也能进行一些硬件排错。一块单片机应用电路板包括单片机部分及为达到使用目的而设计的应用电路，仿真就是利用仿真机来代替应用电路板（称目标机）的单片机部分，对应用电路部分进行测试、调试。仿真有 CPU 仿真和 ROM 仿真两种，所谓 CPU 仿真是指用仿真机代替目标机的 CPU，由仿真机向目标机的应用电路部分提供各种信号、数据，进行调试的方法。这种仿真可以通过单步运行、连续运行等多种方法来运行程序，并能观察到单片机内部的变化，便于改正程序中的错误。

所谓 ROM 仿真，就是用仿真机代替目标机的 ROM，目标机的 CPU 工作时，从仿真机中读取程序，并执行。这种仿真其实就是将仿真机当成一片 EPROM，只是省去了擦片、写片的麻烦，并没有多少调试手段可言。通常这是两种不同类型的仿真机，也就是说，一台仿真机不能既做 CPU 仿真，又做 ROM 仿真。可能的情况下，当然以 CPU 仿真好。

第二节　变　频　器

变频调速技术是现代电力传动技术的重要发展方向，随着电力电子技术的发展，交流变频技术从理论到实际逐渐走向成熟。变频器不仅调速平滑、范围大、效率高、启动电流小、运行平稳，而且节能效果明显。因此，交流变频调速已逐渐取代了过去的传统滑差调速、变极调速、直流调速等调速系统，越来越广泛地应用于电梯、冶金、纺织、印染、烟机生产线及楼宇、供水等领域。

变频器是把工频电源（50 Hz 或 60 Hz）变换成各种频率的交流电源以实现电动机的变速运行的设备，是输出电压和频率可调的调速装置。

一、变频器工作原理

交流电动机的转速表达式为：

$$n=60f(1-s)/p \tag{15—1}$$

式中　n——异步电动机的转速；

f——异步电动机的频率；

s——电动机转差率；

p——电动机极对数。

由式（15—1）可知，转速 n 与频率 f 成正比，只要改变频率 f 即可改变电动机的转速，当频率 f 在 0～50 Hz 的范围内变化时，电动机转速调节范围非常宽。变频器就是通过改变电动机电源频率实现速度调节的，是一种理想的高效率、高性能的调速手段。现在变频调速器基本采用16位、32位单片机或DSP为控制核心，从而实现全数字化控制。

二、变频器的控制方式

1. $U/f=C$ 的正弦脉宽调制（SPWM）控制方式

其特点是控制电路结构简单、成本较低，机械特性硬度也较好，能够满足一般传动的平滑调速要求，已在产业的各个领域得到广泛应用。但是，这种控制方式在低频时，由于输出电压较低，转矩受定子电阻压降的影响比较显著，使输出最大转矩减小。另外，其机械特性终究没有直流电动机硬，动态转矩能力和静态调速性能都还不尽如人意，且系统性能不高、控制曲线会随负载的变化而变化，转矩响应慢、电动机转矩利用率不高，低速时因定子电阻和逆变器死区效应的存在而性能下降，稳定性变差等。因此人们又研究出矢量控制变频调速。

2. 电压空间矢量（SVPWM）控制方式

它是以三相波形整体生成效果为前提，以逼近电动机气隙的理想圆形旋转磁场轨迹为目的，一次生成三相调制波形，以内切多边形逼近圆的方式进行控制的。经实践使用后又有所改进，即引入频率补偿，能消除速度控制的误差；通过反馈估算磁链幅值，消除低速时定子电阻的影响；将输出电压、电流闭环，以提高动态的精度和稳定度。但控制电路环节较多，且没有引入转矩的调节，所以系统性能没有得到根本改善。

3. 矢量控制（VC）方式

矢量控制变频调速的做法是将异步电动机在三相坐标系下的定子电流 I_a、I_b、I_c 通过三相—二相变换，等效成两相静止坐标系下的交流电流 I_{a1}、I_{b1}，再通过按转子磁场定向旋转变换，等效成同步旋转坐标系下的直流电流 I_{m1}、I_{t1}（I_{m1} 相当于直流电动机的励磁电流，I_{t1} 相当于与转矩成正比的电枢电流），然后模仿直流电动机的控制方法，求得直流电动机的控制量，经过相应的坐标反变换，实现对异步电动机的控制。其实质是将交流电动机等效为直流电动机，分别对速度、磁场两个分量进行独立控制。通过控制转子磁链，然后分解定子电流而获得转矩和磁场两个分量，经坐标变换，实现正交或解耦控制。矢量控制方法的提出具有划时代的意义。然而在实际应用中，由于转子磁链难以准确观测，系统特性受电动机参数的影响较大，且在等效直流电动机控制过程中所用矢量旋转变换较复杂，使得实际的控制效果难以达到理想分析的结果。

4. 直接转矩控制（DTC）方式

1985年，德国鲁尔大学的DePenbrock教授首次提出了直接转矩控制变频技术。该技术在很大程度上解决了上述矢量控制的不足，并以新颖的控制思想、简洁明了的系统结构、优良的动静态性能得到了迅速发展。目前，该技术已成功地应用在电力机车牵引的大功率交流传动上。

直接转矩控制直接在定子坐标系下分析交流电动机的数学模型，控制电动机的磁链和转矩。它不需要将交流电动机等效为直流电动机，因而省去了矢量旋转变换中的许多复杂计算；它不需要模仿直流电动机的控制，也不需要为解耦而简化交流电动机的数学模型。

5. 矩阵式交—交控制方式

VVVF变频、矢量控制变频、直接转矩控制变频都是交—直—交变频中的一种。其共同缺点是输入功率因数低，谐波电流大，直流电路需要大的储能电容，再生能量又不能反馈回电网，即不能进行四象限运行。为此，矩阵式交—交变频应运而生。由于矩阵式交—交变频省去了中间直流环节，从而省去了体积大、价格贵的电解电容。它能实现功率因数为1，输入电流为正弦且能四象限运行，系统的功率密度大。该技术目前虽尚未成熟，但仍吸引着众多的学者深入研究。其实质不是间接地控制电流、磁链等量，而是把转矩直接作为被控制量来实现的。具体方法是：

——控制定子磁链引入定子磁链观测器，实现无速度传感器方式；

——自动识别（ID）依靠精确的电动机数学模型，对电动机参数自动识别；

——算出实际值对应定子阻抗、互感、磁饱和因素、惯量等算出实际的转矩、定子磁链、转子速度进行实时控制；

——实现 Band-Band 控制按磁链和转矩的 Band-Band 控制产生 PWM 信号，对逆变器开关状态进行控制。

矩阵式交—交变频具有快速的转矩响应（<2 ms），很高的速度精度（±2%，无 PG 反馈），高转矩精度（<3%）；同时还具有较高的启动转矩及高转矩精度，尤其在低速时（包括0速度时），可输出150%～200%转矩。

三、变频器的构成

从结构上看，变频器可分为直接变频和间接变频两类。间接变频器先将工频交流电源通过整流器变成直流，然后再经过逆变器将直流变换为可控频率的交流，因此又称它为有中间直流环节的变频装置或交—直—交变频器。直接变频器将工频交流一次变换为可控频率交流，没有中间直流环节，即所谓的交—交变频器。目前应用较多的中小型交流调速应用场合，采用的是交—直—交变频器。

交—直—交变频器是将恒压恒频的交流电通过整流电路变换成直流，然后再经过逆变电路将直流变换成调压调频的交流电。这种变频器虽然多了一个中间直流环节，但是输出交流电的频率是任意的。变频器的负载通常是异步电动机，其功率因素小于1。故在中间直流环节和电动机之间总存在无功功率的交换。由于逆变器中的电力器件无法储能，所以无功功率只能靠直流环节中的储能元件来缓冲。如果采用电容器作为无功功率缓冲环节，直流侧电源相当于一个低阻抗的电压源，因此称为电压源型变频器；如果采用电抗器作为无功功率缓冲环节，直流侧电源相当于一个高阻抗的电流源，则称为电流源型变频器。图15—3所示是交—直—交变频器的基本构成图。

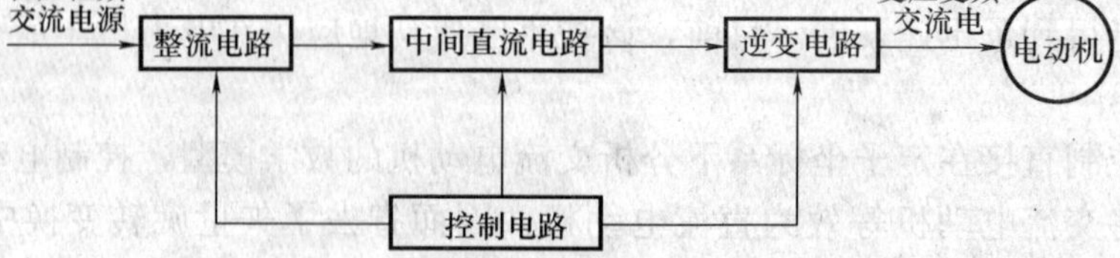

图15—3 交—直—交变频器基本构成图

目前使用较多的是电压型变频器，图15—4所示是典型的电压型变频器结构图。

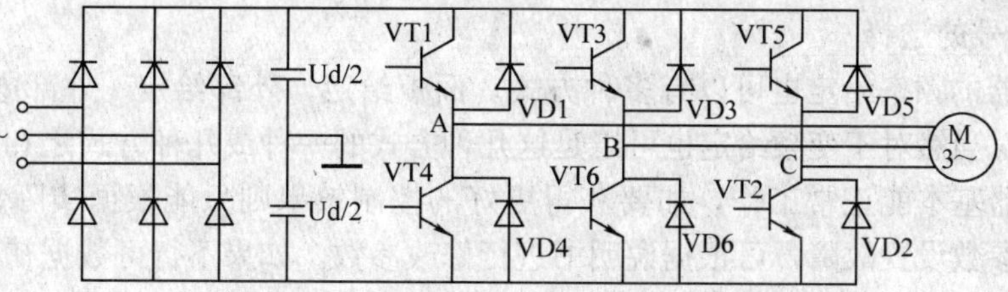

图 15—4　电压型变频器结构图

对于速度精度和响应性要求较高的系统，需要有主回路及电动机的反馈信号，采用闭环控制回路。图 15—5 所示是变频器的指令与控制结构图。

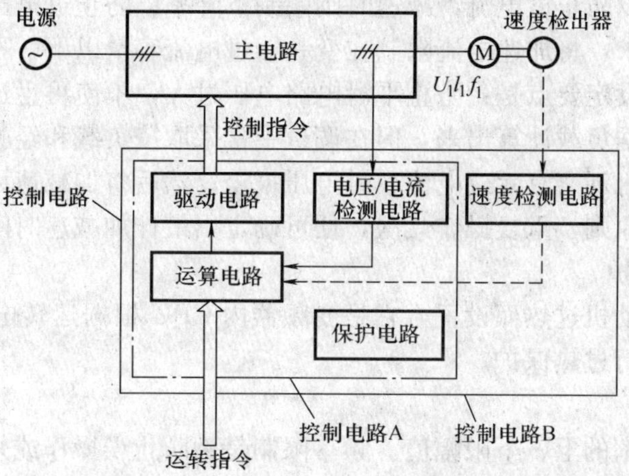

图 15—5　变频器的指令与控制结构图

四、变频器参数设置

常用变频器在使用中，是否能满足传动系统要求，变频器参数设置尤为重要，设置不正确会导致变频器报警而不能正常工作。

变频器出厂时，厂家对每个参数都预设一个值，这些参数称为出厂（缺省）值。一般缺省值并不能满足大多数传动系统的要求，所以用户在正确使用变频器之前，要求对变频器参数做如下设置：

1. 确认电动机参数

设定电动机的功率、电流、电压、转速、最大频率。这些参数可以从电动机铭牌中直接得到。

2. 变频器采取的控制方式

包括速度控制、转矩控制、PID 或其他方式。选定控制方式后，一般要根据控制精度需要进行静态或动态辨别。

3. 设定变频器的启动方式

一般变频器在出厂时设定从面板启动，用户可以根据实际情况选择启动方式。可以用面板、外部端子、通信方式等几种方式启动。

4. 给定信号的选择

一般变频器的频率给定也可以有多种方式。面板给定、外部给定、外部电压或电流给定、通信方式给定。当然对于变频给定也可以是这几种方式的一种或几种方式之和，正确设置以上参数后，变频器基本能正常工作，如要获得更好的控制效果则只能根据实际情况修改相关参数。一旦发生参数设置故障，可根据说明书进行修改参数。如果不行可数据初始化，恢复缺省值。然后按上述步骤重新设置，对于不同品牌的变频器其参数恢复出厂值方式也不同。

5. 加减速时间

加速时间就是输出频率从0上升到最大频率所需的时间，减速时间是指从最大频率下降到0所需的时间。通常用频率设定信号上升、下降来确定加减速时间。在电动机加速时须限制频率设定的上升率以防止过电流，减速时则限制下降率以防止过电压。

加速时间设定要求：将加速电流限制在变频器过电流容量以下，不使过流失速而引起变频器跳闸；减速时间设定要点是：防止平滑电路电压过大，不使再生过压失速而使变频器跳闸。加减速时间可根据负载计算出来，但在调试中常采取按负载和经验先设定较长加减速时间，通过启、停电动机观察有无过电流、过电压报警；然后将加减速设定时间逐渐缩短，以运转中不发生报警为原则，重复操作几次，便可确定出最佳加减速时间。

6. 电子热过载保护

本功能为保护电动机过热而设置，它是变频器内CPU根据运转电流值和频率计算出电动机的温升，从而进行过热保护。

7. 频率限制

即变频器输出频率的上、下限幅值。频率限制是为防止误操作或外接频率设定信号源出故障，而引起输出频率的过高或过低，以防损坏设备的一种保护功能。在应用中按实际情况设定即可。

8. 转矩限制

可分为驱动转矩限制和制动转矩限制两种。它是根据变频器输出电压和电流值，经CPU进行转矩计算，其可对加减速和恒速运行时的冲击负载恢复特性有显著改善。转矩限制功能可实现自动加速和减速控制。假设加减速时间小于负载惯量时间时，也能保证电动机按照转矩设定值自动加速和减速。

驱动转矩功能提供了强大的启动转矩，在稳态运转时，转矩功能将控制电动机转差，而将电动机转矩限制在最大设定值内，当负载转矩突然增大时，甚至在加速时间设定过短时，也不会引起变频器跳闸。在加速时间设定过短时，电动机转矩也不会超过最大设定值。驱动转矩大对启动有利，以设置为额定转矩的80%～100%较妥。

制动转矩设定数值越小，其制动力越大，适合急加减速的场合，如制动转矩设定数值设置过大会出现过压报警现象。如制动转矩设定为0%，可使加到主电容器的再生总量接近于0，从而使电动机在减速时，不使用制动电阻也能减速至停转而不会跳闸。

9. 加减速模式选择

又称加减速曲线选择。一般变频器有线性、非线性和S三种曲线，通常大多选择线性曲线；非线性曲线适用于变转矩负载，如风机等；S曲线适用于恒转矩负载，其加减速变化较为缓慢。

10. 节能控制

具有节能控制功能的变频器设计有专用 V/f 模式，这种模式可改善电动机和变频器的效率，其可根据负载电流自动降低变频器输出电压，从而达到节能目的，可根据具体情况设置为有效或无效。

五、IGBT 逆变模块

变频器逆变电路通常指的就是 IGBT 逆变模块。

IGBT（insulated gate bipolar transistor）即绝缘三双极型功率管，是由 BJT（双极型三极管）和 MOS（绝缘栅型场效应管）组成的复合全控型电压驱动式电力电子器件。

IGBT 将 MOSFET 与 GTR 的优点集于一身，既有输入阻抗高、速度快、热稳定性好、电压驱动型，又具有通态压降低、高电压、大电流的优点。因此广泛应用于交流电动机、变频器、开关电源、照明电路、牵引传动等领域。

逆变器 IGBT 模块检测的检测方法如下：

1. 判断极性

首先将万用表拨在 R×1 kΩ 挡，用万用表测量时，若某一极与其他两极阻值为无穷大，调换表笔后该极与其他两极的阻值仍为无穷大，则判断此极为栅极（G）。其余两极再用万用表测量，若测得阻值为无穷大，调换表笔后测量阻值较小，在测量阻值较小的一次中，则判断红表笔接的为集电极（C），黑表笔接的为发射极（E）。

2. 判断好坏

将万用表拨在 R×10 kΩ 挡，用黑表笔接 IGBT 的集电极（C），红表笔接 IGBT 的发射极（E），此时万用表的指针在零位。用手指同时触及一下栅极（G）和集电极（C），这时 IGBT 被触发导通，万用表的指针摆向阻值较小的方向，并能稳定指示在某一位置。然后再用手指同时触及一下栅极（G）和发射极（E），这时 IGBT 被阻断，万用表的指针回零。此时即可判断 IGBT 是好的。

任何指针式万用表皆可用于检测 IGBT。注意判断 IGBT 好坏时，一定要将万用表拨在 R×10 kΩ 挡，因 R×1 kΩ 挡以下各挡万用表内部电池电压太低，检测好坏时不能使 IGBT 导通，而无法判断 IGBT 的好坏。此方法同样也可以用于检测功率场效应晶体管（P-MOSFET）的好坏。

六、变频器维修检测常用方法

在变频器日常维护过程中，经常遇到各种各样的问题，如外围线路问题，参数设定不良或机械故障。如果是变频器出现故障，如何判断是哪一部分的问题，在这里略作介绍。

1. 静态测试

找到变频器内部直流电源的 P 端和 N 端，如图 15—6 所示。将万用表调到电阻×10 挡，红表笔接到 P 端，黑表笔分别接到 R、S、T，应该有大约几十欧的阻值，且基本平衡。相反将黑表笔接到 P 端，红表笔依次接到 R、S、T，有一个接近于无穷大的阻值。将红表笔接到 N 端，重复以上步骤，都应得到相同结果。如果有以下结果，可以判定电路已出现异常。

（1）阻值三相不平衡，可以说明整流桥故障。

（2）红表笔接P端时，电阻无穷大，可以断定整流桥故障或启动电阻出现故障。

（3）测试逆变电路变频器。将红表笔接到P端，黑表笔分别接U、V、W上，应该有几十欧的阻值，且各相阻值基本相同，反相应该为无穷大。将黑表笔接到N端，重复以上步骤应得到相同结果，否则可确定逆变模块故障。

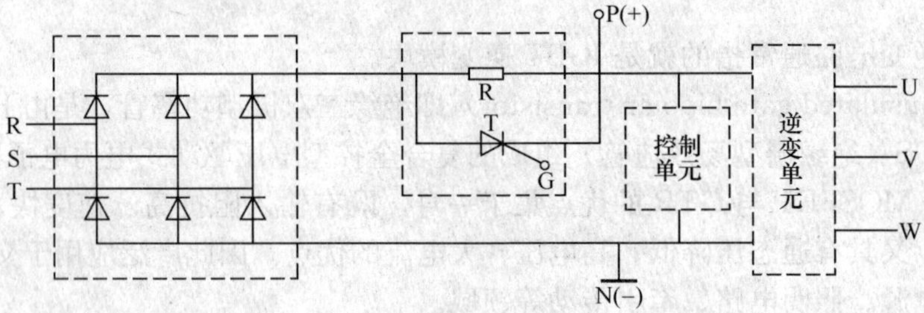

图15—6　整流电路

2. 动态测试

在静态测试结果正常以后，才可进行动态测试，即上电试机。在上电前后必须注意以下几点：

（1）上电之前，须确认输入电压是否有误，将380 V电源接入220 V级变频器之中会出现炸机（炸电容、压敏电阻、模块等）。

（2）检查变频器各接口是否已正确连接，连接是否有松动，连接异常有时可能导致变频器出现故障，严重时会出现炸机等情况。

（3）上电后检测故障显示内容，并初步断定故障及原因。

（4）如未显示故障，首先检查参数是否有异常，并将参数复归后，进行空载（不接电动机）情况下启动变频器，并测试U、V、W三相输出电压值。如出现缺相、三相不平衡等情况，则模块或驱动板等有故障。

（5）在输出电压正常（无缺相、三相平衡）的情况下，带载测试。测试时，最好是满负载测试。

3. 故障判断

（1）整流模块损坏。一般是由于电网电压或内部短路引起。在排除内部短路情况下，更换整流桥。在现场处理故障时，应重点检查用户电网情况，如电网电压，有无电焊机等对电网有污染的设备等。

（2）逆变模块损坏。一般是由于电动机或电缆损坏及驱动电路故障引起。在修复驱动电路之后，测驱动波形良好状态下，更换模块。在现场服务中更换驱动板之后，还必须注意检查电动机及连接电缆。在确定无任何故障下，运行变频器。

（3）上电无显示。一般是由于开关电源损坏或软充电电路损坏使直流电路无直流电引起，如启动电阻损坏，也有可能是面板损坏。

（4）上电后显示过电压或欠电压。一般由于输入缺相、电路老化及电路板受潮引起。找出其电压检测电路及检测点，更换损坏的器件。

（5）上电后显示过电流或接地短路。一般是由于电流检测电路损坏。如霍尔元件、运放等。

（6）启动显示过电流。一般是由于驱动电路或逆变模块损坏引起。

（7）空载输出电压正常，带载后显示过载或过电流。该种情况一般是由于参数设置不当或驱动电路老化、模块损伤引起。

第十六章

电梯的安装保养与调试

第一节　电梯的安装与保养

一、电梯检修基本要求

（1）全面掌握检修周期、检修工艺的质量标准。

（2）全面掌握电梯 GB 7588—2003、GB 10058、GB 10059、GB 10060 标准及自动扶梯 GB 16899—1997 标准。

（3）熟悉系统施工图、系统原理图、机械安装图、电气接线图、设备说明书。

（4）熟悉刹车距离的检测。

（5）能熟练地进行噪声、振动的测试并进行舒适感的调整。

自动扶梯吊运时，受力点只能在自动扶梯或自动人行道两端的支撑角钢、起吊螺栓或吊装脚上，严禁冲撞或拖吊其他部位。若在一个井道内有数台自动扶梯时，要特别注意吊运的先后顺序（应注意层楼与自动扶梯或自动人行道的提升高度相对应）。在安装几台相互重叠的自动扶梯或自动人行道时，必须从最上一层的一台开始吊装。

二、自动扶梯桁架的调整

1. 桁架上下支撑支座的调整

桁架的支座必须符合布置图上所给定的受力要求。支座表面必须保持平整、干净和水平。

（1）支座一般由上下两个扁钢和中间橡胶减振衬垫及部分调整垫片组成，两个辅助螺钉把自动扶梯桁架的支撑角钢固定于其上。

（2）当桁架旋转于支座上后，要去掉两个辅助螺钉，换用四个调节螺钉，将水平尺置于前沿板梳板后沿上，将自动扶梯的桁架调整到精确水平，其不水平度不大于1‰。

（3）调整时中间两个螺钉松开，将两边两个螺钉旋紧或放松使桁架顶起落下，通过加减垫片的方法使桁架不受外力落在支架上后能达到精确水平，然后把中间两个螺钉拧至顶着安装垫板上层扁钢为止。

2. 桁架与最终地面高度的调整

用水平尺测定桁架上、下支撑处最终地面是否与梳齿前沿板接平或高出地面 2～5 mm，如果不水平、不重合，可调节桁架两端的高度直至满足上述要求，调节过程应保证桁架上、下支撑的水平，桁架边框高出地面处应采取措施平缓过渡。

3. 扶梯桁架中心线与井道安装中心的调整

（1）扶梯桁架两端架设两个支架，其高度应使连线位置不低于自动扶梯扶手高度为宜。

（2）支架竖起后，在近扶梯的中心位置上空，从两支架上连一条钢丝线，并在此线扶梯两端处放两线坠，将线调至线坠中心与端部定位块上标记重合，此线即为扶梯中心线。

（3）左右调整桁架位置使扶梯中心线与井道安装中心线重合。

4. 扶梯所在位置的调整

从建筑物柱体的坐标轴 Y 开始，测量和调整 Y 轴和梳齿板后沿的距离，横梁至桁架端部间的距离应为 40～60 mm；从柱体的坐标轴 X 开始，测量和调整 X 轴与梳齿板中心的距离使左右两者大致相等。

5. 并列或并靠自动扶梯前后距离的调整

如果在同一层楼有多台扶梯并列或并靠组装时，分别调整自动扶梯上、下两端前后位置偏差、高低位置偏差，前后偏差不大于 15 mm，高度偏差不大于 8 mm。

6. 大跨度扶梯中间支撑的安装调整

当提升高度大于 6 m 的自动扶梯安装时需要在中部加装中间支撑或有其他增强措施。

（1）在桁架落座于上、下支撑后，按照布置图要求，立即加装中间支撑或其他增强措施。

（2）待桁架全部调整完毕，在扶梯两端支架拉钢丝测桁架的挠度，差值与支撑距离的比值不应超过 1/750，公共交通型自动扶梯挠度不应超过支撑距离的 1‰。

三、自动扶梯导轨的调整

梯级导轨部分包括上部转向端、下部转向端、上部曲线导轨、下部曲线导轨、直线段导轨、上部喇叭口、下部喇叭口以及上下部梯级压轨等，梯级导轨调整不好将会导致梯级踏面不平，四个梯级轮只有三个运行的现象，运转时一侧偏靠围裙板、导轨边、梳齿板和紧固件发生摩擦、卡阻等现象。检查调整梯级导轨的平直，用肉眼检查导轨是否有弯曲、变形的情况。用扶梯桁架中心线悬挂线坠，用钢卷尺检查左右导轨与中心的对称度尺寸，其相互偏差应小于 1 mm。

四、自动扶梯扶手带支撑架的调整

扶梯扶手带支撑系统一般分为全透明无支撑扶手装置和不透明支撑扶手装置。以下主要阐述不透明支撑扶手带支撑架的调整方法。

（1）不透明支撑装置的支架一般采用角钢制作，其安装一般也从下机房开始，从支撑支架的第一标记点开始安装支架。

（2）机头扶手回转滚轮支架与透明无支撑扶手装置相同，并检查其左右两侧不水平度偏差不得大于±1 mm。

（3）第一根扶手支撑支架安装完毕，按规定标记依次装入其余支架。

（4）上部扶手回转滚轮支架与下部相同，并检查左右不平行度偏差不得大于±1 mm。

（5）支架全部安装完毕，将角钢支架放在上下前沿板处，挂钢丝吊线，检查扶手支撑支架与桁架中心线对称度及高低位置。

（6）支架全部调整完毕，将扶手支撑型材装入、固定。

（7）装入扶手带导轨并清洁干净，扶手导轨连接处必须光滑，必要时可以手工修磨平整。扶手导轨装完后，紧固其螺钉。

五、曳引电动机的保养及调整

1. 曳引电动机保养

电动机与底座连接应紧固，蜗杆轴通过联轴器连接后的不同轴度偏差：刚性连接应不大于0.02 mm，弹性连接应不大于0.10 mm，联轴器的制动面为取得较好制动效果应该有良好的表面粗糙度，同时安装后外圆上的径向跳动不应超过直径的1/3 000。

电动机应经常清除内部灰尘，使其风机工作正常。电动机定子和转子的温升不超过25℃，油标齐全，油位显示清晰不渗油，轴承温度不超过80℃。由于轴承磨损而产生不均匀的异常噪声，或造成电动机转子的偏摆量超过0.2 mm时，应及时更换轴承。

对于直流电动机，电刷必须与换向器的工作面保持良好接触，接触压力应为1.47～2.45 MPa，在刷盒内应滑动自如。换向器的工作表面应光洁，若表面粗糙或有烧焦现象时，则允许用00号细砂纸在电动机转动下研磨，若表面过于不平或椭圆度较大时，应进行车削加工，不允许用粗砂纸打磨，严禁用粗砂纸或金刚砂纸研磨。

电动机线绝缘电阻不小于0.5 MΩ，低于规定值时，应用汽油、甲苯或冷四氯化碳清除绝缘上的异物，并经烘干后再喷绝缘漆。

2. 同心度的校正

校正电动机与减速轴同心度的简易设备如图16—1所示。

为了使电梯电动机与减速器的轴形成一条直线，输出最大功率和减少振动、噪声，需要调整同心度，方法如下：

将电动机半联轴节固定在一个专用的支架上，转动电动机，使支架上的两个测量间隙针顶在制动轮的四周各点处。用塞尺测量，使测量指针间隙差不超过0.1 mm。若用外径千分尺代替测量针时，边转动、边测量、边调整。达到要求后再将电动机机座螺栓拧紧，并将联轴节的销子穿上拧紧。弹性连接，蜗杆与电动机轴的不同心度不超过0.1 mm；刚性连接，不同心度不大于0.02 mm。

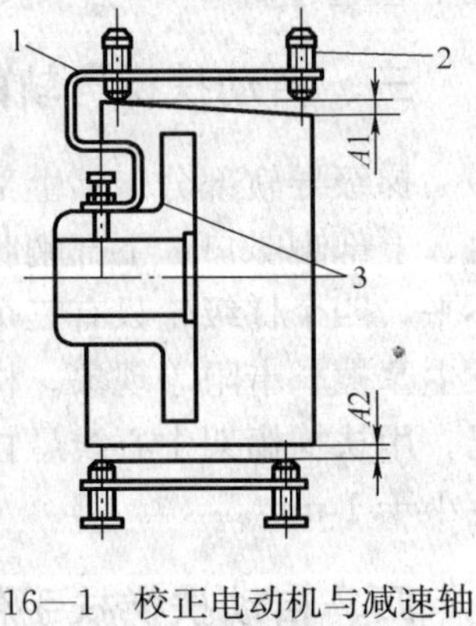

图16—1 校正电动机与减速轴同心度的简易设备

1—支架 2—测量针

3—半联轴节 A1，A2—间隙差

六、减速机的保养

（1）减速箱油面高度应保持在规定的油位线之内。

（2）减速箱油温不高于 85℃，轴头温升不高于 75℃，噪声不大于 80 dB。

（3）运行时平衡无异常振动，无异常声响，无积尘、油垢。

（4）蜗杆与电动机联轴器的同轴度允许误差：刚性连接为 0.02 mm，弹性连接为 0.1 mm，运行正常，电动机启动时无撞击声。

（5）蜗轮蜗杆的齿侧间隙、蜗轮轴向窜量、蜗杆轴向窜量、蜗杆径向跳动，应符合原设计要求，大修后的装配精度可略低于原安装精度，不得低于其 5%。对 BWL 型减速机大修组装后应达到以下标准要求：

1）蜗轮蜗杆的齿侧间隙应为 190～250 μm。

2）中心距为 200～300 mm 时，蜗轮轴向窜动量应在 20～40 mm，中心距大于 300 mm 时，蜗轮轴向窜动量应在 30～50 mm。

3）中心距为 100～300 mm 时，蜗杆轴向窜动量应在 0.1～0.15 mm，中心距大于 300 mm 时，蜗杆轴向窜动量应在 0.12～0.17 mm。

4）蜗杆径向跳动应不大于 30 μm。

（6）蜗轮蜗杆的啮合面、接触斑点应符合要求。

（7）减速箱所使用的油应符合本机种的要求，或按制造厂家规定使用的机油，箱体不允许漏油，盘根式轴头允许 3～5 min 漏一滴，并备有接油盒，接油盒的油不允许倒回减速箱继续使用。

（8）对新减速机，运行半年后更换一次新油，此后每年更换一次，对使用冬夏季机油的，应在初冬和开春时换油，对减速机蜗轮的支撑轴承，应每月挤加一次润滑油脂。

（9）减速机使用年久，齿的磨损增大，电动机换向时产生冲击，应及时调整中心距或更换蜗轮蜗杆。

六、制动器的保养

（1）制动器制动时应灵活可靠，抱合紧密，运行时两侧制动闸瓦与制动轮的间隙应不大于 0.7 mm（制造厂家有规定的除外）。交流双速电梯调整制动弹簧时要适度，以保证平层的准确度和舒适感。

（2）制动闸瓦应不偏磨，瓦与制动轮应保证中心接触，接触面不小于 70%。

（3）制动线圈接线应紧固，温升不超过 60℃，线圈的绝缘电阻不小于 0.5 MΩ。

（4）电磁铁心与铜套之间的润滑应使用石墨粉，一般每季度加一次，严禁使用机油或油脂润滑。

（5）电磁铁心之间气隙调整得越小拉力越大，但铁心之间不得相撞。

（6）制动闸瓦磨损超过原厚度 1/4 或铆钉露出时，应更换新瓦衬。

（7）制动器开关应灵活可靠，制动器各部分螺母应紧固，传动杆件每周加一次机油。

八、附加制动器（ABS）的调整

（1）确认杠杆部位是否为带＊处的尺寸（见图16—2），如不是，应松动a处的锁紧螺母，转动连接，调整其长度。

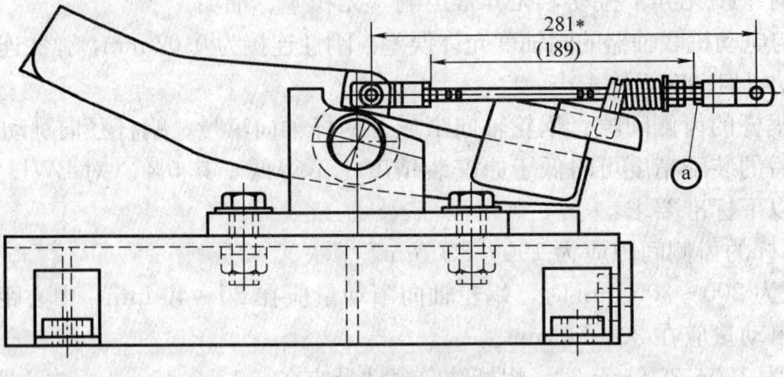

图16—2　附加制动器杠杆的确认

（2）确认线圈部位是否为带＊的尺寸，如图16—3所示，如不是，应松动b处的锁紧螺母，转动连接，调整其长度。

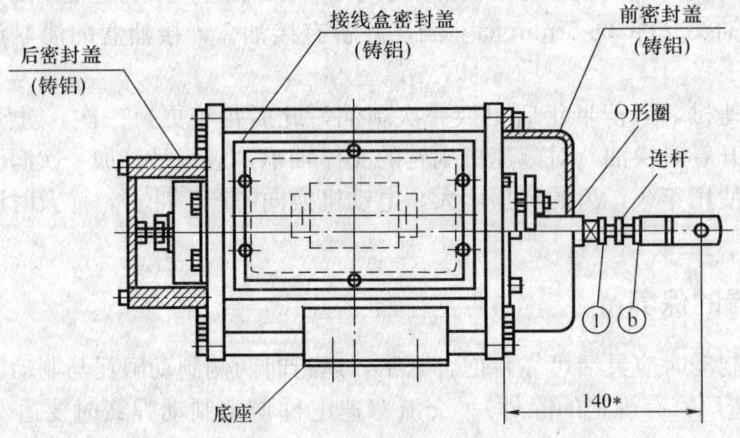

图16—3　附加制动器线圈的确认

九、梯级链的安装

1. 安装前的准备工作

（1）用柴油清洗导轨。

（2）松开梯级链张紧装置的弹簧至拉杆端部，将下部链轮推至前方。

（3）拆掉扶梯中间样线，做好装配前工作准备。

2. 梯级链连接

（1）从梯级包装箱中按每组号码顺序取出梯级链（每组5节前轮轴）。

（2）用专用工具拆卸连接部链扣。

（3）在连接台上按号码顺序连接梯级链。为使左右梯级链连接后的节距差最小，必须按号码顺序进行连接（轴上有白漆标记）。

（4）按梯级链的编号顺序在连接台上排好。

（5）将链扣从内侧插入，链扣板从外侧安装好（安装时绝对不要将链扣插入方向搞错，链扣板有文字一面向外）。

（6）插入开口销并分开至 60°～90°（要用专用开口销）。

（7）将连好的梯级链装到上部链轮上。

（8）用盘车装置转动主机，当梯级链完全挂在大链轮上并盘车至 A 处就拆除拉绳。

（9）在 B 处作最后连接。如图 16—4 所示。

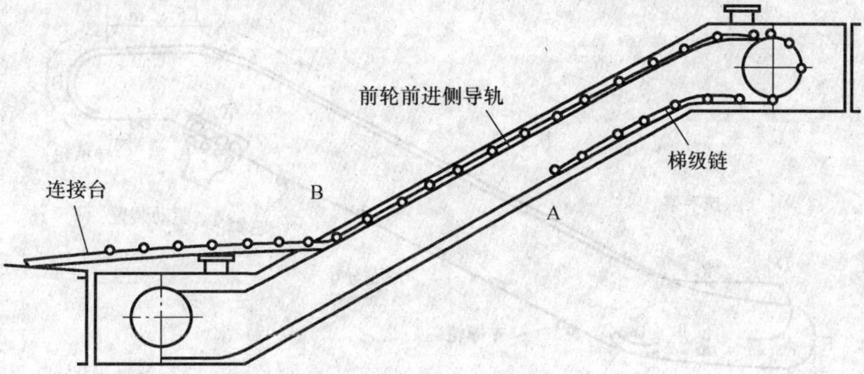

图 16—4　梯级链组装

（10）拉接好梯级链时，一定要在前轮轴根部的梯级链处装上拉绳（如果在前轮轴装上拉绳，就会因链的自重使前轮轴受力弯曲变形）。

（11）用绳索将两端轴扎紧，使连接处有一定余量。如图 16—5 所示。

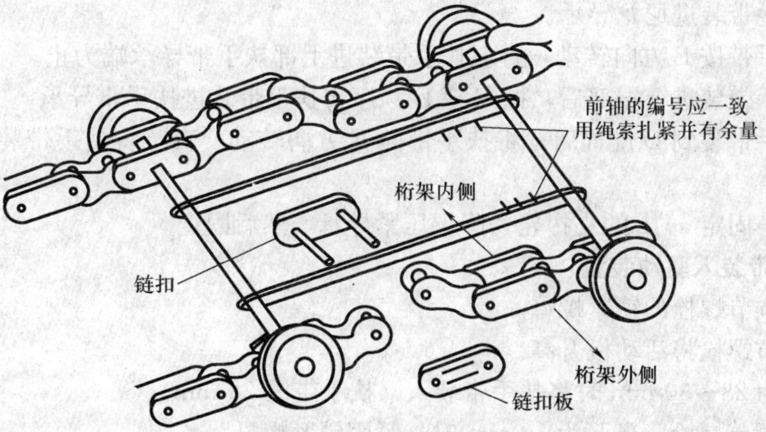

图 16—5　最后一节梯级链的连接方法

（12）从内侧插入链扣并装好。

（13）插入开口销，分开到60°～90°。

（14）连接完毕后拆掉拉绳。

十、扶手带的安装

扶手带是整根环状出厂的，安装前里外应清洁。

1. 扶手带安装顺序

（1）将扶手带驱动装置顶起，松开压紧导承的固定螺栓，并升到最上位置。同时拆下a、b的导承轮。

（2）如图16—6所示装上扶手带（在下端部不要装）。

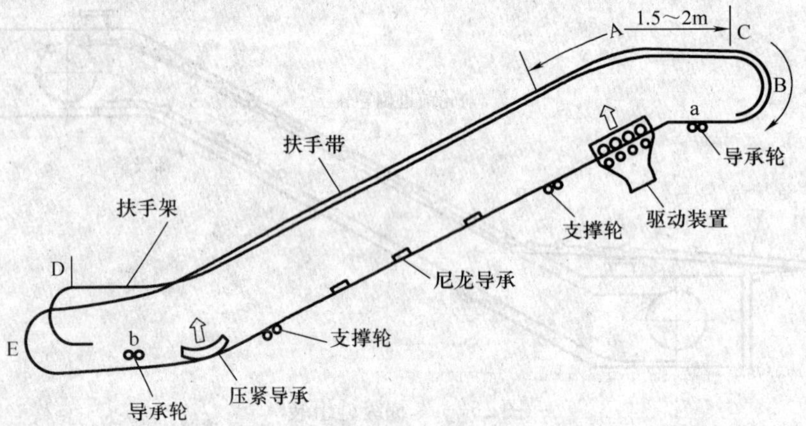

图16—6 扶手带的安装顺序

（3）将扶手带装进上A部范围的扶手带框架（1.5～2 m）。

（4）将扶手带装于扶手带驱动装置，然后降下驱动装置。

（5）将扶手带装进尼龙导承。

（6）将扶手带按B方向转动，直至扶手带装进上部扶手带导承端为止。

（7）将扶手带装进上端部后，按C至D顺序将扶手带装进扶手带导承。

（8）将扶手带装到D位置后，将扶手带向E方向转动，直至将扶手带装进下端部扶手带导承为止。

（9）安装、固定a、b的支撑轮，降下压紧导承，然后固定。

2. 把扶手带装入驱动装置

（1）松开调节螺栓的锁紧螺母。

（2）用调节螺栓将活动板升高。

（3）当a为28～30 mm时将扶手带装入（扶手带厚28 mm）。

（4）降低调节螺栓，当b为10 mm时，紧固锁紧螺母。

（5）将扶手带推入尼龙导承。

（6）在按压的状态下，将扶手带的另一边压入扶手带导轨内。

第二节　电梯测试技术

一、自动扶梯部件的测试

自动扶梯部件的测试应在专用的试验台架上进行。这些试验台架应能模拟实际工作状况，且能保证各项测量参数的精度。被测试的自动扶梯部件主要包括驱动机组、梯级、扶手带、护壁板、梳齿板、超速保护装置、桁架等。在整机组装前应首先测试各部件的几何参数和性能指标，判断其是否达到了设计要求。因为只有性能良好的部件用于整机的组装，才能得到性能优良的自动扶梯。

1. 驱动装置的性能测试

驱动装置（也称自动扶梯曳引机）一般主要由电动机、减速箱、制动器、传动链轮（或带轮）等组成。其在试验时的工作状况与电梯曳引机有所不同，主要的区别是自动扶梯的工作状态是连续运行的，而电梯则是间歇运行。驱动装置性能测试主要包括以下几个内容：

（1）运行试验

1）空载运行。驱动装置安装在试验台上，接通电源，然后正反转各连续运行 60 min。运行过程中，减速器应平稳、无异常声响。

2）负载运行。驱动装置在空载运行试验后，应进行负载试验。负载装置可以用磁粉加载器或其他耗能型负载器。负载量可以通过测定输入电动机功率或输出轴的扭矩来确定。试验时，采用分级加载跑台的方法，先加 50%的额定载荷，正、反方向各连续运行 30 min，然后再在额定载荷下正、反连续运行 60 min。运行试验过程中，应检查驱动装置的运行平稳性及有无异常声响，各连接件、紧固件有无松动现象，运行试验停机 1 h 后检查密封处、接合处的渗漏情况，如有渗漏油处，每小时渗漏出的油迹面积不得大于 150 cm^2。

（2）温升试验。温升试验可以和驱动装置的负载运行试验同时进行。试验时环境条件应尽量接近实际使用条件。测量时，将温度计浸没在油液中，每 5 min 测量一次，待油温稳定后，至少再连续运行 30 min，最后实测的稳定油温应不超过 85℃。

（3）运行噪声测试。驱动装置噪声测试方法类似于电梯曳引机噪声测试。测试时，在驱动装置前后、左右最外侧各 1 m 处，高度为 0.5 m 加上驱动装置 1/2 总高处取 4 点，在驱动装置正上方高 1 m 处取 1 个测点，共 5 个测点。测取驱动装置正、反运行过程中的最大噪声值。背景噪声影响按表 17—1 修正。如果 5 个测点的声压级差不超过 5 dB（A）时，则取其算术平均值作为评定值。

表 17—1　　**存在背景噪声时的修正值**　　dB

合成噪声与背景噪声之差	3	4～5	6～8	9～10	>10
修正值	3	2	1	0.5	0

（4）工作制动器。工作制动器应采用机电式制动器。制动器的打开应由持续通电来实

现。在制动电路断开后，制动器应立即制动，在制动过程中应无故意的延迟现象。试验时制动器控制回路应作多次通断试验，检查制动器的制动状态。必要时，应测定制动器的极限维持电压和释放电压。能用手打开的制动器，应检查用手的持续力能否使制动器保持松开的状态。

制动力的调整可在整机的制动距离测试过程中进行。

2. 梯级和踏步试验

梯级和踏步试验分静态和动态两类，整个试验应由指定的试验单位来完成。

（1）静态试验。该试验应在完整的梯级，包括滚轮（不转动）、通轴或短轴（如有的话）处在一个水平位置（水平支撑）以及梯级可适用的最大倾斜角度（倾斜支撑）情况下进行。

试验时，通过一块 200 mm×300 mm，厚度不小于 25 mm 的钢垫板的中心（使其 200 mm 一边与梯级前缘平行）施加一个 300 N 的力（包括垫板重量）。由梯级踏板表面所测得的最大挠度值应不超过 4 mm，且无永久变形（但沉陷允差是容许的）。

（2）动态试验。梯级水平放置。梯级在其可适用的最大倾斜角度（倾斜支撑）情况下，与滚轮（不转动）、通轴或短轴（如果有的话）一起进行试验。当试验频率为 5～20 Hz 时，载荷幅值为 500～3 000 N 的无干扰的谐振力波。此载荷也是垂直作用于梯级踏面中心一块 200 mm×300 mm，厚度至少为 25 mm 的钢板上。

梯级经过这样的脉动载荷循环 5×10^{6} 次数以后，不应出现裂纹，梯级踏面不应出现大于 4 mm 的永久变形。

在动态试验期间，如滚轮损坏，则允许更换。

3. 扶手带试验

（1）扶手带破断试验。扶手带的破断载荷不得小于 25 kN。试验时，取一段扶手胶带试样，一端固定，另一端均匀而缓慢地加载直至胶带断裂，记录下断裂前的最大承载力。

（2）扶手带表面受力试验。为了考察扶手带表面的承载能力，先将扶手带安装定位于与其实际工作状态相符的试验台上，或实际的自动扶梯上。然后用一个 900 N 的力（包括垫板质量）均匀施加于扶手带宽度表面居中位置的长 500 mm，厚度至少为 25 mm 的钢垫板上。试验位置分别在扶手带上、中、下三处。

试验后，扶手带表面应不产生永久变形或断裂，扶手装置的任何零部件不产生位移。

4. 围裙板与护壁板试验

围裙板应有足够的强度和刚度。对裙板的最不利部分是垂直施加一个 1 500 N 的力于 25 cm^2 的面积上。此时其凹陷值应不大于 4 mm，且不应产生永久变形。

试验时，在力传感器上加置一个圆形或方形的尼龙或橡胶块，其面积为 25 cm^2。然后用一栏杆机构或小型的千斤顶，缓慢地加力，直至 1 500 N 为止。此时，裙板的凹陷变形应不大于 4 mm，且在载荷卸除后检查其有否永久变形。

护壁板试验方法与裙板基本相同，但其加载力要比裙板小。在护壁板表面的任何部位的 25 cm^2 面积上垂直施加一个 500 N 的力时，不应出现大于 4 mm 以上的凹陷和永久变形。

5. 梳齿板试验

对于自动扶梯的梳齿板应有适当的强度和刚度，并设计成当有异物卡入时，其梳齿在变形情况下，仍能保持与梯级或踏步正常啮合或梳齿发生断裂。

试验时，一个 1 200 N 的垂直力（包括垫板重量）通过一块 300 mm×450 mm，厚度至少为 25 mm 的钢垫板中心，再作用于梳齿前沿板中心区域。在载荷作用后，梳齿前沿板底面与梯级之间不得发生碰擦现象。

6. 超速保护装置试验

当自动扶梯速度超过额定速度的 1.15 倍时，超速保护装置（速度控制器）应能切断自动扶梯或自动人行道的电源。

超速保护装置的试验方法类似于电梯用限速器动作速度的测定。对装于电动机轴端的离心式限速装置，必须在曳引机总装之前调整好离心块与安全开关之间的距离，并予以铅封固定。如果超速保护装置是非机械式的，则可在现场调整。

二、自动扶梯整机性能测试

1. 制动距离测定

使自动扶梯在空载及额定梯级载荷下向下运行，其制动距离应为 0.3～1.3 m。受载梯级的数量为提升高度除以最大可见高度。在试验时，允许由所求得的梯级数量的 2/3 承受总制动载荷。

制动距离的测定应从制动器失电抱闸瞬间开始一直到梯级停止为止。测试方法如下：

在扶手带旁边固定一个光电检测装置，该检测装置与自动扶梯的控制开关连接。在扶手带上装有一个卡环，当扶手带卡环运动到光电检测装置位置时，光电检测装置碰触卡环而动作，发出扶梯停车信号，相应扶梯的控制电路断开，扶梯制动开始，直到停止。最后用尺测量光电检测装置与卡环之间的距离，此距离即为自动扶梯的制动距离。

2. 桁架挠度的测试

自动扶梯桁架设计所依据的载荷是自动扶梯的自重加上 120 kg/梯级的乘客载荷。

对于轨道交通自动扶梯，根据乘客载荷计算或实测的最大挠度应不超过两支撑之间水平距离的 1/1 500。桁架的挠度可采用以下两种方法测定：

（1）用经纬仪测。这种方法的主要测试工具是经纬仪和钢皮尺。在桁架的下弦杆处选定若干点（这些点预估为最大挠度点），上悬挂钢皮尺，钢皮尺下面悬吊一定重物。在乘客载荷加上之前，将经纬仪调水平后，分别读取悬吊钢皮尺上的经纬仪所对应的零位读数。然后加上额定载荷，再读取经纬仪加载后零位所对应的数值。两次的读数差即为被测点的挠度值，其中的最大值即为挠度最大值。

（2）用钢丝弦测挠度。在加乘客载荷之前，在金属结构侧面的对角点上拉一条钢丝弦（钢丝直径一般为 0.5 mm 左右）。钢丝的一端固定，另一端通过一个滑轮悬吊一个 15 kg 的重物。用记号笔记下钢丝的初始位置。然后加上额定载荷，此时初始的钢丝绳记号下移，测取其中最大的挠度值作为判定值。

3. 噪声测试

自动扶梯空载运行时，在梯级、扶手带、上下出入口处的盖板上 1 m 处所测得的噪声值不得大于 65 dB。测量时，测试人员应根据仪器情况选择好正确挡位，手持噪声计离梯级及地板上方 1 m 处，分别测量上盖板、下盖板处，及随梯级运行全行程中的最大噪声值。最后注意对实测值进行背景噪声值影响的修正。

4. 振动测试

轨道交通自动扶梯在空载运行时，在梯级面上测得的垂直和水平振动加速度则要求不大于0.5 m/s^2。

为了获得自动扶梯振动的量值，就必须借助运动测量工具。目前业界认为较先进的振动测量工具是振动测试分析仪器。振动分析仪器是利用电压加速度传感器将振动信号转换为电信号，通过计算机微处理器和软件对振动信号进行分析和处理，得到被测电梯设备各种振动量的准确值。同时可连接计算机，通过专用振动分析软件对数据处理，得到各种图表，进而判断被测电梯设备的运行状态是否良好，故障的部位和幅度等。

测试时，把振动仪放置于梯级的中央，并随着自动扶梯上下运行测量各三次，将记录下来的振动时域信号曲线的最大峰值作为评定依据。

测量数据中的X、Y、Z分别表示自动扶梯三个不同的运行方向的振动数值，其中X、Y轴为水平方向，Z轴为垂直方向。通过对数据的分析及与国家标准进行比较，从而知道自动扶梯运行振动是否超标。

三、垂直电梯限速器、安全钳检测

电梯限速器测试仪是用于限速器检测的专用测量设备，主要由两部分构成：一部分为转速源，带动限速器以一定的加速度转动。另一部分为接收装置，捕捉限速器的动作速度，一旦发现超速将立即停止电动机的转动。

限速器、安全钳是电梯必不可少的安全装置，当电梯超速、运行失控或悬挂装置断裂时，限速器、安全钳装置迅速将电梯轿厢制动在导轨上，并保持静止状态，从而避免发生人员伤亡及设备损坏事故。限速器、安全钳在电梯生产过程中已进行形式试验，应能够满足性能要求，但是电梯的安全技术性能不仅取决于设计制造质量，很大程度上还取决于安装调试质量。特别是在用电梯经过一段时间的使用后，限速器、安全钳装置将会因磨损、锈蚀、疲劳等情况引起参数改变或功能减弱、丧失等。因此，电梯限速器、安全钳的现场检测就显得特别重要，这是电梯安全管理的重要环节。

1. 现场检测

现场检测内容主要以GB 7588—2003《电梯制造与安装安全规范》、GB10060—1993《电梯安装验收规范》、GB/T 10058—1997《电梯技术条件》为依据，参考国内外一些电梯制造厂家的检验报告、规定。

限速器的现场检测涉及电梯机房、井道、轿顶及底坑，有些部件的检测需要在电梯运行时进行。

资料审核必须查阅限速器合格证以及限速器安全钳系统的规格、型号及主要参数，如电梯的额定速度、动作速度等。

限速器、安全钳装置的检测至少应保证有2名以上持证电梯操作维修人员和检验人员进行。程序中的综合判测是指在电梯空载运行，检测者通过对受检部件的运行声响、运行方向、机械振动、安装位置、封记等的观测，判断是否存在异常现象。限速器判测在机房内进行；安全钳判测应在轿顶上进行；张绳装置判测在底坑内观测。检测中，若出现异常现象应中止检测。

2. 限速器检测

限速器常见的类型有抛块式和抛球式两种，这两种类型的主要安全技术标准一致，检测方法相近。

限速器的动作速度测定应在电梯检修期间拆下限速器交由电梯法定检验部门在专门的试验台上进行。一般情况下，法定检验部门具有现场检测能力，可以完成0.4～10 m/s动作速度的各种限速器的检测。下面介绍应用XC-3型电梯限速器测试仪现场检测程序。

(1) 将限速器绳轮上的钢丝绳卸下悬挂在柔性衬架上。

(2) 测量出限速器绳轮中心线周长（绳槽工作线）。

(3) 取出检测仪驱动电动机支架调整固定，使电动机轴上的橡胶块紧紧地靠在绳轮凹槽里或边缘上。

(4) 将检测磁钢贴在限速器绳轮上，把霍尔传感头对准小磁钢，其距离应小于等于8 mm。

(5) 把限速器超速电触点开关连接线连接到主板的机械触点上。

(6) 接通仪器电源，预置周长数、初速数、轮号数。

(7) 启动检测仪。

当限速器动作时，XC-3型限速器检测仪能自动捕捉到限速器的动作瞬间并将显示冻结，自动打印出动作速度及其他所需参数。

3. 自锁性能检测

(1) 凸轮式限速器。这种限速器因无可靠的夹绳装置，故钢丝绳的自锁是靠限速器绳轮与钢丝绳之间的摩擦力来实现的，调节张绳装置的配重块可以改变摩擦力的大小。在动作时，钢丝绳在绳轮上不产生过大的位移，确保安全钳动作时所需的拉力。目前这种限速器仅在少数额定速度0.50 m/s左右的老式低速电梯上使用。

(2) 刚性夹持式限速器。这里主要介绍使用较多的抛块式限速器，其钢丝绳的自锁是在偏心叉动作后，由于偏心叉夹绳钳作用在钢丝绳上产生压紧力，进而产生钢丝绳与绳轮的摩擦力而有效夹持钢丝绳。夹绳钳的有效夹持取决于夹绳钳的压绳点至绳轮连接与偏心叉中心线的夹角、夹绳钳的弹性力等因素。这些因素在限速器设计、制造中已考虑，故对于钢丝绳的自锁性能的检测，仅需人为拨动偏心叉，使夹绳钳可靠接触钢丝绳后，观测到偏心叉中心线与绳轮水平直径间有一定夹角即可。

(3) 弹性夹持式限速器。绳钳夹持钢丝绳后自锁的条件是使钳块自重所产生的楔入力矩大于钢丝绳弹性变形所产生的反力矩。限速器出厂时已对绳钳弹簧块作了调整并铅封，绳钳块质量在电梯运行时不会发生变化，故检测时采用定性试验即可。人为拨动绳钳拉钩，绳钳应在自重作用下楔入钢丝绳，且能随钢丝绳的运动作同步偏转，将钢丝绳夹持自锁。钢性夹持式、抛球式也可用这种方法检测。

4. 张绳装置检测

(1) 用手提动时，张绳装置应能在导向槽内上下滑动；固定支架应连接可靠；滑轮应灵活转动。

(2) 用100 kg的弹簧秤称量（在导向槽内即可）张绳装置，其质量应大于30 kg。

(3) 用1 000 mm直尺测量张绳装置底部距底坑地面高度（指装置能完全坠落时的行程）。

(4) 断绳开关位应保证在张绳器下移或坠落时动作，人为动作后电梯应不能启动运行。

5. 安全钳检测

(1) 连杆机构检测。用 100 kg 的弹簧秤拉动连杆拉臂，在 300 N 提拉力作用下，整个机构动作灵活，轿厢两侧拉杆应能同步移动，安全钳联动开关也能同时动作。松开拉臂后，机构应能迅速回复，但联动开关不应复位。同时机构拉臂与钢丝绳连接应可靠。

(2) 楔块及钳座检测。在底坑观察时，随着连杆机构运动，楔块应能在钳座内灵活滑动。正常情况下，楔块与导轨两工作侧面间隙应均匀，且应在 2～3 mm 内（用塞块测量，滑移式安全钳不作此项检测）。

第三节　电梯导轨校轨仪的使用

自电梯诞生以来，电梯导轨安装的扭曲度一直是困扰工作人员的一道难题，传统工艺用找道尺解决导轨扭曲度和轨距测量的问题。但使用找道尺很难保证电梯主导轨的共面性，精度一般是 0.2 mm；而且操作不便，至少需要 2 人协作。结果导致工效低、质量差、精度低等问题。激光校轨仪利用激光技术，提供一条高精度的基准线，并用这条基准线解决扭曲度测量和轨距测量的问题，同时，能够精确地检测电梯导轨的安装质量。

激光校轨仪作为新型工具，完全可以替代传统的找道尺，在无脚手架安装时也可便利操作。其质量轻、体积小、携带方便、精度高，尤其是在检测安装后的导轨扭曲度方面，精度可达到 0.02 mm。

一、主导轨侧工作面共面性（扭曲度）的测量

共面性是指两根相对的导轨同侧工作面在一条直线上。激光校轨仪提供一条高精度的基准线，其以对面导轨作为基准，将扭曲度放大若干倍再去读数，精度非常高，能达到 0.02 mm。使用时将磁铁定位面吸附在被测导轨的侧工作面上，调整水泡，打开电源开关，使激光束射向对面导轨，调整对面导轨的磁力尺，使激光束打在尺面上，尺面的读数即是导轨的扭曲度。若电梯左右导轨的读数都为 0，即表示无扭曲，调整正确。如图 17—1 所示。

说明：测量一个导轨的扭曲度，是以对面导轨的侧工作面为基准。虽然对面导轨的不垂直度会影响测量的精度，但由于影响很小，故一般情况下可以忽略。

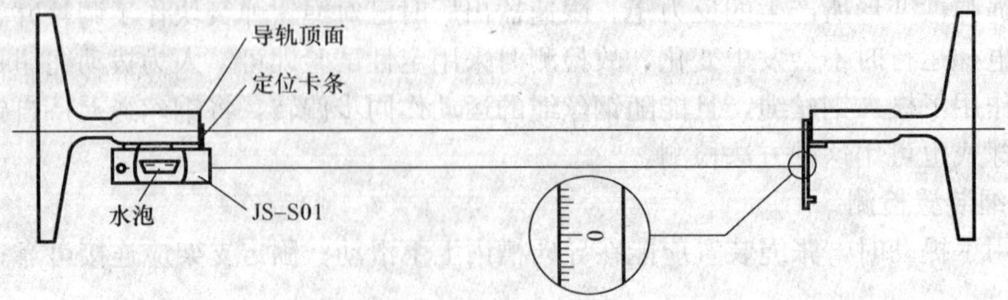

图 17—1　导轨工作面的测量

二、两导轨间距的测量方法

轨距测量时，将仪器吸附在导轨侧工作面上，用长水泡找准，使激光束为水平状态。将普通卷尺头挂在磁头上，在与激光线平行的方向上测量两导轨的间距。

第十七章

故障处理与电子板维修

第一节 故障处理

一、扶手带与梯级运行速度不同步的故障

1. 故障现象

（1）扶手带因材质原因，或表面摩擦生热而造成的伸长。

（2）摩擦轮轮毂磨损，造成速度误差。

（3）压带（多楔带）、压带轮和托辊磨损，松弛。

2. 故障原因

（1）扶手带张紧力太大；扶手带的伸长量已超过了许可值；在导轨回路，各扶手导轨接头连接状况不是最好，造成扶手带生热。

（2）摩擦轮轮毂的磨损量已超过了许可值。

（3）压带的张紧力不足或过大，造成磨损过量，或中间驱动的扶手带压带装置的托辊与压带轮磨损严重而造成。

3. 排除方法

（1）检查并调整扶手带的张紧度；若是扶手带的伸长量已超过了许可值，或扶手带的材质有问题则需更换；检查并调整导轨的回路状况，检查和修正扶手带在各导轨接头处的连接状况，以免扶手带擦碰生热。驱动齿条，则检查上下两压簧压缩长度是否一致（压轮直径是否一致）。

（2）更换和修正摩擦轮轮毂的外圆大小，使其一致，并确保在一定的速比范围内；如果超出速比范围，则予以更换。

（3）检查和调整压带（多楔带）的张紧度；若多楔带磨损过量，则予以更换。

二、梯级运行转向时产生冲击故障

1. 故障现象

（1）梯级向上或向下运行时，在转向时有规律性的冲击碰撞声。

（2）梯级踏板在向下运行转向时擦碰前沿板。

（3）梯级向上运行转向时上侧板切向导轨抖动。

（4）梯级由下（下主导轨）向上运行时，产生冲撞声。

2. 故障原因

（1）梯级向上或向下运行时，在转向时有规律性的冲击碰撞声的原因为：侧板左右主导轨和副导轨与梯路中心不垂直（高低或跷曲），左右转向壁安装位置不在同一个水平平面上（即高低、前后差异），左右副轮转动角速度不一致，左右主轨与压轨开挡间隙不匀。

（2）转向时擦碰前沿板的原因为：梯级踏板平面与前沿板低的平面开挡间隙未调整好，或前沿板托板导轨固定位置走动，致使踏板下沉。

（3）向上运行转向时上侧板切向导轨抖动的原因为：主驱动梯级链轮轴线与侧板高低开挡尺寸或大或小，致使链滚轮经过切向导轨时产生抖动，由此产生梯级转向时的冲撞声。

（4）由于进入向上的拉力，其主返轨与主轨的间隙太大或左右开挡间隙不匀，或左右圆弧主轨与主返轨的法线位置有差异，产生瞬间距离和速度不匀，由此产生冲撞。

3. 排除方法

（1）检查和调整侧板左右主导轨和副导轨，使其与梯路中心垂直（要重新剖开导轨焊接接头，予以调整后重新焊接）；单个检查转向壁的尺寸精度和形位精度，安装检查位置精度（在同一个水平平面和垂直平面上），使左右副轮转动角速度一致；检查并校正左右主轨与压轨开挡间隙的一致性。

（2）检查与调整梯级踏板平面与前沿板底平面开挡尺寸（在装配时严格按照工艺和工艺孔定位），检查和调整转向壁的装配精度，以避免产生梯级转向时的冲撞。

（3）检查和调整主返轨与主轨的开挡间隙，确保左右圆弧主轨与主返轨的法线位置一致，使瞬间距离和速度一致，避免产生冲撞。

三、制动距离太小或太大

1. 故障现象

当将运行的自动扶梯或自动人行道停止运行的瞬间，因梯级（或踏板）的惯性，其制动距离太小或太大。当产生故障时，将运行中的设备立即制动，如制动距离太小，即惯性大，易造成人员损伤；制动距离太大，即惯性较小，易造成机件损坏。

2. 故障原因

检查空载或负载下行的制动距离，当额定速度为 0.65 m/s 时，其制动距离为 0.3～1.3 m。当将运行的自动扶梯或自动人行道停止运行的瞬间，制动距离太大或太小，即是曳引机制动装置的制动带（刹车带）与制动盘的间隙有问题，调整压紧弹簧力，开车试验并调整制动带间隙和弹簧压力，然后检测制动距离是否合格。

第二节 电子板件维修

在电梯各种电子板中，在正常使用的情况下，核心元件损坏的几率较小。因为处理器、EPROM、RAM、晶振等都是在 5 V 或更低电压条件工作，纯属开关量信号。出现故障一般在 I/O 接口部分和电源部分。

在电梯维修前，一定要详细询问故障现象，了解清楚相关接口的作用，这样能缩短判断故障所需的时间。电子板维修一定要心细，在未明白信号作用的情况下，不得短接信号，避免故障进一步扩大。

在电子板维修中，一般按以下方法操作：

首先检查电子板是否开始基本的初始化操作。判断主板是否初始化操作最简单的方法就是检查输出继电器是否吸合、LED 显示是否正常、有无报错声响等。如果有报警声、有数字或字符显示，基本可判断核心处理模块正常。如果不正常，接着检查主板外部输入电压、电流是否正常；在确认电源正常后，可依次检查 CPU 的电压是否正常（一般为 5 V）、复位电路是否正常、振荡电路是否正常。

一般来说，由复位电路保护引起的故障较多。复位电路保护一般是由于核心电压偏低引起看门狗电路间歇性动作或保持动作。值得注意的是，核心电压是指输入电源经过整流电路、稳压电路、滤波电路、电源监控电路后 CPU 等核心模块直接使用的电压，并非外部输入电压，且要求精度比较高。CPU 等电路一般不得低于 4.6 V，看门狗不能低于 5 V。

一、输入信号后无反应

首先确认电源是否正常，确定 CPU 是否正常工作。遇到这种故障一般检查输入电路接口部分，检查保护二极管、限流电阻是否被击穿，光耦、隔离变压器是否正常。有光耦的电路中，锁存电路基本上不会损坏。所以可以以光电耦合器为分界线，判断故障出现在光耦前端或后端。

方法：可直接在光耦输入端输入相应的电压，让光耦动作，检查电子板是否有相应的反应，如果有反应，可判断为光耦以前的电路有问题。如果没有相应的反应，可用一个 5 V 电压接上一个 470 Ω 的电阻后直接输入到光耦的输出端，再检查电子板是否有相应的反应。

二、无输出信号

首先确认电源是否正常，确定 CPU 是否正常工作，检查相对应的输入信号是否正常。在以上都确认正常后，再依次检查输出接口的功率放大接口电路、功率元件驱动电路、信号隔离电路（光耦或变压器）、信号锁存电路。

三、通信不正常的维修

CAN总线从原理上来说，一个通信节点出错不会影响整个通信网络，但实际应用中，由于程序设计加上硬件设计上的原因，一个节点出错会导致整个通信不正常，出现不能正常呼梯、显示、开关门等奇怪的现象。可尝试采取停电后再送电的办法恢复电梯运行，但具体原因有待深入查找。

第十八章

设备节能及新技术应用

第一节　设备节能分析

轨道交通自动扶梯空载运行时间较长，这样不仅浪费了大量的电能，也增加了扶梯的损耗，长期采用这种运行方式既不合理也不经济。因此，轨道交通自动扶梯的运行应根据运营的特点，采用相应的节能运行方式，以确保自动扶梯的运行更加经济合理。

当今自动扶梯的控制系统已开始采用微机控制，实际应用在扶梯节能控制上的主要有以下三种方式。

一、自动运行方式

在扶梯上下口处安装传感器（传感器可用光电、压力等多种形式），一旦传感器检测到有乘客进入扶梯（距梳齿板 1.3 m 左右），扶梯开始启动运行，如乘客继续进入扶梯，扶梯将一直以额定速度正常运行。如在预先设定的时间内没再检测到有乘客进入扶梯或扶梯出口侧传感器检测到最后一个乘客离开扶梯后，在预先设定的时间内也没有检测到有乘客进入扶梯，则扶梯将自动停梯。待有乘客进入扶梯时，扶梯再投入运行。

二、Y—△运行方式

利用扶梯 Y—△启动装置，在扶梯投入运行后，当扶梯处于空载或轻载时，控制系统将驱动电动机从△联结运行自动切换到 Y 联结运行来节约能耗。当扶梯负载增加后，扶梯再自动转成△联结运行。

三、变频运行方式（VVVF 方式）

自动扶梯驱动控制系统通过变频器来实现额定速度与节能速度的互相转换。即扶梯设备的正常额定速度为 0.65 m/s，如果感应装置检测出持续一段时间没有乘客使用扶梯，则自动改变电动机的供电频率使扶梯降为 0.13 m/s 的爬行速度，当有乘客重新走近扶梯时，爬行速度又会平稳地上升到 0.65 m/s。

上述三种节能运行方式的比较如下：

(1) 自动运行方式节能效果突出，控制方式简单可靠，但会造成扶梯频繁启停，严重影响扶梯使用寿命。

(2) Y—△运行方式有节能效果（理论上可节电 30%左右），但扶梯启动后，一直以额定速度连续运行，增加了扶梯的耗损。

(3) VVVF 运行方式节电效果明显（理论上可节电 60%左右，尖峰电流比无变频器扶梯减小 80%左右）。

由于变频运行方式与自动运行方式相比没有频繁启动问题，扶梯磨损小，并且爬行速度运行时可提示乘客乘梯方向，增加了乘梯安全性。因此更适合应用于城市轨道交通上。

第二节 设备新技术应用

一、自动扶梯

1. 将会普遍采用内置驱动方式

驱动装置是整个自动扶梯的动力源泉，其性能的好坏直接影响了整台设备的运行效果。目前按布置方式分主要有两种，即外置驱动和内置驱动。外置驱动是指驱动部分安装在梯路外侧，通过链条将减速机输出轴同主传动轴连接起来，从而带动整个梯路运转。外置驱动主要由电动机、减速机、制动装置三大部分组成，这是目前普遍采用的驱动方式，各类厂家使用的减速机有所不同，有蜗轮蜗杆的、有斜齿轮的，这些减速机除了效率略有不同外，在结构、原理方面大致相似。

内置驱动是指驱动部分安装在梯路内。目前通力扶梯采用的就是内置式驱动装置，由于其安装在梯路内，且外形尺寸小，因此节约的空间相当可观。该驱动装置采用高精度传动减速箱、行星齿轮传动和碟式制动器，在最小尺寸下采用的高速电动机的转速为 1 000～1 500 r/m，传动效率可以高达 96%左右。

由于内置驱动节省空间多，传动效率高，而且不存在传动链断裂的风险，安全性大大提高，因此是自动扶梯未来的发展趋势。

2. 控制技术将更加智能化

自动扶梯的控制系统大致经历了如下 3 个历史阶段：继电器＋驱动装置、PLC＋驱动装置、计算机＋驱动装置。其中继电器＋驱动装置的特点是系统复杂，故障率高，在 20 世纪 80 年代以前普遍使用，但随着集成电路的迅速发展，已退出历史舞台。PLC＋驱动装置的特点是简单、可靠、成本低，缺点是保密性差，功能简单，在国外基本已经淘汰，在中国仍被多数小型企业使用，但随着国内微机板技术的成熟和成本下降，终将被淘汰。计算机＋驱动装置的特点是功能丰富，性能良好，但成本偏高，调试复杂，这是目前中型以上电梯企业所采取的主流配置。

随着控制驱动一体化技术的不断发展，变频扶梯已得到广泛应用，其特点是性价比高、功能丰富、性能卓越、调试简单、可靠性高。自动扶梯从其诞生之日起到现在，无论在外观上还是性能上都取得了明显的改进，随着科学技术的突飞猛进，自动扶梯的升级换代将不断地进行下去。

二、无机房电梯的应用

无机房电梯在液压电梯优点的基础上，采用曳引驱动系统取代液压传动系统，因此在结构、性能、节能等方面均优于液压电梯。

无机房电梯与有机房（普通）电梯相比，具有更节省土建空间、节能环保的特点。因此，更适合安装于城市轨道交通。2000年国内研发的第一台永磁同步曳引机在西子奥的斯电梯公司试验成功，并于2001年在我国率先推出了采用无齿轮永磁同步曳引机驱动的OH5000型电梯系列，引领了电梯驱动系统的新潮流，为电梯节能作出了贡献。无齿轮永磁同步曳引机驱动系统如图19—1所示，有如下突出优点：

图19—1　无齿轮永磁同步曳引机驱动系统

1. 高效节能、驱动系统动态性能好

采用多极低速直接驱动的永磁同步曳引机，无需庞大的机械传动且效率仅为70%左右的蜗轮、蜗杆减速齿轮箱；与感应电动机相比，无须从电网汲取无功电流，因而功率因数高；因没有励磁绕组没有激磁损耗，故发热小，无须风扇且效率高；采用磁场定向矢量变换控制，具有和直流电动机一样优良的转矩控制特性，启动、制动电流明显低于感应电动机，所需电动机功率和变频器容量都会减小。

2. 运行平稳、噪声低

低速直接驱动，故轴承噪声低，无风扇、无蜗轮蜗杆噪声。噪声一般可低5～10 dB，减小对环境噪声污染。

3. 节省建筑空间

无庞大减速齿轮箱、无励磁绕组、采用高性能永磁材料，故电动机体积小，质量轻，可缩小机房或无须机房。

4. 使用寿命长、安全可靠

电动机无须电刷和集电环，故使用寿命长，且无齿轮箱的油气，对环境污染少。

5. 运行维护费用少

无电刷、无减速箱，维护简单。

三、传统悬挂媒介和驱动方式的革新

目前电梯的一些传统的悬挂媒介和驱动方式正受到挑战。圆形钢丝绳作为悬挂媒介是标准方式，但目前国外已经出现扁平钢丝芯带、非金属绳以及扁平钢丝绳作为悬挂媒介。这不但可以减小高层建筑中悬挂媒介自重需要的曳引机输出功率，而且可以减小曳引轮直径，意味着在同样梯速下可以提高电动机的转速，从而减小所需电动机转矩，减小电动机体积、质量和成本。

日本东芝正在研制的磁悬浮电梯是传统驱动方式的革命，其无须垂直轨道牵引升降，从而除去传统的钢缆、钢丝导轨、配重、限速器、导向轮、配重轮等复杂的机械设备。该磁悬浮电梯的主机为直线电动机，转子为装在轿厢内的磁铁，定子为装在导轨上的铁心和线圈，在轿厢移动时，通过定子、转子间磁力的相互作用综合调整，使轿厢与导轨无接触。由于不存在摩擦，磁悬浮电梯运行时安静舒适，还可达到传统驱动电梯无法达到的梯速，并且还可利用电磁导轨切割磁场的形式来回收轿厢动能及势能，获得节能效果。

技师理论知识考核模拟试题

一、填空题（将正确答案填在空格内，每空格1分，共20分）

1. 液压传动是以_____________为工作介质，利用______________来传递动力和运动。

2. 货梯使用的曳引钢丝绳需大于等于______根。

3. 数字信号是指物理量的变化在时间上和__________上都是不连续（或称为离散）的。

4. 曳引轮上的绳槽形状有____________、____________、____________。

5. 安全钳由______________________和钳块组成，安装在轿厢架的______________上。

6. 扶手带驱动方式，常见的有三种：_________、_________和__________。

7. 按逻辑判定功能的实现方式，电梯的控制系统分为___________________控制系统、______________控制系统、______________控制系统和单片机控制系统。

8. 平层装置由轿厢上的__________和每层导轨支架上的________组成。

9. 机械制动装置由______________和______________组成。

10. 摩擦轮驱动是依靠驱动滑轮与扶手胶带的____________来提供动力，而要形成足够的摩擦力，必须借助张紧装置使扶手胶带保持一定的张力。

二、单项选择题（下列每题的选项中，只有1个是正确的，请将其代号填在横线空白处。每小题1分，共40分）

1. 开关门过程中的噪声测定，以其过程的______作为评定依据。

A. 最大值　　B. 最小值　　C. 平均值　　D. 有效值

2. 电梯平衡系数规范要求为______。

A. 40%～50%　　B. 50%　　C. 45%～55%　　D. 45%～50%

3. 导靴衬与导轨的衬压力太大时，使导靴失去______导致运行时产生晃动。

A. 减振作用　　B. 吸能作用　　C. 弹性作用　　D. 导向作用

4. 当上行扶梯驱动链断裂，可以将扶梯制动的主要部件是______。

A. 主制动器　　B. 辅助制动器　　C. 断链安全开关　　D. 急停开关

5. 交—直—交变频器又称______。

A. 循环变频器　　B. 间接变频器　　C. 电压型变频器　　D. 电流型变频器

6. 在设备找正过程中，调整水平和调整标高都要利用垫铁进行调整，因此应______。

A. 先调整水平再调整标高　　B. 先调整标高再调整水平

C. 调整标高和水平后再找中心　　D. 同时进行

7. 调整电梯平衡系数时，对重块放多少，应根据______来确定。

A. 轿厢的自重　　B. 电梯的额定速度

C. 电梯的额定载质量　　D. 电梯轿厢自重和额定载质量

8. PWM逆变器调压，是把逆变器输出的矩形波电压变成一系列宽度可调的脉冲列，通过改变脉冲列中脉冲的______实现调压。

A. 幅度　　B. 宽度　　C. 个数　　D. 频率

9. 电梯的接地和电气设备的绝缘电阻应______检查一次。

A. 每月 B. 每季 C. 每年 D. 每两年

10. 当自动扶梯的倾斜角为35°时且提升高度不超时6 m时，速度不大于______m/s。

A. 0.9 B. 0.75 C. 0.65 D. 0.5

11. PLC控制电梯时，将各种指令信号作为______信号。

A. 输入 B. 输出 C. 停止 D. 安全

12. 关门行程1/3后，阻止关门的力不超过______N。

A. 150 B. 130 C. 100 D. 160

13. 承重梁安装时，埋入墙壁深度必须超过墙厚中心______mm。

A. 10 B. 15 C. 20 D. 30

14. 井道应有永久照明，在井道最高点和最低点______m各设一盏灯。

A. 0.5 B. 0.7 C. 5 D. 1

15. 液压电梯防爆阀的作用是______轿厢下滑。

A. 防止油缸爆裂 B. 防止油管爆裂

C. 防止单向阀爆裂 D. 防止溢流阀爆裂

16. 扶梯运行中当防逆转开关动作时______动作。

A. 主制动器 B. 辅助制动器

C. 主制动器和辅助制动器 D. 限速器

17. 液压电梯的运行速度的调节是通过______来进行调节。

A. 爆破阀 B. 单向阀 C. 比例阀

18. 限速器动作时，限速器绳的最大张力应不小于安全钳提拉力的______倍。

A. 1.5 B. 2 C. 3 D. 2.5

19. 计算机和PLC控制电梯的自动定向原理是______。

A. 比较原理 B. 屏蔽原理 C. 或逻辑原理 D. 三者都不对

20. VVVF电梯采用______方式对曳引电动机进行调速控制。

A. 直流调速 B. 交流高压 C. 变频变压 D. 变压

21. 门锁锁钩的啮合深度应达到或超过______mm时，电气触点才能接通。

A. 5 B. 6 C. 7 D. 10

22. 当发现多根曳引绳中某一根断股时，可以______。

A. 不作任何处理 B. 全部更换钢丝绳

C. 局部更换钢丝绳 D. 拆除继续运行

23. 蓄能型缓冲器的缓冲距离为____mm。

A. 150～300 B. 200～350 C. 150～400

24. 电梯限速器动作时，其电气联锁装置应该为______。

A. 动作并能自动复位 B. 动作且不能自动复位

C. 不动作 D. 动作

25. 当电梯轿厢不在本层，开启的层门在力消失后应______。

A. 自动打开 B. 保持在原来

C. 有外呼信号关闭　　　　　　D. 自行关闭

26. 电气控制线路原理图中，触头的位置是处于______。

A. 通电状态　　B. 未通电状态　　C. 根据情况确定状态

27. 对于轨道交通自动扶梯，根据乘客载荷计算或实测的最大挠度应不超过两支撑之间水平距离的______。

A. 1/1 500　　B. 1/1 000　　C. 1/2 000　　D. 1/750

28. 在试验时，允许由所求得的梯级数量的______承受总制动载荷。

A. 2/3　　B. 1/3　　C. 3/4　　D. 1/2

29.《特种设备安全监察条例》中，电梯包括______。

A. 扶梯　　　　　　B. 乘客电梯和载货电梯

C. 自动人行道　　　　D. 以上都是

30. 电梯维修人员在进行维护修理前，应在轿厢内或入口的明显处挂上______标牌。

A. 禁止合闸　　B. 检修停用　　C. 注意安全　　D. 保养正常使用

31. 将交流电变换为脉动直流电的过程称为______，进行整流的设备称为整流器。

A. 整流　　B. 逆变　　C. 变频　　D. 脉冲

32. 模拟信号是指物理量的变化在时间上和______上都是连续的。

A. 长度　　B. 高度　　C. 宽度　　D. 幅度

33. 整机噪声的测量是在盖好机房盖板的状态下，距上部梳齿板 1 m 处进行，要求应在______ dB。

A. 40　　B. 50　　C. 60　　D. 70

34. 直流电梯的调速方法，可分别通过对______进行。

A. 电压、电流、限流电阻　　B. 电压、限流电阻、磁通量

C. 电压、电流、磁通量　　　D. 电流、限流电阻、磁通量

35. 轴承与轴的配合，一般采用______。

A. 过渡配合　　B. 动配合　　C. 静配合　　D. 以上三种均可

36. 数字电路是在时间和数值上都不连续变化的______信号，在数字电路中用高、低电平表示。

A. 离散　　B. 脉冲　　C. 光电　　D. 模拟

37. 电梯运行时振动加速度是指其__________。

A. 最大值的单峰值　　B. 最大值的双峰值

C. 平均值的单峰值　　D. 平均值的双峰值

38. 设备安装初平是指对设备__________。

A. 找正中心　　B. 找正水平和标高

C. 找正水平　　D. 找正中心和标高

39. 导轨侧工作面与安装基测线的偏差在整个高度内不应超过______mm。

A. 0. 7　　B. 1　　C. 2　　D. 2. 5

40. VVVF 电梯的层站召唤和轿厢内指令信号采用______方式传输。

A. 串行传送　　B. 并行传送　　C. 群控传送　　D. 集选传送

三、简答题（每小题8分，共24分）

1. 自动扶梯蛇形运行，相邻两梯级踏面防滑条不在同一直线。简述原因及处理方法。
2. 曳引绳张力不平衡，电梯运行有何现象？应如何处理？
3. 请分析“电梯启动和运行速度有明显降低”的原因。

四、问答题（16分）

请按下表完成验收时检测项目所要求的“检测内容与要求”及“测量工具”。

检测项目	检测内容与要求	测量工具
上限位开关		
上极限开关		
下极限开关		
耗能型缓冲器复位		
运行试验		
超载试验		
超载保护		
平层准确度		
运行噪声		
振动		
集选一般操作		
再平层		
层、轿门门扇门套地坎门刀间隙		

技师技能操作考核模拟试题

1. “电梯停靠在中间层站，电梯门能自动关好，但门关好电梯不能启动上行”故障排除。
2. “自动扶梯启动运行后，立即又停梯”故障排除。

技师理论知识考核模拟试题答案

一、填空题

1. 液体　液体压力　2. 2　3. 数值（幅度）　4. 半圆形　楔形　带缺口半圆形　5. 连杆系统　上下底梁　6. 压滚驱动　摩擦轮驱动　端部轮驱动　7. 继电器—接触器　半导体逻辑　PLC　8. 干簧管感应器　遮磁板（或光电开关　遮光板）　9. 制动电磁铁　闸瓦制动器　10. 摩擦力

二、单项选择题

1. A　2. A　3. A　4. C　5. B　6. D　7. D　8. B　9. C　10. D　11. A　12. A
13. C　14. A　15. B　16. C　17. C　18. B　19. A　20. C　21. C　22. B　23. B　24. B
25. D　26. B　27. A　28. A　29. D　30. B　31. A　32. D　33. C　34. B　35. A　36. A
37. A　38. A　39. B　40. A

三、简答题

1. 答：原因分析：

(1) 梯级链张紧力左右不一致。(1 分)

(2) 检查主机轴承温度，若过高，可能轴承损坏。(2 分)

处理方法：

(1) 按调整工艺要求，收紧或放松张力弹簧，使两边梯级链张力一致。(1 分)

(2) 更换主轴轴承，步骤如下：

1) 断开驱动链、梯级链及扶手带驱动链。(1 分)

2) 拆除附加制动器装置。(1 分)

3) 确认吊装主轴轴承的空间，若不够，需要先将主机座吊装出来，再更换主轴轴承。(2 分)

2. 答：

(1) 现象：曳引绳张力不平衡，电梯运行时从机房观察可发现曳引绳有颤动现象，从而引起轿厢的颤动和抖动。(3 分)

(2) 处理方法：对张力较小的曳引绳应通过拧紧绳头弹簧拉杆的双螺母来调整其拉力，当钢丝绳的长度过长，发现无法调整时，就应裁短曳引钢丝绳，重新做绳头。若发现钢丝绳有断股、散股超过规范而伸长的，应尽快更换曳引绳。(5 分)

3. 答：

(1) 抱闸未完全打开或局部未张开。(2 分)

(2) 运行、上行、下行接触器触点烧损。(2 分)

(3) 三相电源有一相接触不良。(2 分)

(4) 电源电压太低。(2 分)

四、问答题

检测项目	检测内容与要求	测量工具	分值
上限位开关	仅在轿顶检修状态下起作用，开关动作后电梯不能上行，只能下行		1分
上极限开关	轿厢地坎高于最高层层门地坎且对重开始压缩缓冲器之前极限开关应切断安全回路，并在缓冲器压缩期间保持动作		1分
下极限开关	轿厢地坎低于最底层层门地坎且轿厢开始压缩缓冲器之前极限开关应切断安全回路，并在缓冲器压缩期间保持动作		1分
耗能型缓冲器复位	复位时间≤120 s	时钟	1分

续表

检测项目	检测内容与要求	测量工具	分值
运行试验	运行平稳，制动可靠，连续运行无故障		1分
超载试验	110%额定载荷，通电持续率40%的情况下，到达全程范围内，启、制动运行30次，电梯应能可靠启动、运行和停止（平层不计），曳引机工作正常	砝码	1分
超载保护	轿厢载荷达到110%时电梯不启动，并在轿厢操纵箱上以声光信号警示	砝码	1分
平层准确度	空载和满载情况下最大平层精度均不超过±5 mm	直尺	1分
运行噪声	运行中轿厢内噪声≤55 dB（A）	噪声计	1分
	开关门过程噪声≤65 dB（A）		1分
振动	轿厢水平方向振动≤15 cm/s²	振动仪	1分
	轿厢垂直方向振动≤25 cm/s²	振动仪	1分
集选一般操作	自动平层、自动开关门、层站召唤		1分
再平层	平层偏差大于10 mm时，自动以低速找正至小于等于5 mm	直尺	1分
层、轿门门扇门套地坎门刀间隙	层门与门套间隙为4～6 mm	直尺	2分
	层门下端与地坎间隙为4～6 mm		
	门刀与层门地坎距离为5～10 mm		
	扒门宽度≤30 mm		
	层门外观无损伤		

技师技能操作考核模拟试题评分表

[illegible]	技术要求	配分	评分标准
“电梯停靠在中间层站，电梯门能自动关好，但门关好电梯不能启动上行”故障排除	①能根据故障现象准确分析出故障的原因（上行方向继电器不能正常工作，层门安全开关接触不良）	10	1. 满分50分 2. 完成时间为1 h，每超出1 min完成扣2分 3. 该题所占总分比例为50%
	②故障处理前的安全准备工作	5	
	③开关复位后应进行试车且一次成功	20	
	④熟悉电梯的电气原理图，能按图样说出开关的作用	10	
	⑤正确合理使用工具	5	

续表

考核内容	技术要求	配分	评分标准
“自动扶梯启动运行后，立即又停梯”故障排除	①能分析出故障由哪几种原因引起的（MGS 开关未动作，ABS 开关未动作）	10	1. 满分 50 分 2. 完成时间为 30 min，每超出 1 min 完成扣 2 分 3. 该题所占总分比例为 50%
	②开关调整后应进行试车且一次成功（每多进行一次试车扣 5 分）	30	
	③正确合理使用工具	10	